数据分析与决策
技术丛书

Hands-on Data Analysis and Data Mining with Python

Python数据分析
与挖掘实战

（第2版）

张良均　谭立云　刘名军　江建明 ◎著

机械工业出版社
China Machine Press

图书在版编目（CIP）数据

Python 数据分析与挖掘实战 / 张良均等著 . —2 版 . —北京：机械工业出版社，2019.11
（2024.5 重印）
（大数据技术丛书）

ISBN 978-7-111-64002-8

I. P…   II. 张…   III. 软件工具 – 程序设计   IV. TP311.561

中国版本图书馆 CIP 数据核字（2019）第 225954 号

Python 数据分析与挖掘实战（第 2 版）

出版发行：机械工业出版社（北京市西城区百万庄大街 22 号　邮政编码：100037）

责任编辑：李　艺　　　　　　　　　　　　责任校对：殷　虹
印　　刷：北京铭成印刷有限公司　　　　　版　　次：2024 年 5 月第 2 版第 16 次印刷
开　　本：186mm×240mm　1/16　　　　　印　　张：22
书　　号：ISBN 978-7-111-64002-8　　　　定　　价：89.00 元

客服电话：（010）88361066　68326294

为什么要写这本书

LinkedIn 通过对全球超过 3.3 亿用户的工作经历和技能进行分析后得出，在目前炙手可热的 25 项技能中，数据挖掘人才需求排名第一。那么数据挖掘是什么呢？

数据挖掘是从大量数据（包括文本）中挖掘出隐含的、先前未知的、对决策有潜在价值的关系、模式和趋势，并用这些知识和规则建立用于决策支持的模型，提供预测性决策支持的方法、工具和过程。数据挖掘有助于企业发现业务的趋势，揭示已知的事实，预测未知的结果，因此，数据挖掘已成为企业保持竞争力的必要方法。

与国外相比，我国信息化程度仍不算高，企业内部信息也不完整，零售、银行、保险、证券等行业对数据挖掘的应用还不太理想。但随着市场竞争的加剧，各行业对数据挖掘技术的需求越来越强烈，可以预计，未来几年各行业的数据分析应用一定会从传统的统计分析发展到大规模的数据挖掘应用。在大数据时代，数据过剩、人才短缺，数据挖掘专业人才的培养将离不开专业知识和职业经验积累。所以，本书注重数据挖掘理论与项目案例实践相结合，让读者获得真实的数据挖掘学习与实践环境，更快、更好地学习数据挖掘知识并积累职业经验。

总的来说，随着云时代的来临，大数据技术将具有越来越重要的战略意义。大数据已经渗透到每一个行业和业务职能领域，逐渐成为重要的生产要素，人们对于海量数据的运用将预示着新一轮生产率增长和消费者盈余浪潮的到来。大数据分析技术将帮助企业用户在合理的时间内攫取、管理、处理、整理海量数据，为企业经营决策提供积极帮助。大数据分析作为数据存储和挖掘分析的前沿技术，广泛应用于物联网、云计算、移动互联网等战略性新兴产业。虽然目前大数据在国内还处于初级阶段，但是其商业价值已经显现出来，特别是有实践经验的大数据分析人才更是各企业争夺的焦点。为了满足日益增长的大数据分析人才需求，很多高校开始尝试开设不同程度的大数据分析课程。"大数据分析"作为大数据时代的核心技术，必将成为高校数学与统计学专业的重要课程之一。

第 2 版与第 1 版的区别

本书在第 1 版的基础上进行了代码与内容的全方位升级。在代码方面，将整书代码由 Python 2 升级至 Python 3.6。在内容方面，对基础篇和实战篇均做了升级。

基础篇具体升级内容如下。

❑ 第 1 章增加了章节的引言；修改了 1.5 节中对 TipDM 开源数据挖掘建模平台的介绍。

❑ 第 2 章修改了 2.4 节中对配套附件的说明。

❑ 第 3 章增加 3.2 节所有图形绘制的代码。

❑ 第 4 章修改了 4.1.1 节中对牛顿插值法原理的描述。

❑ 第 5 章修改了 5.1.3 节中对逻辑回归模型的评价和相关解释；5.2.4 节中更新了图 5-17。

实战篇具体升级内容如下。

❑ 第 6 章为原书第 13 章，新增了对 Lasso 回归方法、灰色预测算法、SVR 算法原理的介绍；将原书的神经网络算法改为 SVR 算法；删除增值税预测模型、营业税预测模型、企业所得税预测模型、个人所得税预测模型和政府性基金收入预测模型的内容；修改了拓展思考。

❑ 第 7 章增加了章节的引言；7.2.2 节增加了分布分析；7.2.3 节增加了 RFM 模型的介绍；7.2.4 节增加了客户分群雷达图的绘制代码。

❑ 新增"第 8 章商品零售购物篮分析"一章。

❑ 第 9 章增加了章节的引言；9.2.2 节增加了数据预处理的 Python 实现代码；9.2.3 节中将原书的支持向量机算法改为决策树算法。

❑ 第 10 章增加了章节的引言；原书的"10.2.1 数据抽取"改为"10.2.1 数据探索分析"，并增加了有无水流和水流量属性的探索分析；10.2.2 节增加了属性构造的 Python 实现代码，原书数据清洗的内容移到属性构造中实现。

❑ 第 11 章为原书第 12 章，增加了章节的引言；11.2.3 节删除了网页排名的内容；

11.2.5 节优化了基于协同过滤算法的 Python 实现代码，新增了模型评价的代码，并修改了模型评价的描述。

- ❏ 第 12 章为原书第 15 章，增加了章节的引言；删除原书"15.2.1 评论数据采集"的内容；12.2.1 节优化了预处理的方法，并增加了 Python 实现代码；12.2.2 节优化了分词的方法，并增加了 Python 实现代码；"12.2.3 构建模型"修改了情感倾向分析的描述，增加了寻找最优主题数的内容，以及相关的 Python 实现代码。

- ❏ 删除原书"第 6 章电力窃漏电用户自动识别""第 8 章中医证型关联规则挖掘""第 11 章应用系统负载分析与磁盘容量预测""第 14 章基于基站定位数据的商圈分析"这 4 章。

此外，本版本还额外增加了提高篇，即"第 13 章基于 Python 引擎的开源数据挖掘建模平台（TipDM）"，基于开源数据挖掘建模平台（TipDM）实现案例，不仅能够帮助企业建立自己的数据挖掘平台，而且能辅助编程能力较弱的读者更好地理解案例。

本书特色

本书作者从实践出发，结合大量数据挖掘工程案例及教学经验，以真实案例为主线，深入浅出地介绍了数据挖掘建模过程中的有关任务：数据探索、数据预处理、分类与预测、聚类分析、时序预测、关联规则挖掘、智能推荐、偏差检测等。因此，本书的编排以解决某个应用的挖掘目标为前提，先介绍案例背景，提出挖掘目标，再阐述分析方法与过程，最后完成模型构建。在介绍建模的过程中同时穿插操作训练，把相关的知识点嵌入相应的操作过程中。为方便读者轻松获取真实的实验环境，本书使用大家熟知的 Python 语言对样本数据进行处理，以进行挖掘建模。

为了帮助读者更好地使用本书，本书提供配套的原始数据文件、Python 程序代码，读者可以从"泰迪杯"数据挖掘挑战赛网站（http://www.tipdm.org/tj/1615.jhtml）免费下载。为方便教师授课，本书还提供了 PPT 课件，教师可到网址 http://www.tipdm.org/tj/840.jhtml 咨询获取。

本书适用对象

- ❏ 开设数据挖掘课程的高校的教师和学生。

目前，国内不少高校将数据挖掘引入本科教学中，在数学、计算机、自动化、电子信息、金融等专业开设了数据挖掘技术的相关课程，但这一课程的教学仍然主要限于理论介绍。单纯的理论教学过于抽象，学生理解起来往往比较困难，教学效果也不甚理想。本书提供的基于实战案例和建模实践的教学，能够使师生充分发挥互动性和创造性，理论联系实际，使师生获得最佳的教学效果。

❏ 需求分析及系统设计人员。

这类人员可以在理解数据挖掘原理及建模过程的基础上，结合数据挖掘案例完成精确营销、客户分群、交叉销售、流失分析、客户信用记分、欺诈发现、智能推荐等数据挖掘应用的需求分析和设计。

❏ 数据挖掘开发人员。

这类人员可以在理解数据挖掘应用需求和设计方案的基础上，结合本书提供的基于第三方接口快速完成数据挖掘应用的编程实现。

❏ 从事数据挖掘应用研究的科研人员。

许多科研院所为了更好地管理科研工作，纷纷开发了适应自身特点的科研业务管理系统，并在使用过程中积累了大量的科研信息数据。但是，这些科研业务管理系统一般没有对数据进行深入分析，对数据所隐藏的价值也没有充分挖掘利用。科研人员需要利用数据挖掘建模工具及有关方法论来深挖科研信息的价值，从而提高科研水平。

❏ 关注高级数据分析的人员。

业务报告和商业智能解决方案对有关人员了解过去和现在的状况是非常有用的。同时，数据挖掘的预测分析解决方案还能使这类人员预见未来的发展状况，让他们所在的机构能够先发制人，而不是处于被动。因为数据挖掘的预测分析解决方案将复杂的统计方法和机器学习技术应用到数据之中，通过预测分析技术来揭示隐藏在交易系统或企业资源计划（ERP）、结构数据库和普通文件中的模式和趋势，从而为这类人员的决策提供科学依据。

如何阅读本书

本书共 13 章，分为基础篇、实战篇、提高篇。基础篇介绍了数据挖掘的基本原理；实战篇介绍了一些真实案例，通过对案例深入浅出的剖析，使读者在不知不觉中获得数据挖掘项目经验，同时快速领悟看似难懂的数据挖掘理论；提高篇介绍了一个基于

Python 引擎的开源数据挖掘建模平台，通过平台去编程、拖曳式的操作，向读者展示了平台流程化的思维，使读者加深对数据挖掘流程的理解。读者在阅读过程中，应充分利用随书配套的案例建模数据，借助相关的数据挖掘建模工具，通过上机实验，快速理解相关知识与理论。

基础篇（第 1～5 章）

第 1 章的主要内容是数据挖掘基础；第 2 章对本书所用到的数据挖掘建模工具 Python 语言进行了简明扼要的说明；第 3～5 章对数据挖掘的建模过程，包括数据探索、数据预处理及挖掘建模的常用算法与原理进行了介绍。

实战篇（第 6～12 章）

重点对数据挖掘技术在金融、航空、零售、能源、制造和电商等行业的应用进行了分析。在案例结构组织上，本书是按照先介绍案例背景与挖掘目标，再阐述分析方法与过程，最后完成模型构建的顺序进行的，在建模过程关键环节，穿插程序实现代码。最后通过上机实践，加深对案例应用中的数据挖掘技术的理解。

提高篇（第 13 章）

重点讲解了基于 Python 引擎的开源数据挖掘建模平台（TipDM）的使用方法，先介绍了平台每个模块的功能，再以航空公司客户价值分析案例为例，介绍如何使用平台快速搭建数据分析与挖掘工程，展示平台去编程化、流程化的特点。

勘误和支持

我们已经尽最大努力避免在文本和代码中出现错误，但是由于水平有限，编写时间仓促，书中难免出现一些疏漏和不足的地方。如果你有更多的宝贵意见，欢迎在泰迪学社微信公众号回复"图书反馈"进行反馈。更多有关本系列图书的信息可以在"泰迪杯"数据挖掘挑战赛网站（http://www.tipdm.org/tj/index.jhtml）查阅。

张良均

目 录 *Contents*

基 础 篇

数据挖掘基础

当今社会，网络和信息技术开始渗透到人类日常生活的方方面面，产生的数据量也呈现出指数型增长的态势。现有数据的量级已经远远超越了目前人力所能处理的范畴。如何管理和使用这些数据逐渐成为数据科学领域中一个全新的研究课题。

1.1 某知名连锁餐饮企业的困惑

国内某餐饮连锁有限公司（以下简称 T 餐饮）成立于 1998 年，主要经营粤菜，兼具湘菜、川菜等菜系。至今已经发展成为在国内具有一定知名度、美誉度，多品牌、立体化的大型餐饮连锁企业。该公司拥有员工 1000 多人，拥有 16 家直营分店，经营总面积近 13 000 平方米，年营业额近亿元。旗下各分店均坐落在繁华市区主干道，雅致的装潢，配之以精致的饰品、灯具、器物，菜品精美，服务规范。

近年来，餐饮行业面临较为复杂的市场环境，与其他行业一样，餐饮企业也遇到了原材料成本升高、人力成本升高、房租成本升高等问题，这也使得整个行业的利润率急剧下降。人力成本和房租成本的上升是必然趋势，如何在保持产品质量的同时提高企业效率，成为 T 餐饮急需解决的问题。从 2000 年开始，T 餐饮通过加强信息化管理来提高效率，目前已上线的管理系统包括以下几个：

（1）客户关系管理系统

该系统详细记录了每位客人的喜好，为顾客提供个性化服务，满足客户的个性化需求。通过客户关怀，提高客户的忠诚度。比如，企业能随时查询今天哪位客人过生日或其他纪念日，根据客人的价值分类给予相应关怀，如送鲜花、生日蛋糕、寿面等。通过本系统，还可对客户行为进行深入分析，包括客户价值分析、新客户分析与发展，并根据其价值情况将有关信息提供给管理者，为企业提供决策支持。

（2）前厅管理系统

该系统通过掌上电脑无线点菜方式，改变了传统"饭店点菜、下单、结账，一支笔、一张纸，服务员来回跑的局面"，可以快速完成点菜过程。通过厨房自动送达信息，服务员不需要再手写点菜单，写菜速度加快，同时传菜部也轻松不少，菜单会通过电脑自动打印出来，降低差错率，也不存在厨房人员看不清服务员字迹而出现错误的问题。

（3）后厨管理系统

信息化技术可实现后厨与前厅无障碍沟通，客人菜单可瞬间传到厨房。服务员只需点击掌上电脑的发送键，客人的菜单即被传送到收银管理系统中，由系统的电脑发出指令，设在厨房等处的打印机立即打印出相应的菜单，然后厨师按单做菜。与此同时，收银台也打印出一张同样的菜单放在客人桌上，作为客人查询及结账凭据，使客人清楚消费明细。

（4）财务管理系统

该系统完成销售统计、销售分析、财务审计，实现对日常经营销售的管理。通过报表，企业管理者很容易掌握前台的销售情况，从而实现对财务的控制。通过表格和图形可以显示餐厅的销售情况，如菜品排行榜、日客户流量、日销售收入分析等；统计每天的出菜情况，可以了解哪些是滞销菜，哪些是畅销菜，从而了解顾客的品位，有针对性地制定一套既适合餐饮企业发展又能迎合顾客品位的菜肴体系和定价策略。

（5）物资管理系统

该系统主要完成对物资的进销存管理，实际上就是一套融采购管理（入库、供应商管理、账款管理）、销售（通过配菜卡与前台销售联动）、盘存为一体的物流管理系统。对于连锁企业，还涉及统一配送管理等。

通过以上信息化的建设，T餐饮已经积累了大量的历史数据，那么有没有一种方法可以帮助企业从这些数据中洞察商机，提升价值？在同质化的市场竞争中，如何找到市场中以前并不存在的"漏"和"缺"？

1.2 从餐饮服务到数据挖掘

　　企业经营的目的之一就是盈利，而餐饮企业盈利的核心就是其菜品和顾客，也就是其提供的产品和服务对象。企业经营者每天都在想推出什么样的菜系和种类会吸引更多的顾客，顾客的喜好究竟是什么，在不同的时段是不是有不同的菜品畅销，当把几种不同的菜品组合在一起推出时是不是能够得到更好的效果，未来一段时间菜品原材料应该采购多少……

　　T餐饮的经营者想尽快解决这些疑问，既能使自己的菜品更加符合现有顾客的口味，吸引更多的新顾客，又能根据不同的情况和环境转换自己的经营策略。T餐饮在经营过程中，通过分析历史数据，总结出以下一些行之有效的经验：

　　1）在点餐过程中，由有经验的服务员根据顾客特点进行菜品推荐，一方面可提高菜品的销量，另一方面可减少客户点餐的时间和频率，提升用户体验。

　　2）根据菜品历史销售情况，综合考虑节假日、气候和竞争对手等影响因素，对菜品销量进行预测，以便于餐饮企业提前准备原材料。

　　3）定期对菜品销售情况进行统计，分类统计出好评菜和差评菜，为促销活动和新菜品推出提供支持。

　　4）根据就餐频率和消费金额对顾客的就餐行为进行评分，筛选出优质客户，定期回访并送去关怀。

　　上述措施的实施都依赖于企业已有业务系统中保存的数据，但是目前要想从这些数据中挖掘有关产品和客户的特点以及能够产生价值的规律还得更多地依赖于管理人员的个人经验。如果有一套工具或系统，能够从业务数据中自动或半自动地发现相关的知识和解决方案，这将极大地提高企业的决策水平和竞争能力。这样从数据中"淘金"，从大量数据（包括文本）中挖掘出隐含的、未知的、对决策有潜在价值的关系、模式和趋势，并用这些知识和规则建立用于决策支持的模型，提供预测性决策支持的方法、工具和过程，就是数据挖掘。它是利用各种分析工具在大量数据中寻找规律和发现模型与数据之间关系的过程，是统计学、数据库技术和人工智能技术的综合。

　　这种分析方法可避免"人治"的随意性，避免企业管理仅依赖个人领导力而带来的风险和不确定性，从而实现精细化营销与经营管理。

1.3　数据挖掘的基本任务

数据挖掘的基本任务包括利用分类与预测、聚类分析、关联规则、时序模式、偏差检测、智能推荐等方法，帮助企业提取数据中蕴含的商业价值，提高企业的竞争力。

对餐饮企业而言，数据挖掘的基本任务是从餐饮企业采集各类菜品销量、成本单价、会员消费、促销活动等内部数据，以及天气、节假日、竞争对手及周边商业氛围等外部数据，之后利用数据分析手段，实现菜品智能推荐、促销效果分析、客户价值分析、新店选点优化、热销/滞销菜品分析和销量趋势预测，最后将这些分析结果推送给餐饮企业管理者及有关服务人员，为餐饮企业降低运营成本、提升盈利能力、实现精准营销、策划促销活动等提供智能服务支持。

1.4　数据挖掘建模过程

从本节开始，将以餐饮行业的数据挖掘应用为例，详细介绍数据挖掘的建模过程，如图 1-1 所示。

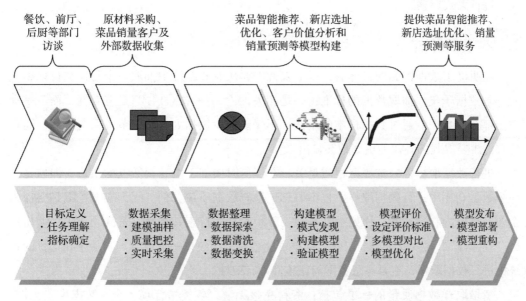

图 1-1　餐饮行业数据挖掘建模过程

1.4.1 定义挖掘目标

针对具体的数据挖掘应用需求，首先要明确本次的挖掘目标是什么，系统完成后能达到什么样的效果。因此，我们必须分析应用领域（包括应用中的各种知识和应用目标），了解相关领域的有关情况，熟悉背景知识，弄清用户需求。要想充分发挥数据挖掘的价值，必须要对数据挖掘目标有清晰明确的认识，即决定到底想干什么。

针对餐饮行业的数据挖掘应用，可定义如下挖掘目标：

1）实现动态菜品智能推荐，帮助顾客快速发现自己感兴趣的菜品，同时确保推荐给顾客的菜品也是餐饮企业期望顾客消费的菜品，实现餐饮消费者和餐饮企业的双赢。

2）对餐饮客户进行细分，了解不同客户的贡献度和消费特征，分析哪些客户是最有价值的、哪些是最需要关注的，对不同价值的客户采取不同的营销策略，将有限的资源投放到最有价值的客户身上，实现精准化营销。

3）基于菜品历史销售情况，综合考虑节假日、气候和竞争对手等影响因素，对菜品销量进行趋势预测，方便餐饮企业准备原材料。

4）基于餐饮大数据，优化新店选址，并对新店潜在顾客的口味偏好进行分析，以便及时进行菜式调整。

1.4.2 数据取样

在明确了数据挖掘的目标后，接下来就需要从业务系统中抽取一个与挖掘目标相关的样本数据子集。抽取数据的标准：一是相关性，二是可靠性，三是有效性，而不是动用全部企业数据。通过数据样本的精选，不仅能减少数据处理量，节省系统资源，而且使我们想要寻找的规律能更好地突显出来。

进行数据取样，一定要严把质量关。在任何时候都不能忽视数据的质量，即使是从一个数据仓库中进行数据取样，也不要忘记检查数据质量如何。因为数据挖掘是要探索企业运作的内在规律性，原始数据有误，就很难从中探索其规律。若真的从中探索出什么"规律性"，再依此去指导工作，则很可能会对相关决策造成误导。若从正在运行的系统中进行数据取样，更要注意数据的完整性和有效性。

衡量取样数据质量的标准包括：资料完整无缺，各类指标项齐全；数据准确无误，反映的都是正常（而不是异常）状态下的水平。

对获取的数据可再从中作抽样操作。抽样的方式多种多样，常见的方式如下：

1）随机抽样：在采用随机抽样方式时，数据集中的每一组观测值都有相同的被抽取的概率。如按 10% 的比例对一个数据集进行随机抽样，则每一组观测值都有 10% 的机会被取到。

2）等距抽样：如果按 5% 的比例对一个有 100 组观测值的数据集进行等距抽样，则有 $\frac{100}{5}$=20 个数据被取到，那么等距抽样方式是取第 20、40、60、80 组这和第 100 组这 5 组观测值。

3）分层抽样：在这种抽样操作中，首先将样本总体分成若干层次（或者说分成若干个子集）。每个层次中的观测值都具有相同的被选用的概率，但对不同的层次可设定不同的概率。这样的抽样结果通常具有更好的代表性，进而使模型具有更好的拟合精度。

4）按起始顺序抽样：这种抽样方式是从输入数据集的起始处开始抽样。抽样的数量可以给定一个百分比，或者直接给定选取观测值的组数。

5）分类抽样：在前述几种抽样方式中，并不考虑抽取样本的具体取值。分类抽样则依据某种属性的取值来选择数据子集，如按客户名称分类、按地址区域分类等。分类抽样的选取方式就是前面所述的几种方式，只是抽样以类为单位。

基于 1.4.1 节定义的针对餐饮行业的数据挖掘目标，需从客户关系管理系统、前厅管理系统、后厨管理系统、财务管理系统和物资管理系统中抽取用于建模和分析的餐饮数据，主要包括的内容如下：

❑ 餐饮企业信息：名称、位置、规模、联系方式、部门、人员以及角色等。

❑ 餐饮客户信息：姓名、联系方式、消费时间、消费金额等。

❑ 餐饮企业菜品信息：菜品名称、菜品单价、菜品成本、所属部门等。

❑ 菜品销量数据：菜品名称、销售日期、销售金额、销售份数。

❑ 原材料供应商资料及商品数据：供应商姓名、联系方式、商品名称、客户评价信息。

❑ 促销活动数据：促销日期、促销内容以及促销描述等。

❑ 外部数据：如天气、节假日、竞争对手以及周边商业氛围等数据。

1.4.3　数据探索

前面所叙述的数据取样，多少带有人们对如何实现数据挖掘目的的先验认识而进行操作的。当我们拿到一个样本数据集后，它是否达到我们原来设想的要求、其中有没有什么明显的规律和趋势、有没有出现从未设想过的数据状态、属性之间有什么相关性、它们可分成怎样的类别……这都是要首先探索的内容。

对所抽取的样本数据进行探索、审核和必要的加工处理，能保证最终的挖掘模型的质量。可以说，挖掘模型的质量不会超过抽取样本的质量。数据探索和预处理的目的是保证样本数据的质量，从而为保证模型质量打下基础。

针对 1.4.2 节采集的餐饮数据，数据探索主要包括异常值分析、缺失值分析、相关分析、周期性分析等，详见第 3 章。

1.4.4 数据预处理

当采样数据维度过大时，如何进行降维处理、缺失值处理等都是数据预处理要解决的问题。

由于采样数据中常常包含许多含有噪声、不完整甚至不一致的数据，对数据挖掘所涉及的数据对象必须进行预处理。那么如何对数据进行预处理以改善数据质量，并最终达到完善数据挖掘结果的目的呢？

针对采集的餐饮数据，数据预处理主要包括数据筛选、数据变量转换、缺失值处理、坏数据处理、数据标准化、主成分分析、属性选择、数据规约等，有关介绍详见第 4 章。

1.4.5 挖掘建模

样本抽取完成并经预处理后，接下来要考虑的问题是：本次建模属于数据挖掘应用中的哪类问题（分类、聚类、关联规则、时序模式或智能推荐）？选用哪种算法进行模型构建？

这一步是数据挖掘工作的核心环节。针对餐饮行业的数据挖掘应用，挖掘建模主要包括基于关联规则算法的动态菜品智能推荐、基于聚类算法的餐饮客户价值分析、基于分类与预测算法的菜品销量预测、基于整体优化的新店选址。

以菜品销量预测为例，模型构建是对菜品历史销量，综合考虑节假日、气候和竞争对手等采样数据轨迹的概括，它反映的是采样数据内部结构的一般特征，并与该采样数据的具体结构基本吻合。模型的具体化就是菜品销量预测公式，公式可以产生与观察值有相似结构的输出，这就是预测值。

1.4.6 模型评价

从 1.4.5 节的建模过程会得出一系列的分析结果，模型评价的目的之一就是从这些模型中自动找出一个最好的模型，另外就是要根据业务对模型进行解释和应用。

对分类与预测模型和聚类分析模型的评价方法是不同的，具体评价方法详见第 5 章相关章节的介绍。

1.5　常用数据挖掘建模工具

数据挖掘是一个反复探索的过程，只有将数据挖掘工具提供的技术和实施经验与企业的业务逻辑和需求紧密结合，并在实施过程中不断磨合，才能取得好的效果。下面简单介绍几种常用的数据挖掘建模工具。

（1）SAS Enterprise Miner

Enterprise Miner（EM）是 SAS 推出的一个集成数据挖掘系统，允许使用和比较不同的技术，同时还集成了复杂的数据库管理软件。它通过在一个工作空间（Workspace）中按照一定的顺序添加各种可以实现不同功能的节点，然后对不同节点进行相应的设置，最后运行整个工作流程（Workflow），便可以得到相应的结果。

（2）IBM SPSS Modeler

IBM SPSS Modeler 原名 Clementine，2009 年被 IBM 收购后对产品的性能和功能进行了大幅度改进和提升。它封装了最先进的统计学和数据挖掘技术来获得预测知识，并将相应的决策方案部署到现有的业务系统和业务过程中，从而提高企业的效益。IBM SPSS Modeler 拥有直观的操作界面、自动化的数据准备和成熟的预测分析模型，结合商业技术可以快速建立预测性模型。

（3）SQL Server

Microsoft 的 SQL Server 集成了数据挖掘组件——Analysis Servers，借助 SQL Server 的数据库管理功能，可以无缝集成在 SQL Server 数据库中。SQL Server 2008 提供了决策树算法、聚类分析算法、Naive Bayes 算法、关联规则算法、时序算法、神经网络算法、线性回归算法等 9 种常用的数据挖掘算法。但是其预测建模的实现是基于 SQL Server 平台的，平台移植性相对较差。

（4）Python

Python 是一种面向对象的解释型计算机程序设计语言，它拥有高效的高级数据结构，并且能够用简单而又高效的方式进行面向对象编程。但是 Python 并不提供专门的数据挖掘环境，它提供众多的扩展库，例如，以下 3 个十分经典的科学计算扩展库：NumPy、

SciPy 和 Matplotlib，它们分别为 Python 提供了快速数组处理、数值运算以及绘图功能，Scikit-learn 库中包含很多分类器的实现以及聚类相关算法。正因为有了这些扩展库，Python 才能成为数据挖掘常用的语言，也是比较适合数据挖掘的语言。

（5）WEKA

WEKA（Waikato Environment for Knowledge Analysis）是一款知名度较高的开源机器学习和数据挖掘软件。高级用户可以通过 Java 编程和命令行来调用其分析组件。同时，WEKA 也为普通用户提供了图形化界面，称为 WEKA Knowledge Flow Environment 和 WEKA Explorer，可以实现预处理、分类、聚类、关联规则、文本挖掘、可视化等功能。

（6）KNIME

KNIME（Konstanz Information Miner）是基于 Java 开发的，可以扩展使用 WEKA 中的挖掘算法。KNIME 采用类似数据流（Data Flow）的方式来建立分析挖掘流程。挖掘流程由一系列功能节点组成，每个节点有输入/输出端口，用于接收数据或模型、导出结果。

（7）RapidMiner

RapidMiner 也叫 YALE（Yet Another Learning Environment），提供图形化界面，采用类似 Windows 资源管理器中的树状结构来组织分析组件，树上每个节点表示不同的运算符（Operator）。YALE 提供了大量的运算符，包括数据处理、变换、探索、建模、评估等各个环节。YALE 是用 Java 开发的，基于 WEKA 来构建，可以调用 WEKA 中的各种分析组件。RapidMiner 有拓展的套件 Radoop，可以和 Hadoop 集成起来，在 hadoop 集群上运行任务。

（8）TipDM 开源数据挖掘建模平台

TipDM 数据挖掘建模平台是基于 Python 引擎、用于数据挖掘建模的开源平台。它采用 B/S 结构，用户不需要下载客户端，可通过浏览器进行访问。平台支持数据挖掘流程所需的主要过程：数据探索（相关性分析、主成分分析、周期性分析等），数据预处理（特征构造、记录选择、缺失值处理等），构建模型（聚类模型、分类模型、回归模型等），模型评价（R-Squared、混淆矩阵、ROC 曲线等）。用户可在没有 Python 编程基础的情况下，通过拖曳的方式进行操作，将数据输入输出、数据预处理、挖掘建模、模型评估等环节通过流程化的方式进行连接，以达到数据分析挖掘的目的。

1.6　小结

本章从一个知名餐饮企业经营过程中存在的困惑出发，引出数据挖掘的概念、基本任务、建模过程及常用工具。

如何帮助企业从数据中洞察商机、提取价值，这是现阶段几乎所有企业都关心的问题。通过发生在身边的案例，由浅入深地引出深奥的数据挖掘理论，让读者在不知不觉中感悟到数据挖掘的非凡魅力。本案例也将贯穿到后续第 3～5 章的理论介绍中。

Python 数据分析简介

Python 是一门简单易学且功能强大的编程语言。它拥有高效的高级数据结构，并且能够用简单而又高效的方式进行面向对象编程。Python 优雅的语法和动态类型，再结合它的解释性，使其在大多数平台的许多领域成为编写脚本或开发应用程序的理想语言。

要认识 Python，首先得明确一点：Python 是一门编程语言。这就意味着，至少原则上来说它能够完成 MATLAB 能够做的所有事情（大不了从头开始编写），而且大多数情况下，相同功能的 Python 代码会比 MATLAB 代码更加简洁易懂；而另一方面，因为它是一门编程语言，所以它能够完成很多 MATLAB 不能做的事情，如开发网页、开发游戏、编写爬虫来采集数据等。

Python 以开发效率著称，致力于以最短的代码完成同一个任务。Python 通常为人诟病的是它的运行效率，而 Python 还被称为"胶水语言"，它允许我们把耗时的核心部分用 C/C++ 等更高效率的语言编写，然后由它来"黏合"，这在很大程度上已经解决了 Python 的运行效率问题。事实上，在大多数数据任务上，Python 的运行效率已经可以媲美 C/C++ 语言了。

本书则致力于讲述用 Python 进行数据挖掘这一部分功能，而这部分功能，仅仅是 Python 强大功能中的冰山一角。随着 NumPy、SciPy、Matplotlib、pandas 等众多程序库的开发，Python 在科学领域占据了越来越重要的地位，包括科学计算、数学建模、数据挖掘，甚至可以预见，未来 Python 将会成为科学领域编程语言的主流。图 2-1 和图 2-2 是一些编程语言的使用排行榜，它们可以证明 Python 越来越受欢迎。

Jun 2015	Jun 2014	Change	Programming Language	Ratings	Change
1	2	∧	Java	17.822%	+1.71%
2	1	∨	C	16.788%	+0.60%
3	4	∧	C++	7.756%	+1.33%
4	5	∧	C#	5.056%	+1.11%
5	3	∨	Objective-C	4.339%	-6.60%
6	8	∧	Python	3.999%	+1.29%
7	10	∧	Visual Basic .NET	3.168%	+1.25%
8	7	∨	PHP	2.868%	+0.02%
9	9		JavaScript	2.295%	+0.30%
10	17	⨠	Delphi/Object Pascal	1.869%	+1.04%
11	-	⨠	Visual Basic	1.839%	+1.84%
12	12		Perl	1.759%	+0.28%
13	23	⨠	R	1.524%	+0.85%
14	-	⨠	Swift	1.440%	+1.44%
15	19	⨠	MATLAB	1.436%	+0.66%

图 2-1　2015 年 6 月 TIOBE 编程语言排行榜（每月更新一次）[⊖]

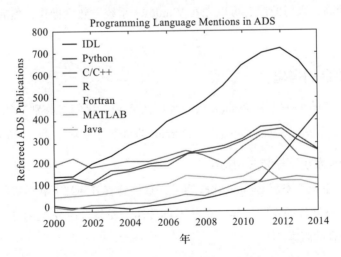

图 2-2　近年来天文学论文中所涉及的编程语言的趋势（根据 ADS 中的论文致谢所提及
　　　　的编程语言次数而制作）[⊜]

⊖　Programming Community Index：http://www.tiobe.com/index.php/content/paperinfo/tpci/index.html。
⊜　天文科研中的 Python：http://qosmology.org/python-in-astronomy-research/。

2.1 搭建 Python 开发平台

Python 可应用于多种平台，包括 Windows、Linux 和 Mac OS X 等，并且拥有诸多的版本，搭建 Python 开发平台时需要谨慎选择平台和对应的版本。

2.1.1 所要考虑的问题

Python 官网：https://www.python.org/。

搭建 Python 开发平台有几个问题需要考虑：第一个问题是选择什么操作系统，是 Windows 还是 Linux？第二个问题是选择哪个 Python 版本，是 Python 2.x 还是 Python 3.x？首先来回答后一个问题。Python 3.x 是对 Python 2.x 的一个较大的更新，可以认为 Python 3.x 什么都好，就是它的部分代码不兼容 Python 2.x 的代码。

其次，就是选择操作系统的问题，主要是在 Windows 和 Linux 之间选择。Python 是跨平台的语言，因此脚本可以跨平台运行，然而不同的平台运行效率也是不同的，一般来说 Linux 系统下的运行速度会比 Windows 系统快，特别是对于数据分析和挖掘任务。此外，在 Linux 系统下搭建 Python 环境相对来说容易一些，很多 Linux 发行版自带了 Python 程序，并且在 Linux 系统下更容易解决第三方库的依赖问题。当然，Linux 系统的操作门槛较高，入门的读者可以先在 Windows 系统下熟悉操作，然后再考虑迁移到 Linux 系统下。

2.1.2 基础平台的搭建

基础平台搭建的第一步是 Python 核心程序的安装，我们将分别介绍 Windows 系统和 Linux 系统下的安装。后面再介绍一个 Python 的科学计算发行版——Anaconda。

1. Windows 系统下安装 Python

在 Windows 系统下安装 Python 比较容易，直接到官方网站下载相应的 msi 安装包来安装即可，和一般软件的安装无异，在此不再赘述。安装包还分 32 位和 64 位版本，请读者自行选择适合的版本。

2. Linux 系统下安装 Python

大多数 Linux 发行版，如 CentOs、Debian、Ubuntu 等，都已经自带了 Python 2.x 的主程序，但 Python 3.x 版本的主程序需要自行另外安装。

3. Anaconda

安装 Python 核心程序只是第一步，为了实现更丰富的科学计算功能，还需要安装一些第三方扩展库，这对于一般读者来说可能显得比较麻烦，尤其是在 Windows 系统下还可能出现各种错误。幸好，已经有人专门将科学计算所需要的模块都编译好了，然后打包以发行版的形式供用户使用。Anaconda 就是其中一个常用的科学计算发行版。

Anaconda 的特点如下：

1）包含了众多流行的科学、数学、工程、数据分析的 Python 包。

2）完全开源和免费。

3）额外的加速、优化是收费的，但对于学术用途可以申请免费的 License。

4）全平台支持：Linux、Windows、Mac；支持 Python 2.6、Python 2.7、Python 3.3、Python 3.4，可自由切换。

因此，推荐初级读者（尤其是使用 Windows 系统的读者）安装此 Python 发行版。读者只需要到官方网站下载安装包安装即可，官网网址：https://www.anaconda.com/。

安装好 Python 后，只需要在命令窗口输入 Python 就可以进入 Python 环境，Python 3.6.1 在 Windows 系统下的启动界面如图 2-3 所示。

图 2-3　Python 3.6.1 在 Windows 系统下的启动界面

2.2　Python 使用入门

此处对 Python 的基本使用做一个简单的介绍。限于篇幅，本文不可能详细讲解 Python 的使用，只是针对本书涉及的数据挖掘案例所用到的代码进行基本讲解。如果读者是初步接触 Python，并且使用 Python 的目的就是数据挖掘，那么相信本节的介绍对你来说是比较充足的了。如果读者需要进一步了解 Python，或者需要运行更加复杂的任务，那么请读者自行阅读相应的 Python 教程。

2.2.1　运行方式

本节示例代码使用的 Python 版本为 Python 3.6。运行 Python 代码有两种方式：一种方式是启动 Python，然后在命令窗口下直接输入相应的命令；另一种方式就是将完整的代码写成 .py 脚本，如 hello.py，然后在对应的路径下通过 python hello.py 执行，hello.py 脚本中的代码如下：

```
# hello.py
print('Hello World!')
```

脚本的执行结果如图 2-4 所示。

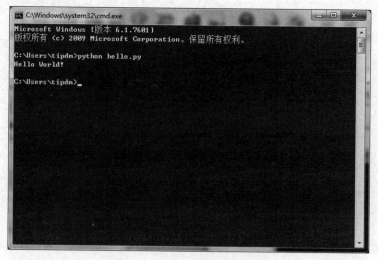

图 2-4　Hello.py 脚本执行结果

在编写脚本的时候，可以添加适当的注释。在每一行中，可以用井号"#"来添加注释，添加单行注释的方法如下：

```
a = 2 + 3    # 这句命令的意思是将2+3的结果赋值给a
```

如果注释有多行，可以在两个"'''"（三个英文状态单引号）之间添加注释内容，添加多行注释的方法如下：

```
a = 2 + 3
'''
这里是Python的多行注释。
这里是Python的多行注释。
'''
```

如果脚本中带有中文（中文注释或者中文字符串），那么需要在文件头注明编码，并且还要将脚本保存为 utf-8 编码格式，注明编码的方法如下：

```
# -*- coding: utf-8 -*
print('世界，你好！')
```

2.2.2　基本命令

1. 基本运算

初步认识 Python 时，可以把它当作一个方便的计算器来看待。读者可以打开Python，试着输入代码清单 2-1 所示的命令。

代码清单 2-1　Python 基本运算

```
a = 2
a * 2
a ** 2
```

代码清单 2-1 所示的命令是 Python 几个基本运算，第一个命令是赋值运算，第二个命令是乘法运算，最后一个命令是幂运算（即 a^2），这些基本上是所有编程语言通用的。不过 Python 支持多重赋值，方法如下：

```
a, b, c = 2, 3, 4
```

这句多重赋值命令相当于如下命令：

```
a = 2
b = 3
c = 4
```

Python 支持对字符串的灵活操作，如代码清单 2-2 所示。

代码清单 2-2　　Python 字符串操作

```
s = 'I like python'
s + ' very much'      # 将s与' very much'拼接，得到'I like python very much'
s.split(' ')          # 将s以空格分割，得到列表['I', 'like', 'python']
```

2. 判断与循环

判断和循环是所有编程语言的基本命令，Python 的判断语句格式如下：

```
if 条件1:
    语句2
elif 条件3:
    语句4
else:
    语句5
```

需要特别指出的是，Python 一般不用花括号 {}，也没有 end 语句，它用缩进对齐作为语句的层次标记。同一层次的缩进量要一一对应，否则会报错。下面是一个错误的缩进示例，如代码清单 2-3 所示。

代码清单 2-3　　错误的缩进

```
if a==1:
    print(a)            # 缩进两个空格
else:
        print('a不等于1')  # 缩进三个空格
```

不管是哪种语言，正确的缩进都是一个优雅的编程习惯。

相应地，Python 的循环有 while 循环和 for 循环，while 循环如代码清单 2-4 所示。

代码清单 2-4　　while 循环

```
s,k = 0,0
while k < 101:         # 该循环过程就是求1+2+3+...+100
    k = k + 1
    s = s + k
print(s)
```

for 循环如代码清单 2-5 所示。

代码清单 2-5　　for 循环

```
s = 0
for k in range(101):   # 该循环过程也是求1+2+3+...+100
    s = s + k
print(s)
```

这里我们看到了 in 和 range 语法。in 是一个非常方便而且非常直观的语法，用来判断一个元素是否在列表 / 元组中；range 用来生成连续的序列，一般语法为 range(a, b, c)，表示以 a 为首项、c 为公差且不超过 b-1 的等差数列，如代码清单 2-6 所示。

代码清单 2-6　使用 range 生成等差数列

```
s = 0
if s in range(4):
    print('s在0, 1, 2, 3中')
if s not in range(1, 4, 1):
    print('s不在1, 2, 3中')
```

3. 函数

Python 用 def 来自定义函数，如代码清单 2-7 所示。

代码清单 2-7　自定义函数

```
def add2(x):
    return x+2
print(add2(1))                  # 输出结果为3
```

与一般编程语言不同的是，Python 的函数返回值可以是各种形式，可以返回列表，甚至返回多个值，如代码清单 2-8 所示。

代码清单 2-8　返回列表和返回多个值的自定义函数

```
def add2(x = 0, y = 0):     # 定义函数, 同时定义参数的默认值
    return [x+2, y+2]       # 返回值是一个列表
def add3(x, y):
    return x+3, y+3         # 双重返回
a, b = add3(1,2)           # 此时a=4,b=5
```

有时候，像定义 add2() 这类简单的函数，用 def 来正式地写个命名、计算和返回显得稍有点麻烦，Python 支持用 lambda 对简单的功能定义"行内函数"，这有点像 MATLAB 中的"匿名函数"，如代码清单 2-9 所示。

代码清单 2-9　使用 lambda 定义函数

```
f = lambda x : x + 2       # 定义函数f(x)=x+2
g = lambda x, y: x + y     # 定义函数g(x,y)=x+y
```

2.2.3　数据结构

Python 有 4 个内建的数据结构——List（列表）、Tuple（元组）、Dictionary（字典）以

及 Set（集合），它们可以统称为容器（Container），因为它们实际上是一些"东西"组合而成的结构，而这些"东西"可以是数字、字符、列表或者是它们之间几种的组合。通俗来说，容器里边是什么都行，而且容器里边的元素类型不要求相同。

1. 列表 / 元组

列表和元组都是序列结构，它们本身很相似，但又有一些不同的地方。

从外形上看，列表与元组存在一些区别是。列表是用方括号标记的，如 a = [1, 2, 3]，而元组是用圆括号标记的，如 b = (4, 5, 6)，访问列表和元组中的元素的方式都是一样的，如 a[0] 等于 1，b[2] 等于 6，等等。刚刚已经谈到，容器里边是什么都行，因此，以下定义也是成立的：

```
c = [1, 'abc', [1, 2]]
'''
c是一个列表，列表的第一个元素是整型1，第二个是字符串'abc'，第三个是列表[1, 2]
'''
```

从功能上看，列表与元组的区别在于：列表可以被修改，而元组不可以。比如，对于 a = [1, 2, 3]，那么语句 a[0] = 0，就会将列表 a 修改为 [0, 2, 3]，而对于元组 b = (4, 5, 6)，语句 b[0] = 1 就会报错。要注意的是，如果已经有了一个列表 a，同时想复制 a，并命名为变量 b，那么 b = a 是无效的，这时候 b 仅仅是 a 的别名（或者说引用），修改 b 也会修改 a。正确的复制方法应该是 b = a[:]。

跟列表有关的函数是 list，跟元组有关的函数是 tuple，它们的用法和功能几乎一样，都是将某个对象转换为列表 / 元组，如 list('ab') 的结果是 ['a', 'b']，tuple([1, 2]) 的结果是 (1, 2)。一些常见的与列表 / 元组相关的函数如表 2-1 所示。

表 2-1　与列表 / 元组相关的函数

函　数	功　能	函　数	功　能
cmp(a, b)	比较两个列表 / 元组的元素	min(a)	返回列表 / 元组元素最小值
len(a)	列表 / 元组元素个数	sum(a)	将列表 / 元组中的元素求和
max(a)	返回列表 / 元组元素最大值	sorted(a)	对列表的元素进行升序排序

此外，作为对象来说，列表本身自带了很多实用的方法（元组不允许修改，因此方法很少），如表 2-2 所示。

表 2-2　列表相关的方法

函　　数	功　　能
a.append(1)	将 1 添加到列表 a 末尾
a.count(1)	统计列表 a 中元素 1 出现的次数
a.extend([1, 2])	将列表 [1, 2] 的内容追加到列表 a 的末尾
a.index(1)	从列表 a 中找出第一个 1 的索引位置
a.insert(2, 1)	将 1 插入列表 a 中索引为 2 的位置
a.pop(1)	移除列表 a 中索引为 1 的元素

最后，不能不提的是"列表解析"这一功能，它能够简化我们对列表内元素逐一进行操作的代码。使用 append 函数对列表元素进行操作，如代码清单 2-10 所示。

代码清单 2-10　使用 append 函数对列表元素进行操作

```
a = [1, 2, 3]
b = []
for i in a:
    b.append(i + 2)
```

使用列表解析进行简化，如代码清单 2-11 所示。

代码清单 2-11　使用列表解析进行简化

```
a = [1, 2, 3]
b = [i+2 for i in a]
```

这样的语法不仅方便，而且直观。这充分体现了 Python 语法的人性化。在本书中，我们将会较多地用到这样简洁的代码。

2. 字典

Python 引入了"自编"这一方便的概念。从数学上来讲，它实际上是一个映射。通俗来讲，它也相当于一个列表，然而它的"下标"不再是以 0 开头的数字，而是自己定义的"键"（Key）。

创建一个字典的基本方法如下：

```
d = {'today':20, 'tomorrow':30}
```

这里的 today、tomorrow 就是字典的"键"，它在整个字典中必须是唯一的，而 20、30 就是"键"对应的值。访问字典中元素的方法也很直观，如代码清单 2-12 所示。

代码清单 2-12　访问字典中的元素

```
d['today']               # 该值为20
d['tomorrow']            # 该值为30
```

要创建一个字典，还有其他一些比较方便的方法来，如通过 dict() 函数转换，或者通过 dict.fromkeys 来创建，如代码清单 2-13 所示。

代码清单 2-13　通过 dict 或者 dict.fromkeys 创建字典

```
dict([['today', 20], ['tomorrow', 30]]) # 也相当于{'today':20, 'tomorrow':30}
dict.fromkeys(['today', 'tomorrow'], 20) # 相当于{'today':20, 'tomorrow':20}
```

很多字典相关的函数和方法与列表相同，在这里就不再赘述了。

3. 集合

Python 内置了集合这一数据结构，这一概念跟数学上的集合的概念基本上是一致的，它跟列表的区别在于：①它的元素是不重复的，而且是无序的；②它不支持索引。一般我们通过花括号 {} 或者 set() 函数来创建一个集合，如代码清单 2-14 所示。

代码清单 2-14　创建集合

```
s = {1, 2, 2, 3}         # 注意2会自动去重，得到{1, 2, 3}
s = set([1, 2, 2, 3])    # 同样地，它将列表转换为集合，得到{1, 2, 3}
```

集合具有一定的特殊性（特别是无序性），因此集合有一些特别的运算，如代码清单 2-15 所示。

代码清单 2-15　集合运算

```
a = t | s                # t和s的并集
b = t & s                # t和s的交集
c = t - s                # 求差集（项在t中，但不在s中）
d = t ^ s                # 对称差集（项在t或s中，但不会同时出现在二者中）
```

在本书中，集合这一对象并不常用，所以这里仅仅简单地介绍一下，并不进行详细的说明，如果读者会进一步使用集合这一对象，请自行搜索相关教程。

4. 函数式编程

函数式编程（Functional programming）或者函数程序设计又称泛函编程，是一种编程范型，它将计算机运算视为数学上的函数计算，并且避免使用程序状态以及易变对象。简单来讲，函数式编程是一种"广播式"编程，通常是结合前面提到的 lambda 定义函数用于科学计算中，会显得简洁方便。

在 Python 中，函数式编程主要由几个函数的使用构成：lambda、map、reduce、filter，其中 lambda 前面已经介绍过，主要用来自定义"行内函数"，所以现在我们逐一介绍后面 3 个。

（1）map 函数

假设有一个列表 a = [1, 2, 3]，要给列表中的每个元素都加 2 得到一个新列表，利用前面已经谈及的列表解析，我们可以这样写，如代码清单 2-16 所示。

代码清单 2-16　使用列表解析操作列表元素

```
b = [i+2 for i in a]
```

而利用 map 函数我们可以这样写，如代码清单 2-17 所示。

代码清单 2-17　使用 map 函数操作列表元素

```
b = map(lambda x: x+2, a)
b = list(b)                # 结果是[3, 4, 5]
```

也就是说，我们首先要定义一个函数，然后再用 map 命令将函数逐一应用到（map）列表中的每个元素，最后返回一个数组。map 命令也接受多参数的函数，如 map(lambda x,y: x*y, a, b) 表示将 a、b 两个列表的元素对应相乘，把结果返回新列表。

也许有的读者会有疑问：有了列表解析，为什么还要有 map 命令呢？其实列表解析虽然代码简短，但是本质上还是 for 命令，而 Python 的 for 命令效率并不高，而 map 函数实现了相同的功能，并且效率更高，原则上来说，它的循环命令是 C 语言速度的。

（2）reduce 函数

reduce 有点像 map，但 map 用于逐一遍历，而 reduce 用于递归计算。在 Python 3.x 中，reduce 函数已经被移出了全局命名空间，被置于 functools 库中，使用时需要通过 from functools import reduce 引入 reduce。先给出一个例子，这个例子可以算出 n 的阶乘，如代码清单 2-18 所示。

代码清单 2-18　使用 reduce 计算 n 的阶乘

```
from functools import reduce      # 导入reduce函数
reduce(lambda x,y: x*y, range(1, n+1))
```

其中 range(1, n+1) 相当于给出了一个列表，元素是 1～n 这 n 个整数。lambda x,y:

x*y 构造了一个二元函数，返回两个参数的乘积。reduce 命令首先将列表的头两个元素作为函数的参数进行运算，然后将运算结果与第三个数字作为函数的参数，然后再将运算结果与第四个数字作为函数的参数……依此递推，直到列表结束，返回最终结果。如果用循环命令，那就要写成代码清单 2-19 所示的形式。

代码清单 2-19　使用循环命令计算 *n* 的阶乘

```
s = 1
for i in range(1, n+1):
    s = s * i
```

（3）filter

顾名思义，它是一个过滤器，用来筛选列表中符合条件的元素，如代码清单 2-20 所示。

代码清单 2-20　使用 filter 筛选列表元素

```
b = filter(lambda x: x > 5 and x < 8, range(10))
b = list(b)  # 结果是[6, 7]
```

使用 filter 首先需要一个返回值为 bool 型的函数，如上述"lambda x: x > 5 and x < 8"定义了一个函数，判断 x 是否大于 5 且小于 8，然后将这个函数作用到 range(10) 的每个元素中，如果为 True，则"挑出"那个元素，最后将满足条件的所有元素组成一个列表返回。

当然，上述 filter 语句，也可以使用列表解析，如代码清单 2-21 所示。

代码清单 2-21　使用列表解析筛选

```
b = [i for i in range(10) if i > 5 and i < 8]
```

它并不比 filter 语句复杂。但是要注意，我们使用 map、reduce 或 filter，最终目的是兼顾简洁和效率，因为 map、reduce 或 filter 的循环速度比 Python 内置的 for 循环或 while 循环要快得多。

2.2.4　库的导入与添加

前面我们已经讲述了 Python 基本平台的搭建和使用，然而仅在默认情况下它并不会将所有的功能加载进来。我们需要把更多的库（或者叫作模块、包等）加载进来，甚至需要安装第三方扩展库，以丰富 Python 的功能，实现我们的目的。

1. 库的导入

Python 本身内置了很多强大的库，如数学相关的 math 库，可以为我们提供更加丰富且复杂的数学运算，如代码清单 2-22 所示。

代码清单 2-22　使用 math 库进行数学运算

```
import math
math.sin(1)                  # 计算正弦
math.exp(1)                  # 计算指数
math.pi                      # 内置的圆周率常数
```

导入库的方法，除了直接"import 库名"之外，还可以为库起一个别名，如代码清单 2-23 所示。

代码清单 2-23　使用别名导入库

```
import math as m
m.sin(1)                     # 计算正弦
```

此外，如果并不需要导入库中的所有函数，可以特别指定导入函数的名称，如代码清单 2-24 所示。

代码清单 2-24　通过名称导入指定函数

```
from math import exp as e  # 只导入math库中的exp函数，并起别名e
e(1)                       # 计算指数
sin(1)                     # 此时sin(1)和math.sin(1)都会出错，因为没被导入
```

若直接导入库中的所有函数，如代码清单 2-25 所示。

代码清单 2-25　导入库中所有函数

```
# 直接导入math库，也就是去掉math.，但如果大量地这样引入第三库，就容易引起命名冲突
from math import *
exp(1)
sin(1)
```

我们可以通过 help('modules') 命令来获得已经安装的所有模块名。

2. 导入 future 特征 (For 2.x)

Python 2.x 与 Python 3.x 之间的差别不仅是在内核上，也部分地表现在代码的实现中。比如，在 Python 2.x 中，print 是作为一个语句出现的，用法为 print a；但是在 Python 3.x 中，它是作为函数出现的，用法为 print(a)。为了保证兼容性，本书的基本代

码是基于 Python 3.x 的语法编写的，而使用 Python 2.x 的读者，可以通过引入 future 特征的方式兼容代码，如代码清单 2-26 所示。

代码清单 2-26　导入 future 特征

```
# 将print变成函数形式，即用print(a)格式输出
from __future__ import print_function

# 3.x的3/2=1.5, 3//2才等于1; 2.x中3/2=1
from __future__ import division
```

3. 添加第三方库

Python 自带了很多库，但不一定可以满足我们的需求。就数据分析和数据挖掘而言，还需要添加一些第三方库来拓展它的功能。这里介绍一下常见第三方库的安装方法，如表 2-3 所示。

表 2-3　常见的安装第三方库的方法

思　　　路	特　　　点
下载源代码自行安装	安装灵活，但需要自行解决上级依赖问题
用 pip 命令安装	比较方便，自动解决上级依赖问题
用 easy_install 命令安装	比较方便，自动解决上级依赖问题，比 pip 稍弱
下载编译好的文件包	一般是 Windows 系统才提供现成的可执行文件包
系统自带的安装方式	Linux 系统或 Mac 系统的软件管理器自带了某些库的安装方式

这些安装方式将在 2.3 小节中实际展示。

2.3　Python 数据分析工具

Python 本身的数据分析功能并不强，需要安装一些第三方扩展库来增强其相应的功能。本书用到的库有 NumPy、SciPy、Matplotlib、pandas、StatsModels、scikit-learn、Keras、Gensim 等，下面将对这些库的安装和使用进行简单的介绍。

如果读者安装的是 Anaconda 发行版，那么它已经自带了以下库：NumPy、SciPy、Matplotlib、pandas、scikit-learn。

本章主要是对这些库进行简单的介绍，在后面的章节中，会通过各种案例对这些库

的使用进行更加深入的说明。读者也可以到官网阅读更加详细的使用教程。

　　用 Python 进行科学计算是很深的学问，本书只是用到了它的数据分析和挖掘相关的部分功能，所涉及的一些库如表 2-4 所示。

表 2-4　Python 数据挖掘相关扩展库

扩　展　库	简　　介
NumPy	提供数组支持以及相应的高效的处理函数
SciPy	提供矩阵支持以及矩阵相关的数值计算模块
Matplotlib	强大的数据可视化工具、作图库
pandas	强大、灵活的数据分析和探索工具
StatsModels	统计建模和计量经济学，包括描述统计、统计模型估计和推断
scikit-learn	支持回归、分类、聚类等强大的机器学习库
Keras	深度学习库，用于建立神经网络以及深度学习模型
Gensim	用来做文本主题模型的库，文本挖掘可能会用到

　　此外，限于篇幅，我们仅仅介绍了本书案例中会用到的一些库，还有一些很实用的库并没有介绍，如涉及图片处理可以用 Pillow（旧版为 PIL，目前已经被 Pillow 代替）、涉及视频处理可以用 OpenCV、高精度运算可以用 GMPY2 等。而对于这些知识，建议读者在遇到相应的问题时，自行到网上搜索相关资料。相信通过对本书的学习，读者解决 Python 相关问题的能力一定会大大提高。

2.3.1　NumPy

　　Python 并没有提供数组功能。虽然列表可以完成基本的数组功能，但它不是真正的数组，而且在数据量较大时，使用列表的速度就会很慢。为此，NumPy 提供了真正的数组功能以及对数据进行快速处理的函数。NumPy 还是很多更高级的扩展库的依赖库，我们后面介绍的 SciPy、Matplotlib、pandas 等库都依赖于它。值得强调的是，NumPy 内置函数处理数据的速度是 C 语言级别的，因此在编写程序的时候，应当尽量使用其内置函数，避免效率瓶颈的（尤其是涉及循环的问题）出现。

　　在 Windows 操作系统中，NumPy 的安装跟普通第三方库的安装一样，可以通过 pip 命令进行，命令如下：

```
pip install numpy
```

也可以自行下载源代码，然后使用如下命令安装：

```
python setup.py install
```

在 Linux 操作系统下，上述方法也是可行的。此外，很多 Linux 发行版的软件源中都有 Python 常见的库，因此还可以通过 Linux 系统自带的软件管理器安装，如在 Ubuntu 下可以用如下命令安装：

```
sudo apt-get install python-numpy
```

安装完成后，可以使用 NumPy 对数据进行操作，如代码清单 2-27 所示。

代码清单 2-27　使用 NumPy 操作数组

```
# -*- coding: utf-8 -*
import numpy as np              # 一般以np作为NumPy库的别名
a = np.array([2, 0, 1, 5])     # 创建数组
print(a)                       # 输出数组
print(a[:3])                   # 引用前三个数字（切片）
print(a.min())                 # 输出a的最小值
a.sort()                       # 将a的元素从小到大排序，此操作直接修改a，因此这时候a
                               #   为[0, 1, 2, 5]
b= np.array([[1, 2, 3], [4, 5, 6]])# 创建二维数组
print(b*b)                     # 输出数组的平方阵，即[[1, 4, 9], [16, 25, 36]]
```

NumPy 是 Python 中相当成熟和常用的库，因此关于它的教程有很多，最值得一看的是其官网的帮助文档，其次还有很多中英文教程，读者遇到相应的问题时，可以查阅相关资料。

参考链接：

❑ http://www.numpy.org。

❑ http://reverland.org/python/2012/08/22/numpy。

2.3.2　SciPy

如果说 NumPy 让 Python 有了 MATLAB 的味道，那么 SciPy 就让 Python 真正成为半个 MATLAB 了。NumPy 提供了多维数组功能，但它只是一般的数组，并不是矩阵，比如当两个数组相乘时，只是对应元素相乘，而不是矩阵乘法。SciPy 提供了真正的矩阵以及大量基于矩阵运算的对象与函数。

SciPy 包含的功能有最优化、线性代数、积分、插值、拟合、特殊函数、快速傅里叶变换、信号处理和图像处理、常微分方程求解和其他科学与工程中常用的计算，显然，

这些功能都是挖掘与建模必需的。

　SciPy 依赖于 NumPy，因此安装之前得先安装好 NumPy。安装 SciPy 的方式与安装 NumPy 的方法大同小异，需要提及的是，在 Ubuntu 下也可以用类似的命令安装 SciPy，安装命令如下：

```
sudo apt-get install python-scipy
```

安装好 SciPy 后，使用 SciPy 求解非线性方程组和数值积分，如代码清单 2-28 所示。

代码清单 2-28　使用 SciPy 求解非线性方程组和数值积分

```
# -*- coding: utf-8 -*
# 求解非线性方程组2x1-x2^2=1,x1^2-x2=2
from scipy.optimize import fsolve  # 导入求解方程组的函数
def f(x):                          # 定义要求解的方程组
    x1 = x[0]
    x2 = x[1]
    return [2*x1 - x2**2 - 1, x1**2 - x2 -2]

result = fsolve(f, [1,1])          # 输入初值[1, 1]并求解
print(result)                      # 输出结果, 为array([ 1.91963957,  1.68501606])

# 数值积分
from scipy import integrate        # 导入积分函数
def g(x):                          # 定义被积函数
    return (1-x**2)**0.5

pi_2, err = integrate.quad(g, -1, 1) # 积分结果和误差
print(pi_2 * 2)                      # 由微积分知识知道积分结果为圆周率pi的一半
```

参考链接：

❑ http://www.scipy.org。

❑ http://reverland.org/python/2012/08/24/scipy。

2.3.3　Matplotlib

　不论是数据挖掘还是数学建模，都要面对数据可视化的问题。对于 Python 来说，Matplotlib 是最著名的绘图库，主要用于二维绘图，当然也可以进行简单的三维绘图。它不仅提供了一整套和 MATLAB 相似但更为丰富的命令，让我们可以非常快捷地用 Python 可视化数据，而且允许输出达到出版质量的多种图像格式。

　Matplotlib 的安装并没有什么特别之处，可以通过"pip install matplotlib"命令安装

或者自行下载源代码安装，在 Ubuntu 下也可以用类似的命令安装，命令如下：

```
sudo apt-get install python-matplotlib
```

需要注意的是，Matplotlib 的上级依赖库相对较多，手动安装的时候，需要逐一把这些依赖库都安装好。安装完成后就可以牛刀小试了。下面是一个简单的作图例子，如代码清单 2-29 所示，它基本包含了 Matplotlib 作图的关键要素，作图效果如图 2-5 所示。

代码清单 2-29　Matplotlib 作图示例

```python
# -*- coding: utf-8 -*-
import numpy as np
import matplotlib.pyplot as plt              # 导入Matplotlib

x = np.linspace(0, 10, 1000)                 # 作图的变量自变量
y = np.sin(x) + 1                            # 因变量y
z = np.cos(x**2) + 1                         # 因变量z

plt.figure(figsize = (8, 4))                 # 设置图像大小
plt.plot(x,y,label = '$\sin x+1$', color = 'red', linewidth = 2)
                                             # 作图，设置标签、线条颜色、线条大小
plt.plot(x, z, 'b--', label = '$\cos x^2+1$')  # 作图，设置标签、线条类型
plt.xlabel('Time(s) ')                       # x轴名称
plt.ylabel('Volt')                           # y轴名称
plt.title('A Simple Example')                # 标题
plt.ylim(0, 2.2)                             # 显示的y轴范围
plt.legend()                                 # 显示图例
plt.show()                                   # 显示作图结果
```

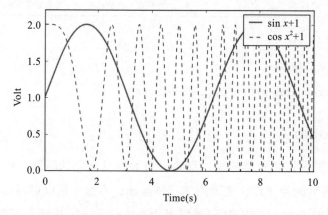

图 2-5　Matplotlib 的作图效果展示

如果读者使用的是中文标签，就会发现中文标签无法正常显示，这是因为 Matplotlib

的默认字体是英文字体，解决方法是在作图之前手动指定默认字体为中文字体，如黑体（Sim-Hei），命令如下：

```
plt.rcParams['font.sans-serif'] = ['SimHei']   # 用来正常显示中文标签
```

其次，保存作图图像时，负号有可能不能显示，对此可以通过以下代码解决：

```
plt.rcParams['axes.unicode_minus'] = False     # 解决保存图像是负号'-'显示为方块的问题
```

这里有一个小建议：有时间多去 Matplotlib 提供的"画廊"欣赏用它做出的漂亮图片，也许你就会慢慢爱上 Matplotlib 作图了。（画廊网址：http://matplotlib.org/gallery.html）

参考链接：

❑ http://matplotlib.org。

❑ http://reverland.org/python/2012/09/07/matplotlib-tutorial。

2.3.4　pandas

终于谈到本书的主力工具——pandas 了。pandas 是 Python 下最强大的数据分析和探索工具。它包含高级的数据结构和精巧的工具，使得用户在 Python 中处理数据非常快速和简单。pandas 建造在 NumPy 之上，它使得以 NumPy 为中心的应用使用起来更容易。pandas 的名称来自于面板数据（Panel Data）和 Python 数据分析（Data Analysis），它最初作为金融数据分析工具被开发，由 AQR Capital Management 于 2008 年 4 月开发问世，并于 2009 年底开源出来。

pandas 的功能非常强大，支持类似 SQL 的数据增、删、查、改，并且带有丰富的数据处理函数；支持时间序列分析功能；支持灵活处理缺失数据；等等。事实上，单纯地用 pandas 这个工具就足以写一本书，读者可以阅读 pandas 的主要作者之一 Wes Mc-Kinney 写的《利用 Python 进行数据分析》来学习更详细的内容。

1. 安装

pandas 的安装相对来说比较容易一些，只要安装好 NumPy 之后，就可以直接安装了，通过 pip install pandas 命令或下载源码后通过 python setup.py install 命令安装均可。由于我们频繁用到读取和写入 Excel，但默认的 pandas 还不能读写 Excel 文件，需要安装 xlrd（读）度和 xlwt（写）库才能支持 Excel 的读写。为 Python 添加读取 / 写入 Excel 功能的命令如下：

```
pip install xlrd                        # 为Python添加读取Excel的功能
pip install xlwt                        # 为Python添加写入Excel的功能
```

2. 使用

在后面的章节中，我们会逐步展示 pandas 的强大功能，而在本节，我们先以简单的例子一睹为快。

首先，pandas 基本的数据结构是 Series 和 DataFrame。Series 顾名思义就是序列，类似一维数组；DataFrame 则相当于一张二维的表格，类似二维数组，它的每一列都是一个 Series。为了定位 Series 中的元素，pandas 提供了 Index 这一对象，每个 Series 都会带有一个对应的 Index，用来标记不同的元素，Index 的内容不一定是数字，也可以是字母、中文等，它类似于 SQL 中的主键。

类似的，DataFrame 相当于多个带有同样 Index 的 Series 的组合（本质是 Series 的容器），每个 Series 都带有一个唯一的表头，用来标识不同的 Series。pandas 中常用操作的示例如代码清单 2-30 所示。

代码清单 2-30　pandas 中的常用操作

```
# -*- coding: utf-8 -*-
import numpy as np
import pandas as pd                          # 通常用pd作为pandas的别名。

s = pd.Series([1,2,3], index=['a', 'b', 'c'])   # 创建一个序列s
                                                # 创建一个表
d = pd.DataFrame([[1, 2, 3], [4, 5, 6]], columns=['a', 'b', 'c'])
d2 = pd.DataFrame(s)                         # 也可以用已有的序列来创建数据框

d.head()                                     # 预览前5行数据
d.describe()                                 # 数据基本统计量

# 读取文件，注意文件的存储路径不能带有中文，否则读取可能出错。
pd.read_excel('data.xls')                    # 读取Excel文件，创建DataFrame。
pd.read_csv('data.csv', encoding='utf-8')    # 读取文本格式的数据，一般用encoding
                                             # 指定编码。
```

由于 pandas 是本书的主力工具，在后面将会频繁使用它，因此这里不再详细介绍，后文会更加详尽地讲解 pandas 的使用方法。

参考链接：

❏ http://pandas.pydata.org/pandas-docs/stable/。

2.3.5　StatsModels

pandas 着重于数据的读取、处理和探索，而 StatsModels 则更加注重数据的统计建模分析，它使得 Python 有了 R 语言的味道。StatsModels 支持与 pandas 进行数据交互，因此，它与 pandas 结合成为 Python 下强大的数据挖掘组合。

安装 StatsModels 相当简单，既可以通过 pip 命令安装，又可以通过源码安装。对于 Windows 用户来说，官网上甚至已经有编译好的 exe 文件可供下载。如果手动安装的话，需要自行解决好依赖问题，StatsModels 依赖于 pandas（当然也依赖于 pandas 所依赖的库），同时还依赖于 Pasty（一个描述统计的库）。

使用 StatsModels 进行 ADF 平稳性检验，如代码清单 2-31 所示。

代码清单 2-31　使用 StatsModels 进行 ADF 平稳性检验

```
# -*- coding: utf-8 -*-
from statsmodels.tsa.stattools import adfuller as ADF    # 导入ADF检验
import numpy as np

ADF(np.random.rand(100))                                 # 返回的结果有ADF值、p值等
```

参考链接：

❏ http://statsmodels.sourceforge.net/stable/index.html。

2.3.6　scikit-learn

从该库的名字可以看出，这是一个与机器学习相关的库。不错，scikit-learn 是 Python 下强大的机器学习工具包，它提供了完善的机器学习工具箱，包括数据预处理、分类、回归、聚类、预测、模型分析等。

scikit-learn 依赖于 NumPy、SciPy 和 Matplotlib，因此，只需要提前安装好这几个库，然后安装 scikit-learn 基本上就没有什么问题了，安装方法跟前几个库的安装一样，可以通过 pip install scikit-learn 命令安装，也可以下载源码自行安装。

使用 scikit-learn 创建机器学习的模型很简单，示例如代码清单 2-32 所示。

代码清单 2-32　使用 scikit-learn 创建机器学习模型

```
# -*- coding: utf-8 -*-
from sklearn.linear_model import LinearRegression    # 导入线性回归模型
model = LinearRegression()                            # 建立线性回归模型
print(model)
```

1）所有模型提供的接口有：对于训练模型来说是 model.fit()，对于监督模型来说是 fit(X, y)，对于非监督模型是 fit(X)。

2）监督模型提供如下接口：

❑ model.predict(X_new)：预测新样本。

❑ model.predict_proba(X_new)：预测概率，仅对某些模型有用（比如 LR）。

❑ model.score()：得分越高，fit 越好。

3）非监督模型提供如下接口：

❑ model.transform()：从数据中学到新的"基空间"。

❑ model.fit_transform()：从数据中学到新的基并将这个数据按照这组"基"进行
转换。

Scikit-learn 本身提供了一些实例数据供我们上手学习，比较常见的有安德森鸢尾花卉数据集、手写图像数据集等。安德森鸢尾花卉数据集有 150 个鸢尾花的尺寸观测值，如萼片长度和宽度，花瓣长度和宽度；还有它们的亚属：山鸢尾（iris setosa）、变色鸢尾（iris versicolor）和维吉尼亚鸢尾（iris virginica）。导入 iris 数据集并使用该数据训练 SVM 模型，如代码清单 2-33 所示。

代码清单 2-33　导入 iris 数据集并训练 SVM 模型

```
# -*- coding: utf-8 -*-
from sklearn import datasets              # 导入数据集

iris = datasets.load_iris()              # 加载数据集
print(iris.data.shape)                   # 查看数据集大小

from sklearn import svm                  # 导入SVM模型

clf = svm.LinearSVC()                    # 建立线性SVM分类器
clf.fit(iris.data, iris.target)         # 用数据训练模型
clf.predict([[ 5.0,  3.6,  1.3,  0.25]]) # 训练好模型之后，输入新的数据进行预测
clf.coef_                                # 查看训练好模型的参数
```

参考链接：

❑ http://scikit-learn.org/stable/。

2.3.7　Keras

scikit-learn 已经足够强大了，然而它并没有包含这一强大的模型——人工神经网络。

人工神经网络是功能相当强大但是原理又相当简单的模型，在语言处理、图像识别等领域都有重要的作用。近年来逐渐流行的"深度学习"算法，实质上也是一种神经网络，可见在 Python 中实现神经网络是非常必要的。

本书用 Keras 库来搭建神经网络。事实上，Keras 并非简单的神经网络库，而是一个基于 Theano 的强大的深度学习库，利用它不仅可以搭建普通的神经网络，还可以搭建各种深度学习模型，如自编码器、循环神经网络、递归神经网络、卷积神经网络等。由于它是基于 Theano 的，因此速度也相当快。

Theano 也是 Python 的一个库，它是由深度学习专家 Yoshua Bengio 带领的实验室开发出来的，用来定义、优化和高效地解决多维数组数据对应数学表达式的模拟估计问题。它具有高效实现符号分解、高度优化的速度和稳定性等特点，最重要的是它还实现了 GPU 加速，使得密集型数据的处理速度是 CPU 的数十倍。

用 Theano 就可以搭建起高效的神经网络模型，然而对于普通读者来说门槛还是相当高的。Keras 正是为此而生，它大大简化了搭建各种神经网络模型的步骤，允许普通用户轻松地搭建并求解具有几百个输入节点的深层神经网络，而且定制的自由度非常大，读者甚至因此惊呼：搭建神经网络可以如此简单！

1. 安装

安装 Keras 之前首先需要安装 NumPy、SciPy 和 Theano。安装 Theano 之前首先需要准备一个 C++ 编译器，这在 Linux 系统下是自带的。因此，在 Linux 系统下安装 Theano 和 Keras 都非常简单，只需要下载源代码，然后用 python setup.py install 安装就行了，具体可以参考官方文档。

可是在 Windows 系统下就没有那么简单了，因为它没有现成的编译环境，一般而言是先安装 MinGW（Windows 系统下的 GCC 和 G++），然后再安装 Theano（提前装好 NumPy 等依赖库），最后安装 Keras，如果要实现 GPU 加速，还需要安装和配置 CUDA。限于篇幅，对于 Windows 系统下 Theano 和 Keras 的安装配置，本书不做详细介绍。

值得一提的是，在 Windows 系统下的 Keras 速度会大打折扣，因此，想要在神经网络、深度学习做深入研究的读者，请在 Linux 系统下搭建相应的环境。

参考链接：

❏ http://deeplearning.net/software/theano/install.html#install。

2. 使用

用 Keras 搭建神经网络模型的过程相当简单，也相当直观，就像搭积木一般，通过短短几十行代码，就可以搭建起一个非常强大的神经网络模型，甚至是深度学习模型。简单搭建一个 MLP（多层感知器），如代码清单 2-34 所示。

代码清单 2-34　搭建一个 MLP（多层感知器）

```python
# -*- coding: utf-8 -*-
from keras.models import Sequential
from keras.layers.core import Dense, Dropout, Activation
from keras.optimizers import SGD

model = Sequential()                     # 模型初始化
model.add(Dense(20, 64))                 # 添加输入层（20节点）、第一隐藏层（64节点）的连接
model.add(Activation('tanh'))            # 第一隐藏层用tanh作为激活函数
model.add(Dropout(0.5))                  # 使用Dropout防止过拟合
model.add(Dense(64, 64))                 # 添加第一隐藏层（64节点）、第二隐藏层（64节点）的连接
model.add(Activation('tanh'))            # 第二隐藏层用tanh作为激活函数
model.add(Dropout(0.5))                  # 使用Dropout防止过拟合
model.add(Dense(64, 1))                  # 添加第二隐藏层（64节点）、输出层（1节点）的连接
model.add(Activation('sigmoid'))         # 输出层用sigmoid作为激活函数

sgd = SGD(lr=0.1, decay=1e-6, momentum=0.9, nesterov=True) # 定义求解算法
model.compile(loss='mean_squared_error', optimizer=sgd)   # 编译生成模型，损失函数为平
                                                          #   均误差平方和

model.fit(X_train, y_train, nb_epoch=20, batch_size=16)   # 训练模型
score = model.evaluate(X_test, y_test, batch_size=16)     # 测试模型
```

要注意的是，Keras 的预测函数跟 scikit-learn 有所差别，Keras 用 model.predict() 方法给出概率，用 model.predict_classes() 给出分类结果。

参考链接：

❑ https://keras.io/。

2.3.8　Gensim

在 Gensim 官网中，它对自己的简介只有一句话：topic modelling for humans！

Gensim 用来处理语言方面的任务，如文本相似度计算、LDA、Word2Vec 等，这些领域的任务往往需要比较多的背景知识。

在这一节中，我们只是提醒读者有这么一个库的存在，而且这个库很强大，如果读者想深入了解这个库，可以去阅读官方帮助文档或参考链接。

值得一提的是，Gensim 把 Google 在 2013 年开源的著名的词向量构造工具 Word2Vec 编译好了，作为它的子库，因此需要用到 Word2Vec 的读者也可以直接使用 Gensim，而无须自行编译了。Gensim 的作者对 Word2Vec 的代码进行了优化，所以它在 Gensim 下的表现比原生的 Word2Vec 还要快。（为了实现加速，需要准备 C++ 编译器环境，因此，建议使用 Gensim 的 Word2Vec 的读者在 Linux 系统环境下运行。）

下面是一个 Gensim 使用 Word2Vec 的简单例子，如代码清单 2-35 所示。

代码清单 2-35　Gensim 使用 Word2Vec 的简单示例

```
# -*- coding: utf-8 -*-
import gensim, logging
logging.basicConfig(format='%(asctime)s : %(levelname)s : %(message)s', level=
    logging.INFO)
# logging是用来输出训练日志

# 分好词的句子，每个句子以词列表的形式输入
sentences = [['first', 'sentence'], ['second', 'sentence']]

# 用以上句子训练词向量模型
model = gensim.models.Word2Vec(sentences, min_count=1)

print(model['sentence'])   # 输出单词sentence的词向量。
```

参考链接：

❑ http://radimrehurek.com/gensim/。

2.4　配套附件使用设置

本书附件资源是按照章节组织的，在附件的目录中会有 chapter2、chapter3、chapter4 等章节。在基础篇章节中其章节目录下只包含 "demo" 文件夹（示例程序文件夹），其中包含 3 个子目录：code、data 和 tmp。其中，code 为章节正文中使用的代码、data 为使用的数据文件、tmp 文件夹中存放临时文件或者示例程序运行的结果文件。

在实战篇章节如 chapter6 下面则包含 "demo" "test" "拓展思考" 文件夹，分别对应于 "示例程序" "上机实验" 和 "拓展思考"。其中的 "demo" 文件夹和原理篇一致；"test" 文件夹则主要针对上机实验部分的完整代码，其子目录结构和 "示例程序" 一致；"拓展思考" 主要存储拓展思考部分的数据文件。

读者只需把整个章节如 chapter2 复制到本地，注意用到 pandas 的时候不要置于中文

路径下，然后打开其中的示例程序即可运行程序并得到结果。这里需要注意，在示例程序中使用的一些自定义函数在对应的章节可以找到相应的 .py 文件。同时示例程序中的参数初始化可能需要根据具体设置进行配置，如果与示例程序不同，请自行修改。

2.5 小结

本章主要对 Python 进行简单介绍，包括软件安装、使用入门及相关注意事项和 Python 数据分析及挖掘的相关工具箱。由于 Python 包含多个领域的扩展库，而且扩展库的功能也相当丰富，本章只介绍了与数据分析及数据挖掘相关的一小部分，包括高维数组、数值计算、可视化、机器学习、神经网络和语言模型等。这些扩展库里面包含的函数在后续章节中会进行实例分析，通过在 Python 平台上完成实际案例来掌握数据分析和数据挖掘的原理，培养读者应用数据分析和挖掘技术解决实际问题的能力。

第 3 章 / *Chapter 3*

数据探索

根据观测、调查收集到初步的样本数据集后，接下来要考虑的问题是：样本数据集的数量和质量是否满足模型构建的要求？有没有出现从未设想过的数据状态？其中有没有明显的规律和趋势？各因素之间有什么样的关联性？

通过检验数据集的数据质量、绘制图表、计算某些特征量等手段，对样本数据集的结构和规律进行分析的过程就是数据探索。数据探索有助于选择合适的数据预处理和建模方法，甚至可以完成一些通常由数据挖掘解决的问题。

本章从数据质量分析和数据特征分析两个角度对数据进行探索。

3.1 数据质量分析

数据质量分析是数据挖掘中数据准备过程的重要一环，是数据预处理的前提，也是数据挖掘分析结论有效性和准确性的基础。没有可信的数据，数据挖掘构建的模型将是空中楼阁。

数据质量分析的主要任务是检查原始数据中是否存在脏数据。脏数据一般是指不符合要求以及不能直接进行相应分析的数据。在常见的数据挖掘工作中，脏数据包括：缺失值、异常值、不一致的值、重复数据及含有特殊符号（如 #、￥、*）的数据。

本节将主要对数据中的缺失值、异常值和一致性进行分析。

3.1.1 缺失值分析

数据的缺失主要包括记录的缺失和记录中某个字段信息的缺失，两者都会造成分析结果不准确。下面从缺失值产生的原因及影响等方面展开分析。

1. 缺失值产生的原因

缺失值产生的原因主要有以下 3 点：

1）有些信息暂时无法获取，或者获取信息的代价太大。

2）有些信息是被遗漏的。可能是因为输入时认为该信息不重要、忘记填写或对数据理解错误等一些人为因素而遗漏，也可能是由于数据采集设备故障、存储介质故障、传输媒体故障等非人为原因而丢失。

3）属性值不存在。在某些情况下，缺失值并不意味着数据有错误。对一些对象来说某些属性值是不存在的，如一个未婚者的配偶姓名、一个儿童的固定收入等。

2. 缺失值的影响

缺失值会产生以下的影响：

1）数据挖掘建模将丢失大量的有用信息。

2）数据挖掘模型所表现出的不确定性更加显著，模型中蕴含的规律更难把握。

3）包含空值的数据会使建模过程陷入混乱，导致不可靠的输出。

3. 缺失值的分析

对缺失值的分析主要从以下两方面进行：

1）使用简单的统计分析，可以得到含有缺失值的属性的个数以及每个属性的未缺失数、缺失数与缺失率等。

2）对于缺失值的处理，从总体上来说分为删除存在缺失值的记录、对可能值进行插补和不处理 3 种情况，将在 4.1.1 节详细介绍。

3.1.2 异常值分析

异常值分析是检验数据是否有录入错误，是否含有不合常理的数据。忽视异常值的存在是十分危险的，不加剔除地将异常值放入数据的计算分析过程中，会对结果造成不良影响；重视异常值的出现，分析其产生的原因，常常成为发现问题进而改进决策的契机。

异常值是指样本中的个别值，其数值明显偏离其他的观测值。异常值也称为离群点，异常值分析也称为离群点分析。

1. 简单统计量分析

在进行异常值分析时，可以先对变量做一个描述性统计，进而查看哪些数据是不合理的。最常用的统计量是最大值和最小值，用来判断这个变量的取值是否超出了合理范围。如客户年龄的最大值为 199 岁，则判断该变量的取值存在异常。

2. 3σ 原则

如果数据服从正态分布，在 3σ 原则下，异常值被定义为一组测定值中与平均值的偏差超过 3 倍标准差的值。在正态分布的假设下，距离平均值 3σ 之外的值出现的概率为 $P(|x-\mu|>3\sigma)\leqslant 0.003$，属于极个别的小概率事件。

如果数据不服从正态分布，也可以用远离平均值的标准差倍数来描述。

3. 箱型图分析

箱型图提供了识别异常值的一个标准：异常值通常被定义为小于 $Q_L-1.5$IQR 或大于 $Q_U+1.5$IQR 的值。Q_L 称为下四分位数，表示全部观察值中有四分之一的数据取值比它小；Q_U 称为上四分位数，表示全部观察值中有四分之一的数据取值比它大；IQR 称为四分位数间距，是上四分位数 Q_U 与下四分位数 Q_L 之差，其间包含了全部观察值的一半。

箱型图依据实际数据绘制，对数据没有任何限制性要求，如服从某种特定的分布形式，它只是真实直观地表现数据分布的本来面貌；另一方面，箱型图判断异常值的标准以四分位数和四分位距为基础，四分位数具有一定的鲁棒性：多达 25% 的数据可以变得任意远而不会严重扰动四分位数，所以异常值不能对这个标准施加影响。由此可见，箱型图识别异常值的结果比较客观，在识别异常值方面有一定的优越性，如图 3-1 所示。

餐饮系统中的销量数据可能出现缺失值和异常值，例如表 3-1 中数据所示。

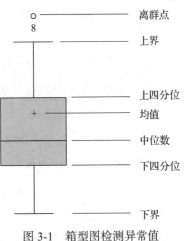

图 3-1 箱型图检测异常值

表 3-1 餐饮日销额数据示例

时间	2015/2/10	2015/2/11	2015/2/12	2015/2/13	2015/2/14
日销额（元）	2742.8	3014.3	865.0	3036.8	

* 数据详见：demo/data/catering_sale.xls。

分析餐饮系统日销额数据可以发现，其中有部分数据是缺失的，但是如果数据记录和属性较多，使用人工分辨的方法就不切实际，所以这里需要编写程序来检测出含有缺失值的记录和属性以及缺失值个数和缺失率等。

在 Python 的 pandas 库中，只需要读入数据，然后使用 describe() 方法即可查看数据的基本情况，如代码清单 3-1 所示。

代码清单 3-1　使用 describe() 方法查看数据的基本情况

```
import pandas as pd
catering_sale = '../data/catering_sale.xls'        # 餐饮数据
data = pd.read_excel(catering_sale, index_col='日期')
                                      # 读取数据，指定"日期"列为索引列
print(data.describe())
```

* 代码详见：demo/code/abnormal_check.py。

代码清单 3-1 的运行结果如下：

```
             销量
count   200.000000
mean   2755.214700
std     751.029772
min      22.000000
25%    2451.975000
50%    2655.850000
75%    3026.125000
max    9106.440000
```

其中 count 是非空值数，通过 len(data) 可以知道数据记录为 201 条，因此缺失值数为 1。另外，提供的基本参数还有平均值（mean）、标准差（std）、最小值（min）、最大值（max）以及 1/4、1/2、3/4 分位数（25%、50%、75%）。更直观地展示这些数据并且可以检测异常值的方法是使用箱型图。其 Python 检测代码如代码清单 3-2 所示。

代码清单 3-2　餐饮日销额数据异常值检测

```
import matplotlib.pyplot as plt              # 导入图像库
plt.rcParams['font.sans-serif'] = ['SimHei'] # 用来正常显示中文标签
plt.rcParams['axes.unicode_minus'] = False   # 用来正常显示负号

plt.figure()                                 # 建立图像
p = data.boxplot(return_type='dict')         # 画箱型图，直接使用DataFrame的方法
x = p['fliers'][0].get_xdata()               # 'flies'即为异常值的标签
y = p['fliers'][0].get_ydata()
```

```
y.sort()                                          # 从小到大排序，该方法直接改变原对象
'''
用annotate添加注释
其中有些相近的点，注释会出现重叠，难以看清，需要一些技巧来控制
以下参数都是经过调试的，需要具体问题具体调试
'''
for i in range(len(x)):
    if i>0:
        plt.annotate(y[i], xy=(x[i],y[i]), xytext=(x[i]+0.05 -0.8/(y[i]-y[i-1]),
            y[i]))
    else:
        plt.annotate(y[i], xy=(x[i],y[i]), xytext=(x[i]+0.08,y[i]))

plt.show()                                        # 展示箱型图
```

* 代码详见：demo/code/abnormal_check.py。

运行代码清单3-2，可以得到图3-2所示的箱型图。

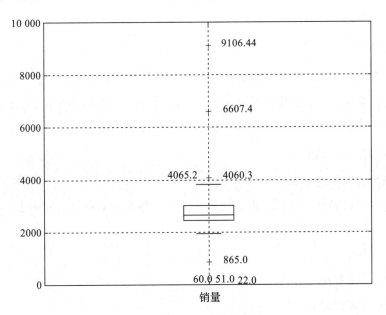

图 3-2　异常值检测箱型图

从图3-2可以看出，箱型图中超过上下界的8个日销售额数据可能为异常值。结合具体业务可以把865.0、4060.3、4065.2归为正常值，将22.0、51.0、60.0、6607.4、9106.44归为异常值。最后确定过滤规则为日销额在400元以下或5000元以上则属于异常数据，编写过滤程序，进行后续处理。

3.1.3 一致性分析

数据不一致性是指数据的矛盾性、不相容性。直接对不一致的数据进行挖掘，可能会产生与实际相违背的挖掘结果。

在数据挖掘过程中，不一致数据的产生主要发生在数据集成的过程中，可能是由于被挖掘数据来自于不同的数据源、对于重复存放的数据未能进行一致性更新造成的。例如，两张表中都存储了用户的电话号码，但在用户的电话号码发生改变时只更新了一张表中的数据，那么这两张表中就有了不一致的数据。

3.2 数据特征分析

对数据进行质量分析以后，接下来可通过绘制图表、计算某些特征量等手段进行数据的特征分析。

3.2.1 分布分析

分布分析能揭示数据的分布特征和分布类型。对于定量数据，要想了解其分布形式是对称的还是非对称的、发现某些特大或特小的可疑值，可做出频率分布表、绘制频率分布直方图、绘制茎叶图进行直观分析；对于定性数据，可用饼图和条形图直观地显示其分布情况。

1. 定量数据的分布分析

对于定量变量而言，选择"组数"和"组宽"是做频率分布分析时最主要的问题，一般按照以下步骤进行：

第一步：求极差。

第二步：决定组距与组数。

第三步：决定分点。

第四步：列出频率分布表。

第五步：绘制频率分布直方图。

遵循的主要原则如下：

1）各组之间必须是相互排斥的。

2）各组必须将所有的数据包含在内。

3）各组的组宽最好相等。

下面结合具体实例来运用分布分析对定量数据进行特征分析。

表 3-2 是菜品"捞起生鱼片"在 2014 年第二个季度的销售数据，绘制销售量的频率分布表、频率分布图，对该定量数据做出相应的分析。

表 3-2 "捞起生鱼片"的销售情况

日 期	销售额（元）	日 期	销售额（元）	日 期	销售额（元）
2014/4/1	420	2014/5/1	1770	2014/6/1	3960
2014/4/2	900	2014/5/2	135	2014/6/2	1770
2014/4/3	1290	2014/5/3	177	2014/6/3	3570
2014/4/4	420	2014/5/4	45	2014/6/4	2220
2014/4/5	1710	2014/5/5	180	2014/6/5	2700
…	…	…	…	…	…
2014/4/30	450	2014/5/30	2220	2014/6/30	2700
		2014/5/31	1800		

* 数据详见：demo/data/catering_fish_congee.xls。

（1）求极差

$$极差 = 最大值 - 最小值 = 3960 - 45 = 3915 \qquad (3\text{-}1)$$

（2）分组

这里根据业务数据的含义，可取组距为 500，则组数如式（3-2）所示。

$$组数 = \frac{极差}{组距} = \frac{3915}{500} = 7.83 \approx 8 \qquad (3\text{-}2)$$

（3）决定分点

分布区间如表 3-3 所示。

表 3-3 分布区间

[0,500)	[500,1000)	[1000,1500)	[1500,2000)
[2000,2500)	[2500,3000)	[3000,3500)	[3500,4000)

（4）绘制频率分布直方表⊖

根据分组区间得到如表 3-4 所示的频率分布表。其中，第 1 列将数据所在的范围分

⊖ 方积乾. 生物医学研究的统计方法 [M]. 北京：高等教育出版社，2007:16-17.

成若干组段，其中第 1 个组段要包括最小值，最后一个组段要包括最大值。习惯上将各组段设为左闭右开的半开区间，如第一个组段为 [0,500)。第 2 列组中值是各组段的代表值，由本组段的上限值和下限值相加除以 2 得到。第 3 列和第 4 列分别为频数和频率。第 5 列是累计频率，是否需要计算该列数值视情况而定。

表 3-4　频率分布

组　段	组中值 x	频　数	频率 f	累计频率
[0,500)	250	15	16.48%	16.48%
[500,1000)	750	24	26.37%	42.85%
[1000,1500)	1250	17	18.68%	61.53%
[1500,2000)	1750	15	16.48%	78.01%
[2000,2500)	2250	9	9.89%	87.90%
[2500,3000)	2750	3	3.30%	91.20%
[3000,3500)	3250	4	4.40%	95.60%
[3500,4000)	3750	3	3.30%	98.90%
[4000,4500)	4250	1	1.10%	100.00%

（5）绘制频率分布直方图

若以 2014 年第二季度"捞起生鱼片"这道菜每天的销售额组段为横轴，以各组段的频率密度（频率与组距之比）为纵轴，表 3-2 中的数据可绘制成频率分布直方图，如代码清单 3-3 所示。

代码清单 3-3　"捞起生鱼片"的季度销售情况

```
import pandas as pd
import numpy as np
catering_sale = '../data/catering_fish_congee.xls'        # 餐饮数据
data = pd.read_excel(catering_sale,names=['date','sale'])  # 读取数据，指定"日期"
                                                           # 列为索引

import matplotlib.pyplot as plt
d = 500                                                    # 设置组距
num_bins = round((max(data['sale']) - min(data['sale'])) / d)# 计算组数
plt.figure(figsize=(10,6))                                 # 设置图框大小尺寸
plt.hist(data['sale'], num_bins)
plt.xticks(range(0, 4000, d))
plt.xlabel('sale分层')
plt.grid()
```

```
plt.rcParams['font.sans-serif'] = ['SimHei']          # 用来正常显示中文标签
plt.title('季度销售额频率分布直方图',fontsize=20)
plt.show()
```

* 代码详见：demo/code/feature_check.py。

运行代码清单 3-3 可得季度销售额频率分布直方图，如图 3-3 所示。

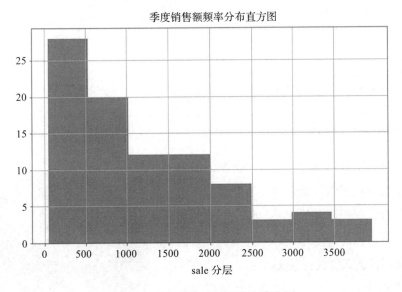

图 3-3　季度销售额频率分布直方图

2. 定性数据的分布分析

对于定性变量，常常根据变量的分类类型来分组，可以采用饼图和条形图来描述定性变量的分布，如代码清单 3-4 所示。

代码清单 3-4　不同菜品在某段时间的销售量分布情况

```
import pandas as pd
import matplotlib.pyplot as plt
catering_dish_profit = '../data/catering_dish_profit.xls' # 餐饮数据
data = pd.read_excel(catering_dish_profit)                # 读取数据

# 绘制饼图
x = data['盈利']
labels = data['菜品名']
plt.figure(figsize=(8, 6))                # 设置画布大小
plt.pie(x,labels=labels)                  # 绘制饼图
```

```
plt.rcParams['font.sans-serif'] = 'SimHei'
plt.title('菜品销售量分布(饼图)')  # 设置标题
plt.axis('equal')
plt.show()

# 绘制条形图
x = data['菜品名']
y = data['盈利']
plt.figure(figsize=(8, 4))          # 设置画布大小
plt.bar(x,y)
plt.rcParams['font.sans-serif'] = 'SimHei'
plt.xlabel('菜品')                  # 设置x轴标题
plt.ylabel('销量')                  # 设置y轴标题
plt.title('菜品销售量分布(条形图)')# 设置标题
plt.show()                          # 展示图片
```

* 代码详见: demo/code/feature_check.py。

饼图的每一个扇形部分代表每一类型的所占百分比或频数，根据定性变量的类型数目将饼图分成几个部分，每一部分的大小与每一类型的频数成正比；条形图的高度代表每一类型的百分比或频数，条形图的宽度没有意义。

运行代码清单 3-4 可得不同菜品在某段时间的销售量分布图，如图 3-4 和图 3-5 所示。

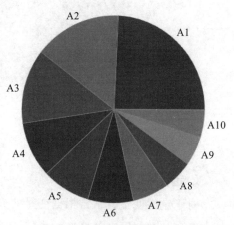

图 3-4　菜品销售量分布(饼图)

3.2.2　对比分析

对比分析是指把两个相互联系的指标进行比较，从数量上展示和说明研究对象规模的大小、水平的高低、速度的快慢以及各种关系是否协调。特别适用于指标间的横纵向比较、时间序列的比较分析。在对比分析中，选择合适的对比标准是十分关键的，选得合适，才能做出客观评价，选得不合适，评价后可能得出错误的结论。

对比分析主要有以下两种形式：

1.绝对数比较

它是利用绝对数进行对比，从而寻找差异的一种方法。

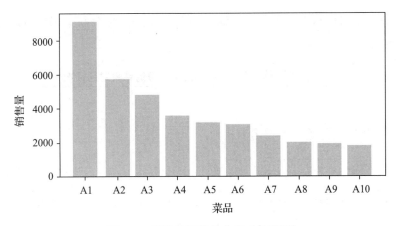

图 3-5　菜品的销售量分布（条形图）

2. 相对数比较

它是由两个有联系的指标对比计算的，是用以反映客观现象之间数量联系程度的综合指标，其数值表现为相对数。由于研究目的和对比基础不同，相对数可以分为以下几种：

1）结构相对数：将同一总体内的部分数值与全部数值进行对比求得比重，用以说明事物的性质、结构或质量，如居民食品支出额占消费支出总额的比重、产品合格率等。

2）比例相对数：将同一总体内不同部分的数值进行对比，表明总体内各部分的比例关系，如人口性别比例、投资与消费比例等。

3）比较相对数：将同一时期两个性质相同的指标数值进行对比，说明同类现象在不同空间条件下的数量对比关系，如不同地区的商品价格对比，不同行业、不同企业间的某项指标对比等。

4）强度相对数：将两个性质不同但有一定联系的总量指标进行对比，用以说明现象的强度、密度和普遍程度，如人均国内生产总值用"元 / 人"表示，人口密度用"人 / 平方公里"表示，也有用百分数或千分数表示的，如人口出生率用"‰"表示。

5）计划完成程度相对数：将某一时期实际完成数与计划数进行对比，用以说明计划完成程度。

6）动态相对数：将同一现象在不同时期的指标数值进行对比，用以说明发展方向和变化速度，如发展速度、增长速度等。

以各菜品的销售数据为例，从时间维度上分析，可以看到 A 部门、B 部门、C 部门 3 个部门的销售金额随时间的变化趋势，可以了解在此期间哪个部门的销售金额较高、趋势比较平稳，也可以从单一部门（B 部门）做分析，了解各年份的销售对比情况，如代码清单 3-5 所示。

代码清单 3-5 　不同部门各月份的销售对比情况

```python
# 部门之间销售金额比较
import pandas as pd
import matplotlib.pyplot as plt
data=pd.read_excel("../data/dish_sale.xls")
plt.figure(figsize=(8, 4))
plt.plot(data['月份'], data['A部门'], color='green', label='A部门',marker='o')
plt.plot(data['月份'], data['B部门'], color='red', label='B部门',marker='s')
plt.plot(data['月份'], data['C部门'],  color='skyblue', label='C部门',marker='x')
plt.legend() # 显示图例
plt.ylabel('销售额（万元）')
plt.show()

# B部门各年份之间销售金额的比较
data=pd.read_excel("../data/dish_sale_b.xls")
plt.figure(figsize=(8, 4))
plt.plot(data['月份'], data['2012年'], color='green', label='2012年',marker='o')
plt.plot(data['月份'], data['2013年'], color='red', label='2013年',marker='s')
plt.plot(data['月份'], data['2014年'],  color='skyblue', label='2014年', marker='x')
plt.legend() # 显示图例
plt.ylabel('销售额（万元）')
plt.show()
```

* 代码详见：demo/code/feature_check.py。

运行代码清单 3-5 可得 3 个部门的销售金额随时间的变化趋势，以及 B 部门在不同年份的销售额随时间的变化趋势，如图 3-6 与图 3-7 所示。

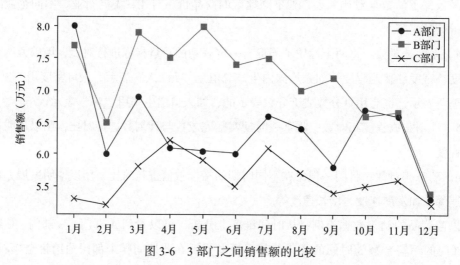

图 3-6 　3 部门之间销售额的比较

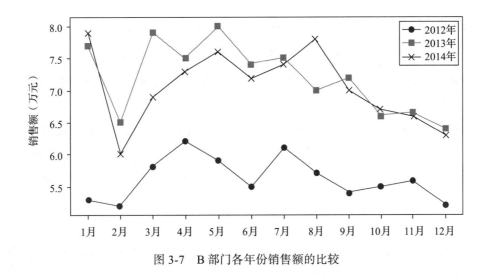

图 3-7　B 部门各年份销售额的比较

　　总体来看，3 个部门的销售额呈递减趋势；A 部门和 C 部门的递减趋势比较平稳；B 部门的销售额下降趋势比较明显，进一步分析造成这种现象的原因，可能是原材料不足。

3.2.3　统计量分析

　　用统计指标对定量数据进行统计描述，常从集中趋势和离中趋势两个方面进行分析。

　　平均水平指标是对个体集中趋势的度量，使用最广泛的是均值和中位数；反映变异程度的指标则是对个体离开平均水平的度量，使用较广泛的是标准差（方差）、四分位间距。

1. 集中趋势度量

（1）均值

均值是所有数据的平均值。

如果求 n 个原始观察数据的平均数，计算公式如式（3-3）所示。

$$\text{mean}(x) = \bar{x} = \frac{\sum x_i}{n} \qquad (3\text{-}3)$$

　　有时，为了反映在均值中不同成分的重要程度，为数据集中的每一个 x_i 赋予 w_i，这就得到了式（3-4）所示的加权均值的计算公式。

$$\text{mean}(x) = \bar{x} = \frac{\sum w_i x_i}{\sum w_i} = \frac{w_1 x_1 + w_2 x_2 + \cdots + w_n x_n}{w_1 + w_2 + \cdots + w_n} \qquad (3\text{-}4)$$

类似地，频率分布表（见表 3-4）的平均数可以使用式（3-5）计算。

$$\text{mean}(x) = \bar{x} = \sum f_i x_i = f_1 x_1 + f_2 x_2 + \cdots + f_k x_k \tag{3-5}$$

式中，$x_1, x_2, \cdots, x_k$ 分别为 k 个组段的组中值，$f_1, f_2, \cdots, f_k$ 分别为 k 个组段的频率。这里的 f_i 起权重作用。

作为一个统计量，均值对极端值很敏感。如果数据中存在极端值或者数据是偏态分布的，那么均值就不能很好地度量数据的集中趋势。为了消除少数极端值的影响，可以使用截断均值或者中位数来度量数据的集中趋势。截断均值是去掉高、低极端值之后的平均数。

（2）中位数

中位数是将一组观察值从小到大按顺序排列，位于中间的那个数据。即在全部数据中，小于和大于中位数的数据个数相等。

将某一数据集 $x:\{x_1, x_2, \cdots, x_n\}$ 按从小到大的排序 $\{x_1, x_2, \cdots, x_n\}$，当 n 为奇数时，中位数的计算公式如式（3-6）所示；当 n 为偶数时，中位数的计算公式如式（3-7）所示。

$$M = x_{\left(\frac{n+1}{2}\right)} \tag{3-6}$$

$$M = \frac{1}{2}\left(x_{\left(\frac{n}{2}\right)} + x_{\left(\frac{n}{2}+1\right)}\right) \tag{3-7}$$

（3）众数

众数是指数据集中出现最频繁的值。众数并不经常用来度量定性变量的中心位置，更适用于定性变量。众数不具有唯一性。当然，众数一般用于离散型变量而非连续型变量。

2. 离中趋势度量

（1）极差

$$极差 = 最大值 - 最小值 \tag{3-8}$$

极差对数据集的极端值非常敏感，并且忽略了位于最大值与最小值之间的数据是如何分布的。

（2）标准差

标准差度量数据偏离均值的程度，计算公式如式（3-9）所示。

$$s = \sqrt{\frac{\sum (x_i - \bar{x})^2}{n}} \qquad (3\text{-}9)$$

（3）变异系数

变异系数度量标准差相对于均值的离中趋势，计算公式如式（3-10）所示。

$$CV = \frac{s}{\bar{x}} \times 100\% \qquad (3\text{-}10)$$

变异系数主要用来比较两个或多个具有不同单位或不同波动幅度的数据集的离中趋势。

（4）四分位数间距

四分位数包括上四分位数和下四分位数。将所有数值由小到大排列并分成 4 等份，处于第一个分割点位置的数值是下四分位数，处于第二个分割点位置（中间位置）的数值是中位数，处于第三个分割点位置的数值是上四分位数。

四分位数间距是指上四分位数 Q_U 与下四分位数 Q_L 之差，其间包含了全部观察值的一半。其值越大，说明数据的变异程度越大；反之，说明变异程度越小。

前面已经提过，DataFrame 对象的 describe() 方法已经可以给出一些基本的统计量，根据给出的统计量，可以衍生出我们所需的统计量。针对餐饮销量数据进行统计量分析，如代码清单 3-6 所示。

代码清单 3-6　餐饮销量数据统计量分析

```
# 餐饮销量数据统计量分析
import pandas as pd

catering_sale = '../data/catering_sale.xls'          # 餐饮数据
data = pd.read_excel(catering_sale, index_col='日期')  # 读取数据，指定"日期"列
                                                      #   为索引列

data = data[(data['销量'] > 400)&(data['销量'] < 5000)]  # 过滤异常数据
statistics = data.describe()                          # 保存基本统计量

statistics.loc['range'] = statistics.loc['max']-statistics.loc['min'] # 极差
statistics.loc['var'] = statistics.loc['std']/statistics.loc['mean'] # 变异系数
statistics.loc['dis'] = statistics.loc['75%']-statistics.loc['25%'] # 四分位数间距

print(statistics)
```

*代码详见：demo/code/feature_check.py。

运行代码清单 3-6 可以得到下面的结果，即为餐饮销量数据统计量情况。

```
            销量
count    195.000000
mean    2744.595385
std      424.739407
min      865.000000
25%     2460.600000
50%     2655.900000
75%     3023.200000
max     4065.200000
range   3200.200000
var        0.154755
dis      562.600000
```

3.2.4　周期性分析

周期性分析是探索某个变量是否随着时间的变化而呈现出某种周期变化趋势。时间尺度相对较长的周期性趋势有年度周期性趋势、季节性周期性趋势；时间尺度相对较短的有月度周期性趋势、周度周期性趋势，甚至更短的天、小时周期性趋势。

例如，要对正常用户和窃电用户在 2012 年 2 月份与 3 月份日用电量进行预测，可以分别分析正常用户和窃电用户的日用电量的时序图，来直观地估计其用电量变化趋势，如代码清单 3-7 所示。

代码清单 3-7　某单位日用电量预测分析

```python
import pandas as pd
import matplotlib.pyplot as plt

df_normal = pd.read_csv("../data/user.csv")
plt.figure(figsize=(8,4))
plt.plot(df_normal["Date"],df_normal["Eletricity"])
plt.xlabel("日期")
# 设置x轴刻度间隔
x_major_locator = plt.MultipleLocator(7)
ax = plt.gca()
ax.xaxis.set_major_locator(x_major_locator)
plt.ylabel("每日电量")
plt.title("正常用户电量趋势")
plt.rcParams['font.sans-serif'] = ['SimHei']      # 用来正常显示中文标签
# plt.axis('equal')
plt.show()                                         # 展示图片

# 窃电用户用电趋势分析
df_steal = pd.read_csv("../data/Steal user.csv")
plt.figure(figsize=(10, 9))
plt.plot(df_steal["Date"],df_steal["Eletricity"])
```

```
plt.xlabel("日期")
plt.ylabel("每日电量")
# 设置x轴刻度间隔
x_major_locator = plt.MultipleLocator(7)
ax = plt.gca()
ax.xaxis.set_major_locator(x_major_locator)
plt.title("窃电用户电量趋势")
plt.rcParams['font.sans-serif'] = ['SimHei']      # 用来正常显示中文标签
plt.show()                                        # 展示图片
```

*代码详见：demo/code/feature_check.py。

运行代码清单 3-7 可得正常用户和窃电用户在 2012 年 2 月份与 3 月份日用电量的时序图，如图 3-8 和图 3-9 所示。

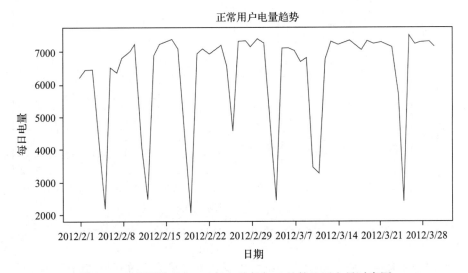

图 3-8　正常用户在 2012 年 2 月份与 3 月份日用电量时序图

总体来看，正常用户和窃电用户在 2012 年 2 月份与 3 月份日用电量呈现出周期性，以周为周期，因为周末不上班，所以周末用电量较低。工作日和非工作日的用电量比较平稳，没有太大的波动。而窃电用户在 2012 年 2 月份与 3 月份日用电量呈现出递减趋势，同样周末的用电量是最低的。

3.2.5　贡献度分析

贡献度分析又称帕累托分析，它的原理是帕累托法则，又称 20/80 定律。同样的投入放在不同的地方会产生不同的效益。例如，对一个公司来讲，80% 的利润常常来自于

20% 最畅销的产品，而其他 80% 的产品只产生了 20% 的利润。

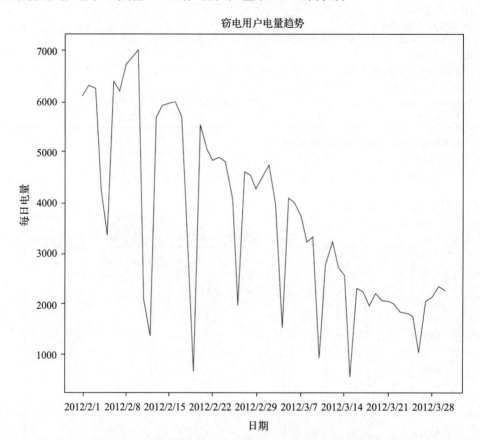

图 3-9 窃电用户在 2012 年 2 月份与 3 月份日用电量时序图

　　就餐饮企业来讲，应用贡献度分析可以重点改善某菜系盈利最高的前 80% 的菜品，或者重点发展综合影响最高的 80% 的部门。这种结果可以通过帕累托图直观地呈现出来。图 3-10 是某个月中海鲜系列的 10 个菜品 A1～A10 的盈利额（已按照从大到小的顺序排序）。

　　由图 3-10 可知，菜品 A1～A7 共 7 个菜品，占菜品种类数的 70%，总盈利额占该月盈利额的 85.0033%。根据帕累托法则，应该增加对菜品 A1～A7 的成本投入，减少对菜品 A8～A10 的成本投入，以获得更高的盈利额。

　　表 3-5 是餐饮系统对应的菜品盈利数据，绘制菜品盈利帕累托图，如代码清单 3-8 所示。

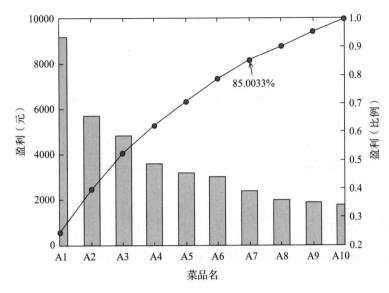

图 3-10　菜品盈利数据帕累托图

表 3-5　餐饮系统菜品盈利数据

菜品 ID	17148	17154	109	117	17151
菜品名	A1	A2	A3	A4	A5
盈利 / 元	9173	5729	4811	3594	3195
菜品 ID	14	2868	397	88	426
菜品名	A6	A7	A8	A9	A10
盈利 / 元	3026	2378	1970	1877	1782

* 数据详见：demo/data/catering_dish_profit.xls。

代码清单 3-8　绘制菜品盈利数据帕累托图

```
# 菜品盈利数据帕累托图
import pandas as pd

# 初始化参数
dish_profit = '../data/catering_dish_profit.xls' # 餐饮菜品盈利数据
data = pd.read_excel(dish_profit, index_col='菜品名')
data = data['盈利'].copy()
data.sort_values(ascending=False)

import matplotlib.pyplot as plt                  # 导入图像库
plt.rcParams['font.sans-serif'] = ['SimHei']     # 用来正常显示中文标签
plt.rcParams['axes.unicode_minus'] = False       # 用来正常显示负号
```

```
plt.figure()
data.plot(kind='bar')
plt.ylabel('盈利（元）')
p = 1.0*data.cumsum()/data.sum()
p.plot(color='r', secondary_y=True, style='-o',linewidth=2)
plt.annotate(format(p[6], '.4%'), xy=(6, p[6]), xytext=(6*0.9, p[6]*0.9), arrow-
    props=dict(arrowstyle="->", connectionstyle="arc3,rad=.2"))
    # 添加注释，即85%处的标记。这里包括了指定箭头样式。
plt.ylabel('盈利（比例）')
plt.show()
```

*代码详见：demo/code/feature_check.py。

3.2.6 相关性分析

分析连续变量之间线性相关程度的强弱，并用适当的统计指标表示出来的过程称为相关分析。

1. 直接绘制散点图

判断两个变量是否具有线性相关关系最直观的方法是直接绘制散点图，如图 3-11 所示。

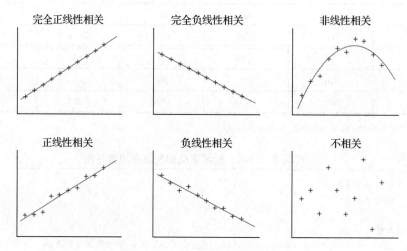

图 3-11　相关关系的散点图示例

2. 绘制散点图矩阵

需要同时考察多个变量间的相关关系时，一一绘制它们之间的简单散点图十分麻烦。此时可利用散点图矩阵来同时绘制各变量间的散点图，从而快速发现多个变量间的主要相关性，这在进行多元线性回归时显得尤为重要。

散点图矩阵示例如图 3-12 所示。

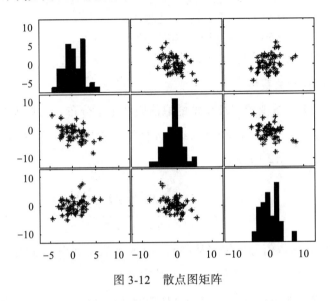

图 3-12　散点图矩阵

3. 计算相关系数

为了更加准确地描述变量之间的线性相关程度，可以通过相关系数的计算来进行相关分析。在二元变量的相关分析过程中，比较常用的有 Pearson 相关系数、Spearman 秩相关系数和判定系数。

（1）Pearson 相关系数

Pearson 相关系数一般用于分析两个连续性变量之间的关系，其计算公式如式（3-11）所示。

$$r = \frac{\sum_{i=1}^{n}(x_i - \bar{x})(y_i - \bar{y})}{\sqrt{\sum_{i=1}^{n}(x_i - \bar{x})^2 \sum_{i=1}^{n}(y_i - \bar{y})^2}} \qquad （3\text{-}11）$$

相关系数 r 的取值范围：$-1 \leqslant r \leqslant 1$。

$$\begin{cases} r>0 \text{为正相关关系，} r<0 \text{为负相关关系} \\ |r|=0 \text{表示不存在线性关系} \\ |r|=1 \text{表示完全线性相关} \end{cases}$$

0<|r|<1 表示存在不同程度的线性相关。

$$
\begin{cases}
|r| \leqslant 0.3 \text{为极弱线性相关或不存在线性相关} \\
0.3 < |r| \leqslant 0.5 \text{为低度线性相关} \\
0.5 < |r| \leqslant 0.8 \text{为显著线性相关} \\
|r| > 0.8 \text{为高度线性相关}
\end{cases}
$$

（2）Spearman 秩相关系数

Pearson 线性相关系数要求连续变量的取值服从正态分布。不服从正态分布的变量、分类或等级变量之间的关联性可采用 Spearman 秩相关系数（也称等级相关系数）来描述。

其计算公式如式（3-12）所示。

$$
r_s = 1 - \frac{6\sum_{i=1}^{n}(R_i - Q_i)^2}{n(n^2 - 1)} \tag{3-12}
$$

对两个变量成对的取值分别按照从小到大（或者从大到小）的顺序编秩，R_i 代表 x_i 的秩次，Q_i 代表 y_i 的秩次，$R_i - Q_i$ 为 x_i、y_i 的秩次之差。

表 3-6 给出一个变量 $x(x_1, x_2, \cdots, x_i, \cdots, x_n)$ 秩次的计算过程。

表 3-6　秩次的计算过程

x_i 从小到大排序	从小到大排序时的位置	秩次 R_i
0.5	1	1
0.8	2	2
1.0	3	3
1.2	4	(4+5)/2=4.5
1.2	5	(4+5)/2=4.5
2.3	6	6
2.8	7	7

因为一个变量相同的取值必须有相同的秩次，所以在计算中采用的秩次是排序后所在位置的平均值。

只要两个变量具有严格单调的函数关系，那么它们就是完全 Spearman 相关的，这与 Pearson 相关不同，Pearson 相关只有在变量具有线性关系时才是完全相关的。

上述两种相关系数在实际应用计算中都要对其进行假设检验，使用 t 检验方法检验其显著性水平以确定其相关程度。研究表明，在正态分布假定下，Spearman 秩相关系数与 Pearson 相关系数在效率上是等价的，而对于连续测量数据，更适合用 Pearson 相关系数来进行分析。

（3）判定系数

判定系数是相关系数的平方，用 r^2 表示，用来衡量回归方程对 y 的解释程度。判定系数的取值范围为 $0 \leqslant r^2 \leqslant 1$。$r^2$ 越接近于 1，表明 x 与 y 之间的相关性越强；r^2 越接近于 0，越表明两个变量之间几乎没有直线相关关系。

利用餐饮管理系统可以统计得到不同菜品的日销量数据，数据示例如表 3-7 所示。

表 3-7　菜品日销量数据

日期	百合酱蒸凤爪	翡翠蒸香茜饺	金银蒜汁蒸排骨	乐膳真味鸡	蜜汁焗餐包	生炒菜心	铁板酸菜豆腐	香煎韭菜饺	香煎萝卜糕	原汁原味菜心
2015/1/1	17	6	8	24	13	13	18	10	10	27
2015/1/2	11	15	14	13	9	10	19	13	14	13
2015/1/3	10	8	12	13	8	3	7	11	10	9
2015/1/4	9	6	6	3	10	9	9	13	14	13
2015/1/5	4	10	13	8	12	10	17	11	13	14
2015/1/6	13	10	14	16	8	9	12	11	5	9

* 数据详见：demo/data/catering_sale_all.xls。

分析这些菜品日销售量之间的相关性可以得到不同菜品之间的相关关系，如是替补菜品、互补菜品或者没有关系，为原材料采购提供参考。其 Python 代码如代码清单 3-9 所示。

代码清单 3-9　餐饮销量数据相关性分析

```
# 餐饮销量数据相关性分析
import pandas as pd

catering_sale = '../data/catering_sale_all.xls'        # 餐饮数据，含有其他属性
data = pd.read_excel(catering_sale, index_col='日期')   # 读取数据，指定"日期"列
                                                        #   为索引列

print(data.corr())                                      # 相关系数矩阵，即给出了任
                                                        #   意两款菜式之间的相关系数
print(data.corr()['百合酱蒸凤爪'])                       # 只显示"百合酱蒸凤爪"与
                                                        #   其他菜式的相关系数
# 计算"百合酱蒸凤爪"与"翡翠蒸香茜饺"的相关系数
print(data['百合酱蒸凤爪'].corr(data['翡翠蒸香茜饺']))
```

* 代码详见：demo/code/feature_check.py。

代码清单 3-9 给出了 3 种不同形式的求相关系数的运算。运行代码清单 3-9，可以得到任意两款菜式之间的相关系数，如运行 "data.corr()[' 百合酱蒸凤爪 ']" 可以得到下面的结果：

```
百合酱蒸凤爪          1.000000
翡翠蒸香茜饺          0.009206
金银蒜汁蒸排骨        0.016799
乐膳真味鸡            0.455638
蜜汁焗餐包            0.098085
生炒菜心              0.308496
铁板酸菜豆腐          0.204898
香煎韭菜饺            0.127448
香煎萝卜糕           -0.090276
原汁原味菜心          0.428316
Name: 百合酱蒸凤爪, dtype: float64
```

从这个结果可以看出，如果顾客点了 "百合酱蒸凤爪"，和点 "翡翠蒸香茜饺""金银蒜汁蒸排骨""香煎萝卜糕""铁板酸菜豆腐""香煎韭菜饺" 等主食类菜品的相关性比较低，反而和点 "乐膳真味鸡""生炒菜心""原汁原味菜心" 的相关性比较高。

3.3 Python 主要数据探索函数

Python 中用于数据探索的库主要是 pandas（数据分析）和 Matplotlib（数据可视化）。其中 pandas 提供了大量的与数据探索相关的函数，这些数据探索函数可大致分为统计特征函数与统计绘图函数，而绘图函数依赖于 Matplotlib，所以往往又会跟 Matplotlib 结合在一起使用。本小节对 pandas 中主要的统计特征函数与统计绘图函数进行介绍，并举出实例以便于理解。

3.3.1 基本统计特征函数

统计特征函数用于计算数据的均值、方差、标准差、分位数、相关系数、协方差等，这些统计特征能反映出数据的整体分布。本小节所介绍的统计特征函数如表 3-8 所示，它们主要作为 pandas 的对象 DataFrame 或 Series 的方法出现。

表 3-8　pandas 主要统计特征函数

方　法　名	函　数　功　能	所　属　库
sum()	计算数据样本的总和（按列计算）	pandas

（续）

方　法　名	函　数　功　能	所　属　库
mean()	计算数据样本的算术平均数	pandas
var()	计算数据样本的方差	pandas
std()	计算数据样本的标准差	pandas
corr()	计算数据样本的 Spearman（Pearson）相关系数矩阵	pandas
cov()	计算数据样本的协方差矩阵	pandas
skew()	样本值的偏度（三阶矩）	pandas
kurt()	样本值的峰度（四阶矩）	pandas
describe()	给出样本的基本描述（基本统计量如均值、标准差等）	pandas

（1）sum

1）功能

计算数据样本的总和（按列计算）。

2）使用格式

`D.sum()`

表示按列计算样本 D 的总和，样本 D 可为 DataFrame 或者 Series。

（2）mean

1）功能

计算数据样本的算术平均数。

2）使用格式

`D.mean()`

表示按列计算样本 D 的均值，样本 D 可为 DataFrame 或者 Series。

（3）var

1）功能

计算数据样本的方差。

2）使用格式

`D.var()`

表示按列计算样本 D 的均值，样本 D 可为 DataFrame 或者 Series。

（4）std

1）功能

计算数据样本的标准差。

2）使用格式

`D.std()`

表示按列计算样本 D 的标准差，样本 D 可为 DataFrame 或者 Series。

（5）corr

1）功能

计算数据样本的 Spearman（Pearson）相关系数矩阵。

2）使用格式

`D.corr(method='pearson')`

样本 D 可为 DataFrame，返回相关系数矩阵。method 参数为计算方法，支持 Pearson（皮尔森相关系数，默认选项）、Kendall（肯德尔系数）、Spearman（斯皮尔曼系数）。

`S1.corr(S2, method='pearson')`

S1、S2 均为 Series，这种格式用于指定计算两个 Series 之间的相关系数。

3）实例

计算两个列向量的相关系数，采用 Spearman 方法，如代码清单 3-10 所示。

代码清单 3-10　计算两个列向量的相关系数

```
import pandas as pd
D = pd.DataFrame([range(1, 8), range(2, 9)])      # 生成样本D，一行为1~7，一行为2~8
print(D.corr(method='spearman'))                  # 计算相关系数矩阵
S1 = D.loc[0]                                      # 提取第一行
S2 = D.loc[1]                                      # 提取第二行
print(S1.corr(S2, method='pearson'))              # 计算S1、S2的相关系数
```

* 代码详见：demo/code/ 实例 .py。

（6）cov

1）功能

计算数据样本的协方差矩阵。

2）使用格式

`D.cov()`

样本 D 可为 DataFrame，返回协方差矩阵。

```
S1.cov(S2)
```

S1、S2 均为 Series，这种格式用于指定计算两个 Series 之间的协方差。

3）实例

计算 6×5 随机矩阵的协方差矩阵，如代码清单 3-11 所示。

代码清单 3-11　计算 6×5 随机矩阵的协方差矩阵

```
import numpy as np
D = pd.DataFrame(np.random.randn(6, 5))        # 产生6×5随机矩阵
print(D.cov())                                 # 计算协方差矩阵
print(D[0].cov(D[1]))                          # 计算第一列和第二列的协方差
```

* 代码详见：demo/code/ 实例 .py。

（7）skew/kurt

1）功能

计算数据样本的偏度（三阶矩）/ 峰度（四阶矩）。

2）使用格式

```
D.skew()
D.kurt()
```

计算样本 D 的偏度（三阶矩）/ 峰度（四阶矩）。样本 D 可为 DataFrame 或 Series。

3）实例

计算 6×5 随机矩阵的偏度（三阶矩）/ 峰度（四阶矩），如代码清单 3-12 所示。

代码清单 3-12　计算 6×5 随机矩阵的偏度（三阶矩）/ 峰度（四阶矩）

```
import numpy as np
D = pd.DataFrame(np.random.randn(6, 5))     # 产生6×5随机矩阵
print(D.skew())                             # 计算偏度
print(D.kurt())                             # 计算峰度
```

* 代码详见：demo/code/ 实例 .py。

（8）describe

1）功能

直接给出样本数据的一些基本的统计量，包括均值、标准差、最大值、最小值、分位数等。

2）使用格式

D.describe() 括号里可以带一些参数，如 percentiles = [0.2, 0.4, 0.6, 0.8] 就是指定只计算 0.2、0.4、0.6、0.8 分位数，而不是默认的 1/4、1/2、3/4 分位数。

3）实例

给出 6×5 随机矩阵的基本统计量，如代码清单 3-13 所示。

代码清单 3-13　6×5 随机矩阵的基本统计量

```
import numpy as np
D = pd.DataFrame(np.random.randn(6, 5))  # 产生6×5随机矩阵
print(D.describe())
```

* 代码详见：demo/code/ 实例 .py。

3.3.2　拓展统计特征函数

除了上述基本统计特征外，pandas 还提供了另外一些非常方便实用的计算统计特征的函数，主要有累积计算（cum）和滚动计算（pd.rolling_），如表 3-9 和表 3-10 所示。

表 3-9　pandas 累积计算统计特征函数

方 法 名	函 数 功 能	所 属 库
cumsum()	依次给出前 1, 2, …, n 个数的和	pandas
cumprod()	依次给出前 1, 2, …, n 个数的积	pandas
cummax()	依次给出前 1, 2, …, n 个数的最大值	pandas
cummin()	依次给出前 1, 2, …, n 个数的最小值	pandas

表 3-10　pandas 滚动计算统计特征函数

方 法 名	函 数 功 能	所 属 库
rolling_sum()	计算数据样本的总和（按列计算）	pandas
rolling_mean()	计算数据样本的算术平均数	pandas
rolling_var()	计算数据样本的方差	pandas
rolling_std()	计算数据样本的标准差	pandas
rolling_corr()	计算数据样本的 Spearman（Pearson）相关系数矩阵	pandas
rolling_cov()	计算数据样本的协方差矩阵	pandas
rolling_skew()	样本值的偏度（三阶矩）	pandas
rolling_kurt()	样本值的峰度（四阶矩）	pandas

其中，cum 系列函数是作为 DataFrame 或 Series 对象的方法而出现的，因此命令格式为 D.cumsum()，而 rolling_ 系列函数是 pandas 的函数，不是 DataFrame 或 Series 对象的方法，因此，它们的使用格式为 pd.rolling_mean(D, k)，意思是每 k 列计算一次均值，滚动计算。

❏ 实例

pandas 累积计算统计特征函数、滚动计算统计特征函数示例如代码清单 3-14 所示。

代码清单 3-14　pandas 累积计算统计特征函数、滚动计算统计特征函数示例

```
D = pd.Series(range(0, 20))   # 构造Series，内容为0~19共20个整数
print(D.cumsum())             # 给出前n项和
print(D.rolling(2).sum())     # 依次对相邻两项求和
```

* 代码详见：demo/code/ 实例 .py。

3.3.3　统计绘图函数

通过统计绘图函数绘制的图表可以直观地反映出数据及统计量的性质及其内在规律，如盒图可以表示多个样本的均值，误差条形图能同时显示下限误差和上限误差，最小二乘拟合曲线图能分析两个变量间的关系。

Python 的主要绘图库是 Matplotlib，在第 2 章中已经做了初步介绍，而 pandas 基于 Matplotlib 并对某些命令做了简化，因此绘图通常是 Matplotlib 和 pandas 相互结合使用。本小节仅简单地对一些基本的绘图进行介绍，而真正灵活地使用应当参考我们在书中所给出的各个绘图代码清单。本小节介绍的统计绘图函数如表 3-11 所示。

表 3-11　Python 主要统计绘图函数

绘图函数名	绘图函数功能	所属工具箱
plot()	绘制线性二维图，折线图	Matplotlib/pandas
pie()	绘制饼图	Matplotlib/pandas
hist()	绘制二维条形直方图，可显示数据的分配情形	Matplotlib/pandas
boxplot()	绘制样本数据的箱型图	pandas
plot(logy = True)	绘制 y 轴的对数图形	pandas
plot(yerr = error)	绘制误差条形图	pandas

在绘图之前，通常要加载代码清单 3-15 所示的代码。

代码清单 3-15　绘图之前需要加载的代码

```
import matplotlib.pyplot as plt              # 导入绘图库
plt.rcParams['font.sans-serif'] = ['SimHei'] # 用来正常显示中文标签
plt.rcParams['axes.unicode_minus'] = False   # 用来正常显示负号
plt.figure(figsize=(7, 5))                   # 创建图像区域，指定比例
```

* 代码详见：demo/code/ 实例 .py。

绘图完成后，一般通过 plt.show() 命令来显示绘图结果。

1. plot

1）功能

绘制线性二维图，折线图。

2）使用格式

```
plt.plot(x, y, S)
```

这是 Matplotlib 通用的绘图方式，绘制 y 对于 x（即以 x 为横轴的二维图形），字符串参量 S 指定绘制时图形的类型、样式和颜色，常用的选项有：" b "为蓝色、" r "为红色、" g "为绿色、" o "为圆圈、" + "为加号标记、" - "为实线、" - - "为虚线。当 x、y 均为实数同维向量时，则描出点 $(x(i), y(i))$，然后用直线依次相连。

```
D.plot(kind = 'box')
```

这里使用的是 DataFrame 或 Series 对象内置的方法绘图，默认以 Index 为横坐标，每列数据为纵坐标自动绘图，通过 kind 参数指定绘图类型，支持 line（线）、bar（条形）、barh、hist（直方图）、box（箱型图）、kde（密度图）、area、pie（饼图）等，同时也能够接受 plt.plot() 中接受的参数。因此，如果数据已经被加载为 pandas 中的对象，那么以这种方式绘图是比较简洁的。

3）实例

在区间（$0 \leqslant x \leqslant 2\pi$）绘制一条蓝色的正弦虚线，并在每个坐标点标上五角星，如代码清单 3-16 所示，得到的图形如图 3-13 所示。

代码清单 3-16　绘制一条蓝色的正弦虚线

```
import numpy as np
x = np.linspace(0,2*np.pi,50)   # x坐标输入
y = np.sin(x)                   # 计算对应x的正弦值
plt.plot(x, y, 'bp--')          # 控制图形格式为蓝色带星虚线，显示正弦曲线
plt.show()
```

* 代码详见：demo/code/ 实例 .py。

2. pie

1）功能

绘制饼图。

2）使用格式

```
plt.pie(size)
```

使用 Matplotlib 绘制饼图，其中 size 是一个列表，记录各个扇形的面积比例。pie 有丰富的参数，详情请参考下面的实例。

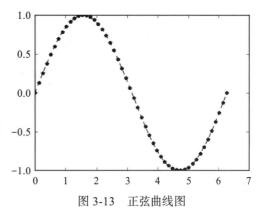

图 3-13　正弦曲线图

3）实例

通过向量 [15, 30, 45, 10] 绘制饼图，注上标签，并将第二部分分离出来，如代码清单 3-17 所示，得到的图形如图 3-14 所示。

代码清单 3-17　绘制饼图

```
import matplotlib.pyplot as plt

# The slices will be ordered and plotted counter-clockwise.
labels = 'Frogs', 'Hogs', 'Dogs', 'Logs' # 定义标签
sizes = [15, 30, 45, 10]                  # 每一块的比例
colors = ['yellowgreen', 'gold', 'lightskyblue', 'lightcoral']  # 每一块的颜色
explode = (0, 0.1, 0, 0)                  # 突出显示，这里仅仅突出显示第二块（即'Hogs'）

plt.pie(sizes, explode=explode, labels=labels, colors=colors, autopct='%1.1f%%',
    shadow=True, startangle=90)
plt.axis('equal')                         # 显示为圆（避免比例压缩为椭圆）
plt.show()
```

* 代码详见：demo/code/ 实例 .py。

3. hist

1）功能

绘制二维条形直方图，可显示数据的分布情形。

2）使用格式

```
plt.hist(x, y)
```

其中，x 是待绘制直方图的一维数组。y 可以是整数，表示均匀分为 y 组；也可以是列表，列表各个数字为分组的边界点（即手动指定分界点）。

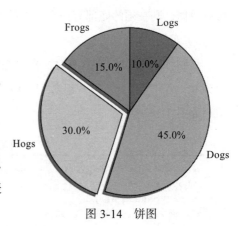

图 3-14　饼图

3）实例

绘制二维条形直方图，随机生成有 1000 个元素的服从正态分布的数组，分成 10 组绘制直方图，如代码清单 3-18 所示，得到的图形如图 3-15 所示。

代码清单 3-18   绘制二维条形直方图

```
import matplotlib.pyplot as plt
import numpy as np
x = np.random.randn(1000)
    # 1000个服从正态分布的随机数
plt.hist(x, 10)  # 分成10组绘制直方图
plt.show()
```

* 代码详见：demo/code/ 实例 .py。

4. boxplot

1）功能

绘制样本数据的箱型图。

2）使用格式

```
D.boxplot()
D.plot(kind='box')
```

绘制 D 的箱型图时有两种比较简单的方式，一种是直接调用 DataFrame 的 box-plot() 方法，另一种是调用 Series 或者 Data-

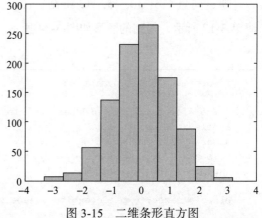

图 3-15   二维条形直方图

Frame 的 plot() 方法，并用 kind 参数指定箱型图（box）。其中，盒子的上、下四分位数和中值处有一条线段。箱形末端延伸出去的直线称为须，表示盒外数据的长度。如果在须外没有数据，则在须的底部有一点，点的颜色与须的颜色相同。

3）实例

绘制样本数据的箱型图时，样本由两组正态分布的随机数据组成，其中一组数据均值为 0，标准差为 1，另一组数据均值为 1，标准差为 1，如代码清单 3-19 所示，得到的图形如图 3-16 所示。

代码清单 3-19   绘制箱型图

```
import matplotlib.pyplot as plt
import numpy as np
import pandas as pd
x = np.random.randn(1000)            # 1000个服从正态分布的随机数
```

```
D = pd.DataFrame([x, x+1]).T # 构造两列的DataFrame
D.plot(kind='box')          # 调用Series内置的绘图方法画图，用kind参数指定箱型图（box）
plt.show()
```

* 代码详见：demo/code/ 实例 .py。

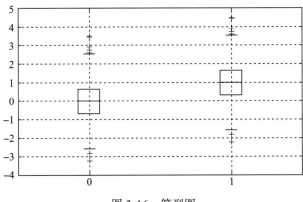

图 3-16　箱型图

5. plot(logx=True) / plot(logy=True)

1）功能

绘制 x 或 y 轴的对数图形。

2）使用格式

```
D.plot(logx=True)
D.plot(logy=True)
```

对 x 轴（y 轴）使用对数刻度（以 10 为底），y 轴（x 轴）使用线性刻度，进行 plot 函数绘图，D 为 pandas 的 DataFrame 或者 Series。

3）实例

构造指数函数数据，使用 plot(logy=True) 函数进行绘图，如代码清单 3-20 所示，得到的图形如图 3-17 所示。

代码清单 3-20　使用 plot(logy=True) 函数进行绘图

```
import matplotlib.pyplot as plt
plt.rcParams['font.sans-serif'] = ['SimHei']   # 用来正常显示中文标签
plt.rcParams['axes.unicode_minus'] = False     # 用来正常显示负号
import numpy as np
import pandas as pd

x = pd.Series(np.exp(np.arange(20)))           # 原始数据
```

```
plt.figure(figsize=(8, 9))                    # 设置画布大小
ax1 = plt.subplot(2, 1, 1)
x.plot(label='原始数据图', legend=True)

ax1 = plt.subplot(2, 1, 2)
x.plot(logy=True, label='对数数据图', legend=True)
plt.show()
```

* 代码详见：demo/code/ 实例 .py。

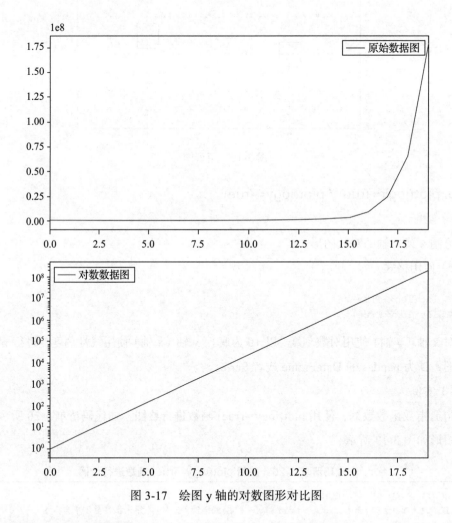

图 3-17　绘图 y 轴的对数图形对比图

6. plot(yerr=error)

1）功能

绘制误差条形图。

2）使用格式

```
D.plot(yerr=error)
```

绘制误差条形图时，D 为 pandas 的 DataFrame 或 Series，代表着均值数据列，而 error 则是误差列，此命令可在 y 轴方向画出误差棒图；类似地，如果设置参数 xerr=error，则在 x 轴方向画出误差棒图。

3）实例

绘制误差棒图，如代码清单 3-21 所示，得到的图形如图 3-18 所示。

代码清单 3-21　绘制误差棒图

```
import matplotlib.pyplot as plt
plt.rcParams['font.sans-serif'] = ['SimHei']        # 用来正常显示中文标签
plt.rcParams['axes.unicode_minus'] = False          # 用来正常显示负号
import numpy as np
import pandas as pd

error = np.random.randn(10)                          # 定义误差列
y = pd.Series(np.sin(np.arange(10)))                 # 均值数据列
y.plot(yerr=error)                                   # 绘制误差图
plt.show()
```

* 代码详见：demo/code/ 实例 .py。

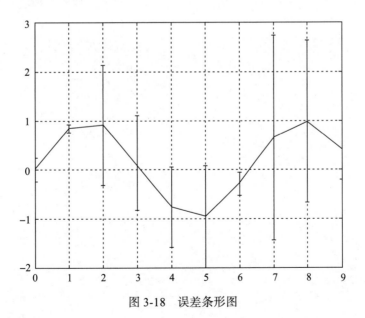

图 3-18　误差条形图

3.4 小结

本章从应用的角度出发，从数据质量分析和数据特征分析两个方面对数据进行探索分析，最后介绍了 Python 常用的数据探索函数及案例。数据质量分析要求我们拿到数据后要先检测是否存在缺失值和异常值；数据特征分析要求我们在数据挖掘建模前，通过频率分布分析、对比分析、帕累托分析、周期性分析、相关性分析等方法，对采集的样本数据的特征规律进行分析，以了解数据的规律和趋势，为数据挖掘的后续环节提供支持。

需要特别说明的是，在数据可视化中，由于我们主要使用 pandas 作为数据探索和分析工具，因此介绍的绘图工具都是 Matplotlib 和 pandas 结合使用。一方面，Matplotlib 是绘图工具的基础，pandas 绘图依赖于它；另一方面，pandas 绘图有着简单直接的优势，因此，两者互结合，往往能够以最高的效率做出符合我们需要的图。

第 4 章 Chapter 4

数据预处理

在数据挖掘中,海量的原始数据中存在着大量不完整(有缺失值)、不一致、有异常的数据,严重影响到数据挖掘建模的执行效率,甚至可能导致挖掘结果的偏差,所以进行数据清洗就显得尤为重要,数据清洗完成后接着进行或者同时进行数据集成、转换、归约等一系列处理,该过程就是数据预处理。数据预处理的目的一方面是提高数据的质量,另一方面是让数据更好地适应特定的挖掘技术或工具。统计发现,在数据挖掘过程中,数据预处理工作量占到了整个过程的 60%。

数据预处理的主要内容包括数据清洗、数据集成、数据变换和数据归约。处理过程如图 4-1 所示。

4.1 数据清洗

数据清洗主要是删除原始数据集中的无关数据、重复数据,平滑噪声数据,筛选掉与挖掘主题无关的数据,处理缺失值、异常值等。

4.1.1 缺失值处理

处理缺失值的方法可分为 3 类:删除记录、数据插补和不处理。其中常用的数据插补方法如表 4-1 所示。

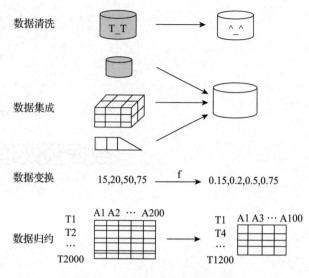

图 4-1　数据预处理过程示意图

表 4-1　常用的数据插补方法

插 补 方 法	方 法 描 述
均值 / 中位数 / 众数插补	根据属性值的类型，用该属性取值的平均数 / 中位数 / 众数进行插补
使用固定值	将缺失的属性值用一个常量替换。如广州一个工厂普通外来务工人员的"基本工资"属性的空缺值可以用 2015 年广州市普通外来务工人员工资标准 1895 元 / 月替换，该方法就是使用固定值
最近临插补	在记录中找到与缺失样本最接近的样本的该属性值插补
回归方法	对带有缺失值的变量，根据已有数据和与其有关的其他变量（因变量）的数据建立拟合模型来预测缺失的属性值
插值法	插值法是利用已知点建立合适的插值函数 $f(x)$，未知值由对应点 x_i 求出的函数值 $f(x_i)$ 近似代替

　　如果简单地删除小部分记录就能达到既定的目标，那么删除含有缺失值的记录这种方法是最有效的。然而，这种方法却有很大的局限性。它是以减少历史数据来换取数据的完备，会造成资源的大量浪费，丢弃了大量隐藏在这些记录中的信息。尤其在数据集本来就包含很少记录的情况下，删除少量记录就可能严重影响分析结果的客观性和正确性。一些模型可以将缺失值视作一种特殊的取值，允许直接在含有缺失值的数据上进行建模。

　　在数据挖掘中常用的插补方法见表 4-1，本节重点介绍拉格朗日插值法和牛顿插值法。其他插值方法还有 Hermite 插值、分段插值、样条插值法等。

1. 拉格朗日插值法

根据数学知识可知，对于空间上已知的 n 个点（无两点在一条直线上）可以找到一个 $n-1$ 次多项式 $y = a_0 + a_1 x + a_2 x^2 + \cdots + a_{n-1} x^{n-1}$，使此多项式曲线过这 n 个点。

（1）求已知的过 n 个点的 $n-1$ 次多项式如式（4-1）所示。

$$y = a_0 + a_1 x + a_2 x^2 + \cdots + a_{n-1} x^{n-1} \tag{4-1}$$

将 n 个点的坐标 $(x_1, y_1), (x_2, y_2), \cdots, (x_n, y_n)$ 代入多项式函数，得式（4-2）。

$$\begin{cases} y_1 = a_0 + a_1 x_1 + a_2 x_1^2 + \cdots + a_{n-1} x_1^{n-1} \\ y_2 = a_0 + a_1 x_2 + a_2 x_2^2 + \cdots + a_{n-1} x_2^{n-1} \\ \cdots\cdots \\ y_n = a_0 + a_1 x_n + a_2 x_n^2 + \cdots + a_{n-1} x_n^{n-1} \end{cases} \tag{4-2}$$

解得拉格朗日插值多项式为式（4-3）。

$$\begin{aligned} y &= y_1 \frac{(x-x_2)(x-x_3)\cdots(x-x_n)}{(x_1-x_2)(x_1-x_3)\cdots(x_1-x_n)} + \\ &\quad y_2 \frac{(x-x_1)(x-x_3)\cdots(x-x_n)}{(x_2-x_1)(x_2-x_3)\cdots(x_2-x_n)} + \cdots + \\ &\quad y_n \frac{(x-x_1)(x-x_3)\cdots(x-x_{n-1})}{(x_n-x_1)(x_n-x_3)\cdots(x_n-x_{n-1})} \\ &= \sum_{i=0}^{n} y_i \left(\prod_{j=0, j \neq i}^{n} \frac{x-x_j}{x_i-x_j} \right) \end{aligned} \tag{4-3}$$

（2）将缺失的函数值对应的点 x 代入插值多项式得到缺失值的近似值 $L(x)$。

拉格朗日插值公式结构紧凑，在理论分析中使用方便，但是当插值节点增减时，插值多项式就会随之变化，这在实际计算中很不方便，为了克服这一缺点，提出了牛顿插值法。

2. 牛顿插值法

在区间 $[a,b]$ 上，函数 $f(x)$ 关于一个节点 x_i 的零阶差商定义如式（4-4）所示，$f(x)$ 关于两个节点 x_i 和 x_j 的一阶差商定义见式（4-5）。一般地，k 阶差商就是 $k-1$ 阶差商的差商，称式（4-6）为 $f(x)$ 关于 $k+1$ 个节点 $x_1, x_2, \cdots, x_k$ 的 k 阶差，具体可以按照表 4-2 的格式有规律地计算差商。

$$f[x_i] = f(x_i) \tag{4-4}$$

$$f[x_i, x_j] = \frac{f(x_j) - f(x_i)}{x_j - x_i} \tag{4-5}$$

$$f[x_0, x_1, x_2, \cdots, x_k] = \frac{f[x_1, x_2, \cdots, x_k] - f[x_0, x_1, \cdots, x_{k-1}]}{x_k - x_0} \tag{4-6}$$

表 4-2 差商表

x_k	$f(x_k)$	一阶差商	二阶差商	三阶差商	四阶差商	……
x_0	$f(x_0)$					
x_1	$f(x_1)$	$f[x_0,x_1]$				
x_2	$f(x_2)$	$f[x_1,x_2]$	$f[x_0,x_1,x_2]$			
x_3	$f(x_3)$	$f[x_2,x_3]$	$f[x_1,x_2,x_3]$	$f[x_0,x_1,x_2,x_3]$		
x_4	$f(x_4)$	$f[x_3,x_4]$	$f[x_2,x_3,x_4]$	$f[x_1,x_2,x_3,x_4]$	$f[x_0,x_1,x_2,x_3,x_4]$	
……	……	……	……	……	……	……

借助差商的定义，牛顿插值多项式可以表示为式（4-7）。

$$N_n(x) = f[x_0]w_0(x) + f[x_0,x_1]w_1(x) + f[x_0,x_1,x_2]w_2(x) + \cdots + f[x_0,x_1,\cdots,x_n]w_n(x) \tag{4-7}$$

牛顿插值多项式的余项公式可以表示为式（4-8）。

$$R_n(x) = f[x, x_0, x_1, \cdots, x_n]w_{n+1}(x) \tag{4-8}$$

其中，$w_0(x) = 1$，$w_k(x) = (x - x_0)(x - x_1)\cdots(x - x_{k-1})$ $(k = 1, 2, \cdots, n+1)$。对于区间 $[a,b]$ 上的任一点 x，则有 $f(x) = N_n(x) + R_n(x)$。

牛顿插值法也是多项式插值，但采用了另一种构造插值多项式的方法，与拉格朗日插值相比，具有承袭性和易于变动节点的特点。本质上来说，两者给出的结果是一样的（相同次数、相同系数的多项式），只不过表示的形式不同。因此，在 Python 的 SciPy 库中，只提供了拉格朗日插值法的函数（因为比较容易实现）。如果需要牛顿插值法，则需要自行编写函数。

下面结合具体案例介绍拉格朗日插值法。

餐饮系统中的销量数据可能会出现缺失值，表 4-3 为某餐厅一段时间内的销量数据，其中 2015 年 2 月 14 日的数据缺失，用拉格朗日插值法对缺失值进行插补，如代码清单 4-1 所示。

表 4-3　某餐厅一段时间的销量数据

时间	2015/2/25	2015/2/24	2015/2/23	2015/2/22	2015/2/21	2015/2/20
销售额（元）	3442.1	3393.1	3136.6	3744.1	6607.4	4060.3
时间	2015/2/19	2015/2/18	2015/2/16	2015/2/15	2015/2/14	2015/2/13
销售额（元）	3614.7	3295.5	2332.1	2699.3	空值	3036.8

* 数据详见：demo/data/catering_sale.xls。

代码清单 4-1　用拉格朗日插值法对缺失值进行插补

```python
import pandas as pd                              # 导入数据分析库pandas
from scipy.interpolate import lagrange           # 导入拉格朗日插值函数

inputfile = '../data/catering_sale.xls'          # 销量数据路径
outputfile = '../tmp/sales.xls'                  # 输出数据路径

data = pd.read_excel(inputfile)                  # 读入数据
# 过滤异常值，将其变为空值
data['销量'][(data['销量'] < 400) | (data['销量'] > 5000)] = None

# 自定义列向量插值函数
# s为列向量，n为被插值的位置，k为取前后的数据个数，默认为5
def ployinterp_column(s, n, k=5):
    y = s[list(range(n-k, n)) + list(range(n+1, n+1+k))]   # 取数
    y = y[y.notnull()]                           # 剔除空值
    return lagrange(y.index, list(y))(n)         # 插值并返回插值结果

# 逐个元素判断是否需要插值
for i in data.columns:
    for j in range(len(data)):
        if (data[i].isnull())[j]:                # 如果为空即插值
            data[i][j] = ployinterp_column(data[i], j)

data.to_excel(outputfile)                        # 输出结果，写入文件
```

* 代码详见：demo/code/lagrange_newton_interp.py。

用拉格朗日插值法对表 4-3 中的缺失值进行插补，使用缺失值前后各 5 个未缺失的数据参与建模，得到的插值结果如表 4-4 所示。

表 4-4　数据插值结果

时　间	原始值	插　值
2015/2/21	6607.4	4275.255
2015/2/14	空值	4156.86

在进行插值之前会对数据进行异常值检测，发现 2015 年 2 月 21 日的数据是异常的（数据大于 5000），所以也把该数据定义为空缺值，进行补数。利用拉格朗日插值法对 2015 年 2 月 21 和 2015 年 2 月 14 日的数据进行插补，结果分别是 4 275.255 和 4 156.86，这两天都是周末，而周末的销售额一般要比周一到周五多，所以插值结果符合实际情况。

4.1.2　异常值处理

在数据预处理时，异常值是否剔除需视具体情况而定，因为有些异常值可能蕴含着有用的信息。异常值处理的常用方法见表 4-5。

表 4-5　异常值处理的常用方法

异常值处理方法	方 法 描 述
删除含有异常值的记录	直接将含有异常值的记录删除
视为缺失值	将异常值视为缺失值，利用缺失值处理的方法进行处理
平均值修正	可用前后两个观测值的平均值修正该异常值
不处理	直接在具有异常值的数据集上进行挖掘建模

将含有异常值的记录直接删除，这种方法简单易行，但缺点也很明显，在观测值很少的情况下，直接删除会造成样本量不足，可能会改变变量的原有分布，从而造成分析结果的不准确。缺失值处理的好处是可以利用现有变量的信息，对异常值（缺失值）进行填补。

很多情况下，要先分析异常值出现的可能原因，再判断异常值是否应该舍弃。如果是正确的数据，可以直接在具有异常值的数据集上进行挖掘建模。

4.2　数据集成

数据挖掘需要的数据往往分布在不同的数据源中，数据集成就是将多个数据源合并存放在一个一致的数据存储位置（如数据仓库）中的过程。

在数据集成时，来自多个数据源的现实世界实体的表达形式是不一样的，有可能不匹配，要考虑实体识别问题和属性冗余问题，从而将源数据在最底层上加以转换、提炼和集成。

4.2.1　实体识别

实体识别是从不同数据源识别出现实世界的实体，它的任务是统一不同源数据的矛盾之处，常见的实体识别如下：

1. 同名异义

数据源 A 中的属性 ID 和数据源 B 中的属性 ID 分别描述的是菜品编号和订单编号，即描述的是不同的实体。

2. 异名同义

数据源 A 中的 sales_dt 和数据源 B 中的 sales_date 都是描述销售日期的，即 A.sales_dt= B.sales_date。

3. 单位不统一

描述同一个实体时分别用的是国际单位和中国传统的计量单位。

检测和解决这些冲突就是实体识别的任务。

4.2.2　冗余属性识别

数据集成往往导致数据冗余，例如：

1）同一属性多次出现；

2）同一属性命名不一致导致重复。

仔细整合不同源数据能减少甚至避免数据冗余与不一致，从而提高数据挖掘的速度和质量。对于冗余属性要先进行分析，检测后再将其删除。

有些冗余属性可以用相关分析检测。给定两个数值型的属性 A 和属性 B，根据其属性值，用相关系数度量一个属性在多大程度上蕴含另一个属性，相关系数介绍见3.2.6 节。

4.2.3　数据变换

数据变换主要是对数据进行规范化处理，将数据转换成"适当的"形式，以适用于挖掘任务及算法的需要。

1. 简单函数变换

简单函数变换是对原始数据进行某些数学函数变换，常用的包括平方、开方、取对数、差分运算等，分别如式（4-9）至式（4-12）所示。

$$x' = x^2 \qquad\qquad (4\text{-}9)$$

$$x' = \sqrt{x} \qquad\qquad (4\text{-}10)$$

$$x' = \log(x) \qquad\qquad (4\text{-}11)$$

$$\Delta f(x_k) = f(x_{k+1}) - f(x_k) \qquad\qquad (4\text{-}12)$$

简单函数变换常用来将不具有正态分布的数据变换成具有正态分布的数据；在时间序列分析中，有时简单的对数变换或者差分运算就可以将非平稳序列转换成平稳序列。在数据挖掘中，简单函数变换可能更有必要，如个人年收入的取值范围为 10 000 元到 10 亿元，这是一个很大的区间，使用对数变换对其进行压缩是常用的一种变换处理。

2. 规范化

数据标准化（归一化）处理是数据挖掘的一项基础工作。不同评价指标往往具有不同的量纲，数值间的差别可能很大，不进行处理可能会影响数据分析的结果。为了消除指标之间的量纲和取值范围差异的影响，需要进行标准化处理，将数据按照比例进行缩放，使之落入一个特定的区域，便于进行综合分析。如将工资收入属性值映射到 [-1,1] 或者 [0,1] 内。

数据规范化对于基于距离的挖掘算法尤为重要。

（1）最小 - 最大规范化

最小 - 最大规范化也称为离差标准化，是对原始数据的线性变换，将数值映射到 [0,1] 之间。其转换公式如式（4-13）所示。

$$x^* = \frac{x - \min}{\max - \min} \qquad\qquad (4\text{-}13)$$

其中，max 为样本数据的最大值，min 为样本数据的最小值。max−min 为极差。离差标准化保留了原来数据中存在的关系，是消除量纲和数据取值范围影响的最简单的方法。这种处理方法的缺点是：若数值集中且某个数值很大，则规范化后各值会接近于 0，并且相差不大。若将来遇到超过目前属性 [min,max] 取值范围的时候，会引起系统出错，需要重新确定 min 和 max。

（2）零 - 均值规范化

零 - 均值规范化也叫标准差标准化，经过处理的数据的均值为 0，标准差为 1。其转化公式如式（4-14）所示。

$$x^* = \frac{x - \bar{x}}{\sigma} \qquad (4\text{-}14)$$

其中，$\bar{x}$ 为原始数据的均值，σ 为原始数据的标准差。零－均值规范化是当前用得最多的数据标准化方法。

（3）小数定标规范化

通过移动属性值的小数位数，将属性值映射到 [−1,1] 之间，移动的小数位数取决于属性值绝对值的最大值。其转化公式如式（4-15）所示。

$$x^* = \frac{x}{10^k} \qquad (4\text{-}15)$$

对于一个含有 n 个记录 p 个属性的数据集，就分别对每一个属性的取值进行规范化。对原始的数据矩阵分别用最小－最大规范化、零－均值规范化、小数定标规范化进行规范化，对比结果，如代码清单 4-2 所示。

代码清单 4-2　数据规范化

```
import pandas as pd
import numpy as np
datafile = '../data/normalization_data.xls'      # 参数初始化
data = pd.read_excel(datafile, header=None)       # 读取数据
print(data)

(data - data.min()) / (data.max() - data.min())  # 最小-最大规范化
(data - data.mean()) / data.std()                 # 零-均值规范化
data / 10 ** np.ceil(np.log10(data.abs().max()))# 小数定标规范化
```

* 代码详见：demo/code/data_normalization.py。

执行代码清单 4-2 后，得到的结果如下：

```
>>> print(data)
      0     1     2     3
0    78   521   602  2863
1   144  -600  -521  2245
2    95  -457   468 -1283
3    69   596   695  1054
4   190   527   691  2051
5   101   403   470  2487
6   146   413   435  2571
>>> (data - data.min())/(data.max() - data.min())# 最小-最大规范化
         0         1         2         3
0 0.074380 0.937291 0.923520 1.000000
1 0.619835 0.000000 0.000000 0.850941
```

```
2   0.214876   0.119565   0.813322   0.000000
3   0.000000   1.000000   1.000000   0.563676
4   1.000000   0.942308   0.996711   0.804149
5   0.264463   0.838629   0.814967   0.909310
6   0.636364   0.846990   0.786184   0.929571
>>> (data - data.mean())/data.std()                    # 零-均值规范化
           0          1          2          3
0  -0.905383   0.635863   0.464531   0.798149
1   0.604678  -1.587675  -2.193167   0.369390
2  -0.516428  -1.304030   0.147406  -2.078279
3  -1.111301   0.784628   0.684625  -0.456906
4   1.657146   0.647765   0.675159   0.234796
5  -0.379150   0.401807   0.152139   0.537286
6   0.650438   0.421642   0.069308   0.595564
>>> data/10**np.ceil(np.log10(data.abs().max())) # 小数定标规范化
        0       1       2        3
0   0.078   0.521   0.602   0.2863
1   0.144  -0.600  -0.521   0.2245
2   0.095  -0.457   0.468  -0.1283
3   0.069   0.596   0.695   0.1054
4   0.190   0.527   0.691   0.2051
5   0.101   0.403   0.470   0.2487
6   0.146   0.413   0.435   0.2571
```

3. 连续属性离散化

一些数据挖掘算法，特别是某些分类算法，如 ID3 算法、Apriori 算法等，要求数据是分类属性形式。这样，常常需要将连续属性变换成分类属性，即连续属性离散化。

（1）离散化的过程

连续属性离散化就是在数据的取值范围内设定若干个离散的划分点，将取值范围划分为一些离散化的区间，最后用不同的符号或整数值代表落在每个子区间中的数据值。所以，离散化涉及两个子任务：确定分类数以及如何将连续属性值映射到这些分类值。

（2）常用的离散化方法

常用的离散化方法有等宽法、等频法和（一维）聚类。

（a）等宽法

将属性的值域分成具有相同宽度的区间，区间的个数由数据本身的特点决定或者用户指定，类似于制作频率分布表。

（b）等频法

将相同数量的记录放进每个区间。

这两种方法简单，易于操作，但都需要人为规定划分区间的个数。同时，等宽法的缺点在于它对离群点比较敏感，倾向于不均匀地把属性值分布到各个区间。有些区间包含许多数据，而另外一些区间的数据极少，这样会严重损坏建立的决策模型。等频法虽然避免了上述问题的产生，却可能将相同的数据值分到不同的区间，以满足每个区间中固定的数据个数。

（c）基于聚类分析的方法

一维聚类方法包括两个步骤：首先将连续属性的值用聚类算法（如 K-Means 算法）进行聚类，然后再将聚类得到的簇进行处理，合并到一个簇的连续属性值做同一标记。聚类分析的离散化方法也需要用户指定簇的个数，从而决定产生的区间数。

下面使用上述 3 种离散化方法对"医学中中医证型的相关数据"进行连续属性离散化的对比，该属性的示例数据如表 4-6 所示。

表 4-6　医学中中医证型的相关数据

肝气郁结证型系数	0.056	0.488	0.107	0.322	0.242	0.389

* 数据详见：demo/data/discretization_data.xls。

对医学中中医证型的相关数据进行离散化，如代码清单 4-3 所示。

代码清单 4-3　数据离散化

```
import pandas as pd
import numpy as np

datafile = '../data/discretization_data.xls'      # 参数初始化
data = pd.read_excel(datafile)                     # 读取数据
data = data['肝气郁结证型系数'].copy()
k = 4

d1 = pd.cut(data, k, labels=range(k))              # 等宽离散化，各个类别依次命名为0,1,2,3

#等频率离散化
w = [1.0*i/k for i in range(k+1)]
w = data.describe(percentiles=w)[4:4+k+1]          # 使用describe函数自动计算分位数
w[0] = w[0]*(1-1e-10)
d2 = pd.cut(data, w, labels=range(k))

from sklearn.cluster import KMeans                  # 引入KMeans
kmodel = KMeans(n_clusters=k, n_jobs=4)             # 建立模型，n_jobs是并行数，一般等
                                                    # 于CPU数较好
kmodel.fit(np.array(data).reshape((len(data), 1)))# 训练模型
c = pd.DataFrame(kmodel.cluster_centers_).sort_values(0)
```

```
                                              # 输出聚类中心，并且排序（默认是随机
                                              排序的）
w = c.rolling(2).mean()                       # 相邻两项求中点，作为边界点
w = w.dropna()
w = [0] + list(w[0]) + [data.max()]           # 把首末边界点加上
d3 = pd.cut(data, w, labels=range(k))
def cluster_plot(d, k):                       # 自定义作图函数来显示聚类结果
    import matplotlib.pyplot as plt
    plt.rcParams['font.sans-serif'] = ['SimHei'] # 用来正常显示中文标签
    plt.rcParams['axes.unicode_minus'] = False  # 用来正常显示负号

    plt.figure(figsize=(8, 3))
    for j in range(0, k):
        plt.plot(data[d==j], [j for i in d[d==j]], 'o')

    plt.ylim(-0.5, k-0.5)
    return plt

cluster_plot(d1, k).show()
cluster_plot(d2, k).show()
cluster_plot(d3, k).show()
```

* 代码详见：demo/code/data_discretization.py。

运行代码清单 4-3，可以得到图 4-2、图 4-3、图 4-4 所示的结果。

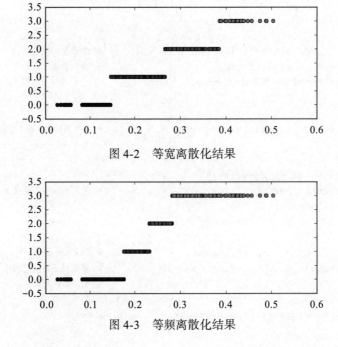

图 4-2　等宽离散化结果

图 4-3　等频离散化结果

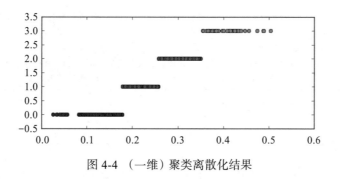

图 4-4　（一维）聚类离散化结果

分别用等宽法、等频法和（一维）聚类对数据进行离散化，将数据分成 4 类，然后将每一类记为同一个标识，如分别记为 A1、A2、A3、A4，再进行建模。

4.2.4　属性构造

在数据挖掘过程中，为了帮助用户提取更有用的信息，挖掘更深层次的模式，提高挖掘结果的精度，需要利用已有的属性集构造出新的属性，并加入到现有的属性集合中。

例如，进行防窃漏电诊断建模时，已有的属性包括供入电量、供出电量（线路上各大用户用电量之和）。理论上供入电量和供出电量应该是相等的，但是由于在传输过程中存在电能损耗，使得供入电量略大于供出电量，如果该条线路上的一个或多个大用户存在窃漏电行为，会使得供入电量明显大于供出电量。反过来，为了判断是否有大用户存在窃漏电行为，可以构造出一个新的指标——线损率，该过程就是构造属性。新构造的属性线损率按式（4-16）计算。

$$线损率 = \frac{供入电量 - 供出电量}{供入电量} \times 100\% \tag{4-16}$$

线损率的正常范围一般为 3%～15%，如果远远超过该范围，那么就可以认为该条线路的大用户很可能存在窃漏电等异常用电行为。

根据线损率的计算公式，由供入电量、供出电量进行线损率的属性构造，如代码清单 4-4 所示。

代码清单 4-4　线损率属性构造

```
import pandas as pd
# 参数初始化
inputfile= '../data/electricity_data.xls'          # 供入供出电量数据
```

```
outputfile = '../tmp/electricity_data.xls'        # 属性构造后数据文件

data = pd.read_excel(inputfile)                   # 读入数据
data['线损率'] = (data['供入电量'] - data['供出电量']) / data['供入电量']
data.to_excel(outputfile, index=False)            # 保存结果
```

*代码详见：demo/code/line_rate_construct.py。

4.2.5　小波变换

小波变换[⊖][⊖]是一种新型的数据分析工具，是近年来兴起的信号分析手段。小波分析的理论和方法在信号处理、图像处理、语音处理、模式识别、量子物理等领域得到了越来越广泛的应用，它被认为是近年来在工具及方法上的重大突破。小波变换具有多分辨率的特点，在时域和频域都具有表征信号局部特征的能力，通过伸缩和平移等运算过程对信号进行多尺度聚焦分析，提供了一种非平稳信号的时频分析手段，可以由粗及细地逐步观察信号，从中提取有用信息。

能够刻画某个问题的特征量往往隐含在一个信号中的某个或者某些分量中，小波变换可以把非平稳信号分解为表达不同层次、不同频带信息的数据序列，即小波系数，选取适当的小波系数，即完成了信号的特征提取。下面将介绍基于小波变换的信号特征提取方法。

1. 基于小波变换的特征提取方法

基于小波变换的特征提取方法主要有：基于小波变换的多尺度空间能量分布特征提取、基于小波变换的多尺度空间中模极大值特征提取、基于小波包变换的特征提取、基于适应性小波神经网络的特征提取，详见表 4-7。

表 4-7　基于小波变换的特征提取方法

基于小波变换的特征提取方法	方 法 描 述
基于小波变换的多尺度空间能量分布特征提取方法	各尺度空间内的平滑信号和细节信号能提供原始信号的时频局域信息，特别是能提供不同频带上信号的构成信息。把不同分解尺度上的信号的能量求解出来，就可以将这些能量尺度顺序排列形成特征向量，以供识别
基于小波变换的多尺度空间中模极大值特征提取方法	利用小波变换的信号局域化分析能力，求解小波变换的模极大值特性来检测信号的局部奇异性，将小波变换模极大值的尺度参数 s、平移参数 t 及其幅值作为目标的特征量

⊖　张静远，张冰，蒋方舟 . 基于小波变换的特征提取方法分析 [J]. 信号处理，2000:1-8.
⊖　张良均，王靖涛，李国成 . 小波变换在桩基完整性检测中的应用 [J]. 岩石力学与工程学报，2002:1-2.

（续）

基于小波变换的特征提取方法	方 法 描 述
基于小波包变换的特征提取方法	利用小波分解，可将时域随机信号序列映射为尺度域各子空间内的随机系数序列，按小波包分解得到的最佳子空间内随机系数序列的不确定性程度最低，将最佳子空间的熵值及最佳子空间在完整二叉树中的位置参数作为特征量，可以用于目标识别
基于适应性小波神经网络的特征提取方法	可以把信号通过分析小波拟合表示，进行特征提取

2. 小波基函数

小波基函数是一种具有局部支集的函数，并且平均值为 0。小波基函数满足 $\psi(0) = \int \psi(t)\mathrm{d}t = 0$。常用的小波基有 Haar 小波基、db 系列小波基等。Haar 小波基函数如图 4-5 所示。

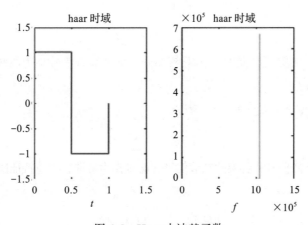

图 4-5　Haar 小波基函数

3. 小波变换

对小波基函数进行伸缩和平移变换，如式（4-17）所示。

$$\psi_{a,b}(t) = \frac{1}{\sqrt{|a|}} = \psi\left(\frac{t-b}{a}\right) \tag{4-17}$$

式（4-17）中，a 为伸缩因子，b 为平移因子。

任意函数 $f(t)$ 的连续小波变换（CWT）为式（4-18）。

$$W_f(a,b) = |a|^{-1/2} \int f(t)\psi\left(\frac{t-b}{a}\right)\mathrm{d}t \tag{4-18}$$

可知，连续小波变换为 $f(t) \rightarrow W_f(a,b)$ 的映射，对小波基函数 $\psi(t)$ 增加约束条件 $C_\psi = \int \frac{|\psi(t)|^2}{t} dt < \infty$ 就可以由 $W_f(a,b)$ 逆变换得到 $f(t)$。其中 $\psi'(t)$ 为 $\psi(t)$ 的傅里叶变换。

其逆变换为式（4-19）。

$$f(t) = \frac{1}{C_\psi} \iint \frac{1}{a^2} W_f(a,b) \psi\left(\frac{t-b}{a}\right) dadb \qquad （4-19）$$

下面介绍基于小波变换的多尺度空间能量分布特征提取方法。

4. 基于小波变换的多尺度空间能量分布特征提取方法

应用小波分析技术可以把信号在各频率波段中的特征提取出来，基于小波变换的多尺度空间能量分布特征提取方法是对信号进行频带分析，再分别计算所得的各个频带的能量作为特征向量。

信号 $f(t)$ 的二进小波分解可表示为式（4-20）。

$$f(t) = A^j + \sum D^j \qquad （4-20）$$

式（4-20）中，A 是近似信号，为低频部分；D 是细节信号，为高频部分，此时信号的频带分布见图4-6。

信号的总能量为式（4-21）。

$$E = EA_j + \sum ED_j \qquad （4-21）$$

选择第 j 层的近似信号和各层的细节信号的能量作为特征，构造特征向量，如式（4-22）所示。

$$F = [EA_j, ED_1, ED_2, \cdots, ED_j] \qquad （4-22）$$

利用小波变换可以对声波信号进行特征提取，提取出可以代表声波信号的向量数据，即完成从声波信号到特征向量数据的变换。本例利用小波函数对声波信号数据进行分解，得到5个层次的小波系数。利用这些小波系数求得各个能量值，这些能量值即可作为声波信号的特征数据。

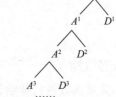

图4-6　多尺度分解的信号频带分布

在 Python 中，SciPy 本身提供了一些信号处理函数，但不够全面，而更好的信号处理库是 PyWavelets。使用 PyWavelets 库进行小波变换，提取特征，如代码清单4-5所示。

代码清单4-5　小波变换特征提取代码

```
# 利用小波分析进行特征分析
```

```
# 参数初始化
inputfile= '../data/leleccum.mat' # 提取自Matlab的信号文件

from scipy.io import loadmat        # mat是Python专用格式，需要用loadmat读取它
mat = loadmat(inputfile)
signal = mat['leleccum'][0]

import pywt  # 导入PyWavelets
coeffs = pywt.wavedec(signal, 'bior3.7', level=5)
# 返回结果为level+1个数字，第一个数组为逼近系数数组，后面的依次是细节系数数组
```

*代码详见：demo/code/wave_analyze.py。

4.3 数据归约

在大数据集上进行复杂的数据分析和挖掘需要很长时间。数据归约产生更小且保持原数据完整性的新数据集，在归约后的数据集上进行分析和挖掘将提高效率。

数据归约的意义在于：

1）降低无效、错误数据对建模的影响，提高建模的准确性。

2）少量且具有代表性的数据将大幅缩减数据挖掘所需的时间。

3）降低储存数据的成本。

4.3.1 属性归约

属性归约通过属性合并创建新属性维数，或者通过直接删除不相关的属性（维）来减少数据维数，从而提高数据挖掘的效率，降低计算成本。属性归约的目标是寻找最小的属性子集并确保新数据子集的概率分布尽可能接近原来数据集的概率分布。属性归约常用方法见表 4-8。

表 4-8　属性归约常用方法

属性归约方法	方法描述	方法解析
合并属性	将一些旧属性合并为新属性	初始属性集：$\{A_1, A_2, A_3, A_4, B_1, B_2, B_3, C\}$ $\{A_1, A_2, A_3, A_4\} \rightarrow A$ $\{B_1, B_2, B_3\} \rightarrow B$ $\Rightarrow$ 归约后属性集：$\{A, B, C\}$
逐步向前选择	从一个空属性集开始，每次从原来属性集合中选择一个当前最优的属性添加到当前属性子集中。直到无法选出最优属性或满足一定阈值约束为止	初始属性集：$\{A_1, A_2, A_3, A_4, A_5, A_6\}$ $\{\} \Rightarrow \{A_4\} \Rightarrow \{A_1, A_4\}$ $\Rightarrow$ 归约后属性集：$\{A_1, A_4, A_6\}$

（续）

属性归约方法	方法描述	方法解析
逐步向后删除	从一个全属性集开始，每次从当前属性子集中选择一个当前最差的属性并将其从当前属性子集中消去。直到无法选出最差属性为止或满足一定阈值约束为止	初始属性集：$\{A_1, A_2, A_3, A_4, A_5, A_6\}$ $\Rightarrow \{A_1, A_3, A_4, A_5, A_6\} \Rightarrow \{A_1, A_4, A_5, A_6\}$ $\Rightarrow$ 归约后属性集：$\{A_1, A_4, A_6\}$
决策树归纳	利用决策树的归纳方法对初始数据进行分类归纳学习，获得一个初始决策树，所有没有出现在这个决策树上的属性均可认为是无关属性，因此将这些属性从初始集合中删除，就可以获得一个较优的属性子集	初始属性集：$\{A_1, A_2, A_3, A_4, A_5, A_6\}$ $\Rightarrow$ 归约后属性集：$\{A_1, A_4, A_6\}$
主成分分析⊖	用较少的变量去解释原始数据中的大部分变量，即将许多相关性很高的变量转化成彼此相互独立或不相关的变量	详见下面的计算步骤

逐步向前选择、逐步向后删除和决策树归纳是属于直接删除不相关属性（维）的方法。主成分分析是一种用于连续属性的数据降维方法，它构造了原始数据的一个正交变换，新空间的基底去除了原始空间基底下数据的相关性，只需使用少数新变量就能够解释原始数据中的大部分变异。在应用中，通常是选出比原始变量个数少、能解释大部分数据中的变量的几个新变量，即所谓主成分，来代替原始变量进行建模。

主成分分析的计算步骤如下：

1）设原始变量 $X_1, X_2, \cdots, X_p$ 的 n 次观测数据矩阵为式（4-23）。

$$\boldsymbol{X} = \begin{pmatrix} x_{11} & x_{12} & \cdots & x_{1p} \\ x_{21} & x_{22} & \cdots & x_{2p} \\ \cdots & \cdots & & \cdots \\ x_{n1} & x_{n2} & \cdots & x_{np} \end{pmatrix} = (X_1, X_2, \cdots, X_p) \tag{4-23}$$

2）将数据矩阵按列进行中心标准化。为了方便，将标准化后的数据矩阵仍然记为 X。

3）求相关系数矩阵 $\boldsymbol{R}$，$\boldsymbol{R} = (r_{ij})_{p \times p}$，$r_{ij}$ 定义为式（4-24），其中 $r_{ij} = r_{ji}$，$r_{ii} = 1$。

⊖　廖芹. 数据挖掘与数学建模 [M]. 北京：国防工业出版社，2010:49-50.

$$r_{ij} = \sum_{k=1}^{n}(x_{ki}-\overline{x}_i)(x_{kj}-\overline{x}_j) / \sqrt{\sum_{k=1}^{n}(x_{ki}-\overline{x}_i)^2 \sum_{k=1}^{n}(x_{kj}-\overline{x}_j)^2} \tag{4-24}$$

4）求 $\boldsymbol{R}$ 的特征方程 $\det(\boldsymbol{R}-\lambda\boldsymbol{E})=\boldsymbol{0}$ 的特征根 $\lambda_1 \geqslant \lambda_2 \geqslant \cdots \geqslant \lambda_p > 0$。

5）确定主成分个数 m：$\dfrac{\sum\limits_{i=1}^{m}\lambda_i}{\sum\limits_{i=1}^{p}\lambda_i} \geqslant \alpha$，$\alpha$ 根据实际问题确定，一般取 80%。

6）计算 m 个相应的单位特征向量，如式（4-25）所示。

$$\boldsymbol{\beta}_1 = \begin{pmatrix} \beta_{11} \\ \beta_{21} \\ \cdots \\ \beta_{p1} \end{pmatrix}, \boldsymbol{\beta}_2 = \begin{pmatrix} \beta_{12} \\ \beta_{22} \\ \cdots \\ \beta_{p2} \end{pmatrix}, \cdots, \boldsymbol{\beta}_m = \begin{pmatrix} \beta_{1m} \\ \beta_{2m} \\ \cdots \\ \beta_{pm} \end{pmatrix} \tag{4-25}$$

7）计算主成分，如式（4-26）所示。

$$Z_1 = \beta_{1i}X_1 + \beta_{2i}X_2 + \cdots + \beta_{pi}X_p \quad (i=1,2,\cdots,m) \tag{4-26}$$

在 Python 中，主成分分析的函数位于 scikit-learn 库下，其使用格式如下，参数说明如表 4-9 所示。

```
sklearn.decomposition.PCA(n_components=None, copy=True, whiten=False)
```

表 4-9　PCA 函数的参数说明

参数名称	意　义	类　型
n_components	PCA 算法中所要保留的主成分个数 n 就是保留下来的特征个数 n	int 或 str，缺省时默认为 None，所有成分被保留。赋值为 int，如 n_components=1，将把原始数据降到一个维度。赋值为 str，比如 n_components='mle'，将自动选取特征个数 n，使满足所求的方差百分比
copy	表示是否在运行算法时，将原始训练数据复制一份	bool，True 或者 False，默认为 True。若为 True，则运行 PCA 算法后，原始训练数据的值不会有任何改变，因为是在原始数据的副本上进行运算；若为 False，则运行 PCA 算法后，原始训练数据的值会改，因为是在原始数据上进行降维计算
whiten	白化，使得每个特征具有相同的方差	bool，默认为 False

使用主成分分析法进行降维，如代码清单 4-6 所示。

代码清单 4-6　主成分分析法降维

```
import pandas as pd
```

```
# 参数初始化
inputfile = '../data/principal_component.xls'
outputfile = '../tmp/dimention_reduced.xls'        # 降维后的数据

data = pd.read_excel(inputfile, header=None)        # 读入数据

from sklearn.decomposition import PCA

pca = PCA()
pca.fit(data)
pca.components_                                      # 返回模型的各个特征向量
pca.explained_variance_ratio_                       # 返回各个成分各自的方差百分比
```

* 代码详见：demo/code/principal_component_analyze.py。

运行代码清单 4-6 得到的结果如下：

```
>>> pca.components_                # 返回模型的各个特征向量
array([[-0.56788461, -0.2280431 , -0.23281436, -0.22427336, -0.3358618 ,
        -0.43679539, -0.03861081, -0.46466998],
       [-0.64801531, -0.24732373,  0.17085432,  0.2089819 ,  0.36050922,
         0.55908747, -0.00186891, -0.05910423],
       [-0.45139763,  0.23802089, -0.17685792, -0.11843804, -0.05173347,
        -0.20091919, -0.00124421,  0.80699041],
       [-0.19404741,  0.9021939 , -0.00730164, -0.01424541,  0.03106289,
         0.12563004,  0.11152105, -0.3448924 ],
       [ 0.06133747,  0.03383817, -0.12652433, -0.64325682,  0.3896425 ,
         0.10681901, -0.63233277, -0.04720838],
       [-0.02579655,  0.06678747, -0.12816343,  0.57023937,  0.52642373,
        -0.52280144, -0.31167833, -0.0754221 ],
       [ 0.03800378, -0.09520111, -0.15593386, -0.34300352,  0.56640021,
        -0.18985251,  0.69902952, -0.04505823],
       [ 0.10147399, -0.03937889, -0.91023327,  0.18760016, -0.06193777,
         0.34598258,  0.02090066, -0.02137393]])
>>> pca.explained_variance_ratio_ # 返回各个成分各自的方差百分比（贡献率）
array([ 7.74011263e-01,  1.56949443e-01,  4.27594216e-02,
        2.40659228e-02,  1.50278048e-03,  4.10990447e-04,
        2.07718405e-04,  9.24594471e-05])
```

从上面的结果可以得到特征方程 $\det(\boldsymbol{R} - \lambda \boldsymbol{E}) = 0$ 有 8 个特征根、对应的 8 个单位特征向量以及各个成分各自的方差百分比（也叫贡献率）。其中方差百分比越大说明向量的权重越大。

当选取前 4 个主成分时，累计贡献率已达到 97.37%，说明选取前 3 个主成分进行计算已经相当不错了，因此可以重新建立 PCA 模型，设置 n_components=3，计算出成分结果，如代码清单 4-7 所示。

代码清单 4-7 计算成分结果

```
pca = PCA(3)
pca.fit(data)
low_d = pca.transform(data)                    # 用它来降低维度
pd.DataFrame(low_d).to_excel(outputfile)       # 保存结果
pca.inverse_transform(low_d)                   # 必要时可以用inverse_transform()函数来复原数据
```

* 代码详见：demo/code/principal_component_analyze.py。

运行代码清单 4-7 得到的结果如下：

```
>>> low_d
array([[ -8.19133694, -16.90402785,   3.90991029],
       [ -0.28527403,   6.48074989,  -4.62870368],
       [ 23.70739074,   2.85245701,  -0.4965231 ],
       [ 14.43202637,  -2.29917325,  -1.50272151],
       [ -5.4304568 , -10.00704077,   9.52086923],
       [-24.15955898,   9.36428589,   0.72657857],
       [  3.66134607,   7.60198615,  -2.36439873],
       [-13.96761214, -13.89123979,  -6.44917778],
       [-40.88093588,  13.25685287,   4.16539368],
       [  1.74887665,   4.23112299,  -0.58980995],
       [ 21.94321959,   2.36645883,   1.33203832],
       [ 36.70868069,   6.00536554,   3.97183515],
       [ -3.28750663,  -4.86380886,   1.00424688],
       [ -5.99885871,  -4.19398863,  -8.59953736]]])
```

原始数据从 8 维被降维到了 3 维，关系式由式（4-26）确定，同时这 3 维数据占了原始数据 95% 以上的信息。

4.3.2 数值归约

数值归约通过选择替代的、较小的数据来减少数据量，包括有参数方法和无参数方法两类。有参数方法是使用一个模型来评估数据，只需存放参数，而不需要存放实际数据，例如回归（线性回归和多元回归）和对数线性模型（近似离散属性集中的多维概率分布）。无参数方法就需要存放实际数据，例如直方图、聚类、抽样（采样）。

1. 直方图

直方图使用分箱来近似数据分布，是一种流行的数据归约形式。属性 A 的直方图将 A 的数据分布划分为不相交的子集或桶。如果每个桶只代表单个属性值 / 频率对，则该桶称为单桶。通常，桶表示给定属性的一个连续区间。

这里结合实际案例来说明如何使用直方图做数值归约。某餐饮企业菜品的单价（按人民币取整）从小到大排序为：3，3，5，5，5，8，8，10，10，10，10，15，15，15，22，22，22，22，22，22，22，22，22，25，25，25，25，25，25，25，25，25，30，30，30，30，30，35，35，35，35，35，39，39，40，40，40。使用单桶显示这些数据的直方图如图 4-7 所示。为进一步压缩数据，通常让每个桶代表给定属性的一个连续值域。在图 4-8 中，每个桶代表长度为 13 元（人民币）的价值区间。

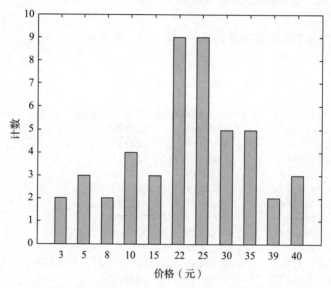

图 4-7　使用单桶的价格直方图——每个单桶代表一个价值 / 频率对

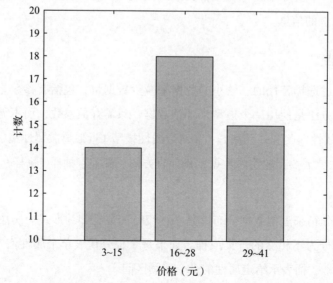

图 4-8　价格的等宽直方图——每个桶代表一个价格区间 / 频率对

2. 聚类

聚类技术将数据元组（即记录，数据表中的一行）视为对象。它将对象划分为簇，使一个簇中的对象彼此"相似"，而与其他簇中的对象"相异"。在数据归约中，用数据的簇替换实际数据。该技术的有效性依赖于簇的定义是否符合数据的分布性质。

3. 抽样

抽样也是一种数据归约技术，它用比原始数据小得多的随机样本（子集）表示原始数据集。假定原始数据集 D 包含 n 个元组，可以采用抽样方法对原始数据集 D 进行抽样。下面介绍常用的抽样方法。

（1）s 个样本无放回简单随机抽样

从原始数据集 D 的 n 个元组中抽取 s 个样本（$s<n$），其中 D 中任意元组被抽取的概率均为 $1/N$，即所有元组的抽取是等可能的。

（2）s 个样本有放回地简单随机抽样

该方法类似于无放回简单随机抽样，不同之处在于每次从原始数据集 D 中抽取一个元组后，做好记录，然后放回原处。

（3）聚类抽样

如果原始数据集 D 中的元组分组放入 m 个互不相交的"簇"，则可以得到 s 个簇的简单随机抽样，其中 $s<m$。例如，数据库中的元组通常一次检索一页，这样每页就可以视为一个簇。

（4）分层抽样

如果原始数据集 D 划分成互不相交的部分，称作层，则通过对每一层的简单随机抽样就可以得到 D 的分层样本。例如，按照顾客的每个年龄组创建分层，可以得到关于顾客数据的一个分层样本。

使用数据归约时，抽样最常用来估计聚集查询的结果。在指定的误差范围内，可以确定（使用中心极限定理）一个给定的函数所需的样本大小。通常样本的大小 s 相对于 n 非常小。而通过简单地增加样本大小，这样的集合可以进一步求精。

4. 参数回归

简单线性模型和对数线性模型可以用来近似给定的数据。用（简单）线性模型对数据建模，使之拟合一条直线。下面介绍一个简单线性模型的例子，对对数线性模型只做简单介绍。

例如，把点（2, 5）、（3, 7）、（4, 9）、（5, 12）、（6, 11）、（7, 15）、（8, 18）、（9, 19）、（11, 22）、（12, 25）、（13, 24）、（15, 30）、（17, 35）归约成线性函数 $y = wx + b$。即拟合函数 $y = 2x + 1.3$ 线上对应的点可以近似看作已知点。如图 4-9 所示。

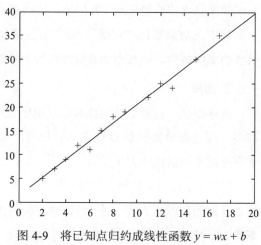

其中，y 的方差是常量 13.44。在数据挖掘中，x 和 y 是数值属性。系数 2 和 1.3（称作回归系数）分别为直线的斜率和 y 轴截距。系数可以用最小二乘方法求解，可以使数据的实际直线与估计直线之间的误差最小化。多元线性回归是（简单）线性回归的扩充，允许响应变量 y 建模为两个或多个预测变量的线性函数。

图 4-9　将已知点归约成线性函数 $y = wx + b$

对数线性模型：用来描述期望频数与协变量（指与因变量有线性相关并在探讨自变量与因变量关系时通过统计技术加以控制的变量）之间的关系。考虑期望频数 m 在正无穷之间，故需要将对数变换为 $f(m) = \ln m$，使它的取值在 $-\infty$ 与 $+\infty$ 之间。

对数线性模型为式（4-27）。

$$\ln m = \beta_0 + \beta_1 x_1 + \cdots + \beta_k x_k \tag{4-27}$$

对数线性模型一般用来近似离散多维概率分布。在一个 n 元组的集合中，每个元组可以看作是 n 维空间中的一个点。可以使用对数线性模型基于维组合的一个较小子集，估计离散化的属性集的多维空间中每个点的概率，这使得高维数据空间可以由较低维空间来构造。因此，对数线性模型也可以用于维归约（由于低维空间的点通常比原来的数据点占据较少的空间）和数据光滑（因为与较高维空间的估计相比，较低维空间的聚集估计较少受抽样方差的影响）。

4.4　Python 主要数据预处理函数

表 4-10 给出了本节要介绍的 Python 中的插值、数据归一化、主成分分析等与数据预处理相关的函数。下面对它们进行详细介绍。

表 4-10　Python 主要数据预处理函数

函 数 名	函 数 功 能	所属扩展库
interpolate	一维、高维数据插值	SciPy
unique	去除数据中的重复元素，得到单值元素列表，它是对象的方法名	pandas/NumPy
isnull	判断是否空值	pandas
notnull	判断是否非空值	pandas
PCA	对指标变量矩阵进行主成分分析	Scikit-learn
random	生成随机矩阵	NumPy

1. interpolate

1）功能

interpolate 是 SciPy 的一个子库，下面包含了大量的插值函数，如拉格朗日插值、样条插值、高维插值等。使用之前需要用 from scipy.interpolate import * 引入相应的插值函数，读者可以根据需要到官网查找对应的函数名。

2）使用格式

```
f = scipy.interpolate.lagrange(x, y)
```

这里仅仅展示了一维数据的拉格朗日插值的命令，其中 x，y 为对应的自变量和因变量数据。插值完成后，可以通过 $f(a)$ 计算新的插值结果。类似的还有样条插值、多维数据插值等，此处不一一展示。

2. unique

1）功能

去除数据中的重复元素，得到单值元素列表。它既是 NumPy 库的一个函数（numpy.unique()），也是 Series 对象的一个方法。

2）使用格式

```
numpy.unique(D)
```

其中 D 是一维数据，可以是 list、array 或 Series。

```
D.unique()
```

其中 D 是 pandas 的 Series 对象。

3）实例

求向量 D 中的单值元素，并返回相关索引，如代码清单 4-8 所示。

代码清单 4-8 求向量 D 中的单值元素，并返回相关索引

```
import pandas as pd
import numpy as np
D = pd.Series([1, 1, 2, 3, 5])
D.unique()
np.unique(D)
```

* 代码详见：demo/code/ 实例 .py。

3. isnull/ notnull

1）功能

判断每个元素是否空值 / 非空值。

2）使用格式

```
D.isnull()
D.notnull()
```

这里的 D 要求是 Series 对象，返回一个布尔 Series。可以通过 D[D.isnull()] 或 D[D.notnull()] 找出 D 中的空值 / 非空值。

4. random

1）功能

random 是 NumPy 的一个子库（Python 本身也自带了 random，但 NumPy 的 random 更加强大），可以用该库下的各种函数生成服从特定分布的随机矩阵，抽样时可使用。

2）使用格式

```
np.random.rand(k, m, n, ...)
```

生成一个 $k \times m \times n \times \cdots$ 随机矩阵，其元素均匀分布在区间 (0,1) 上。

```
np.random.randn(k, m, n, ...)
```

生成一个 $k \times m \times n \times \cdots$ 随机矩阵，其元素服从标准正态分布。

5. PCA

1）功能

对指标变量矩阵进行主成分分析。使用前需要用 from sklearn.decomposition import PCA 引入该函数。

2）使用格式

```
model = PCA()
```

注意，scikit-learn 下的 PCA 是一个建模式的对象，也就是说一般的流程是建模，然后是训练 model.fit(D)，D 为要进行主成分分析的数据矩阵，训练结束后获取模型的参数，如 .components_ 获取特征向量，.explained_variance_ratio_ 获取各个属性的贡献率等。

3）实例

使用 PCA 函数对一个 10×4 维的随机矩阵进行主成分分析，如代码清单 4-9 所示。

代码清单 4-9　对一个 10×4 维的随机矩阵进行主成分分析

```
from sklearn.decomposition import PCA
D = np.random.rand(10,4)
pca = PCA()
pca.fit(D)
pca.components_                    # 返回模型的各个特征向量
pca.explained_variance_ratio_     # 返回各个成分各自的方差百分比
```

* 代码详见：demo/code/ 实例 .py。

4.5　小结

本章介绍了数据预处理的 4 个主要任务：数据清洗、数据集成、数据变换和数据归约。数据清洗主要介绍了对缺失值和异常值的处理，延续了第 3 章的缺失值和异常值分析的内容，本章所介绍的处理缺失值的方法分为 3 类：删除记录、数据插补和不处理。处理异常值的方法有删除含有异常值的记录、不处理、平均值修正和视为缺失值。数据集成是合并多个数据源中的数据，并存放到一个数据存储位置的过程，对该部分的介绍从实体识别问题和冗余属性两个方面进行。数据变换介绍了如何从不同的应用角度对已有属性进行函数变换；数据归约从属性（纵向）归约和数值（横向）归约两个方面介绍了如何对数据进行归约，使挖掘的性能和效率得到很大的提高。通过对原始数据进行相应的处理，将为后续挖掘建模提供良好的数据基础。

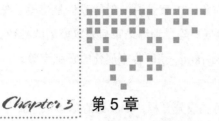

挖 掘 建 模

经过数据探索与数据预处理，得到了可以直接建模的数据。根据挖掘目标和数据形式可以建立分类与预测、聚类分析、关联规则、时序模式、离群点检测等模型，帮助企业提取数据中蕴含的商业价值，提高企业的竞争力。

5.1　分类与预测

就餐饮企业而言，经常会碰到如下问题：

1）如何基于菜品历史销售情况以及节假日、气候和竞争对手等影响因素，对菜品销量进行趋势预测？

2）如何预测在未来一段时间哪些顾客会流失，哪些顾客最有可能成为 VIP 客户？

3）如何预测一种新产品的销售量以及它在哪种类型的客户中会较受欢迎？

除此之外，餐厅经理需要通过数据分析来帮助他了解具有某些特征的顾客的消费习惯；餐饮企业老板希望知道下个月的销售收入以及原材料采购成本。这些都是分类与预测的例子。

分类和预测是预测问题的两种主要类型。分类主要是预测分类标号（离散属性），而预测主要是建立连续值函数模型，预测给定自变量对应的因变量的值。

5.1.1　实现过程

1. 分类

分类是构造一个分类模型，输入样本的属性值，输出对应的类别，将每个样本映射到预先定义好的类别。

分类模型建立在已有类标记的数据集上，模型在已有样本上的准确率可以方便地计算，所以分类属于有监督的学习。图 5-1 展示了将销售量分为"高""中""低" 3 类。

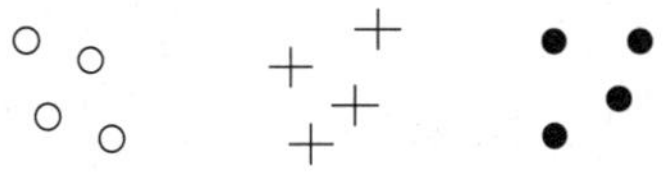

图 5-1　分类问题

2. 预测

预测是建立两种或两种以上变量间相互依赖的函数模型，然后进行预测或控制。

3. 实现过程

分类和预测的实现过程类似，以分类模型为例，实现过程如图 5-2 所示。

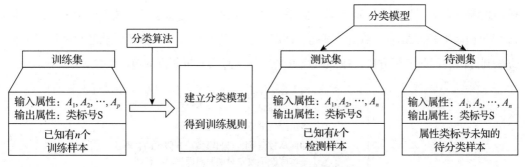

图 5-2　分类模型的实现步骤

分类算法的过程有两步：第一步是学习步，通过归纳分析训练样本集来建立分类模型，得到分类规则；第二步是分类步，先用已知的测试样本集评估分类规则的准确率，如果准确率是可以接受的，则使用该模型对未知类标号的待测样本集进行预测。

类似于图 5-2 描述的分类模型，预测模型的实现也有两步：第一步是通过训练集建立预测属性（数值型的）的函数模型，第二步是在模型通过检验后进行预测或控制。

5.1.2　常用的分类与预测算法

常用的分类与预测算法见表 5-1。

表 5-1　常用的分类与预测算法

算法名称	算法描述
回归分析	回归分析是确定预测属性（数值型）与其他变量间相互依赖的定量关系最常用的统计学方法，包括线性回归、非线性回归、Logistic 回归、岭回归、主成分回归、偏最小二乘回归等模型
决策树	决策树采用自顶向下的递归方式，在内部节点进行属性值的比较，并根据不同的属性值从该节点向下分支，最终得到的叶节点是学习划分的类
人工神经网络	人工神经网络是一种模仿大脑神经网络结构和功能而建立的信息处理系统，表示神经网络的输入与输出变量之间的关系的模型
贝叶斯网络	贝叶斯网络又称信度网络，是 Bayes 方法的扩展，是目前不确定知识表达和推理领域最有效的理论模型之一
支持向量机	支持向量机是一种通过某种非线性映射，把低维的非线性可分转化为高维的线性可分，在高维空间进行线性分析的算法

5.1.3　回归分析

回归分析是一种通过建立模型来研究变量之间相互关系的密切程度、结构状态及进行模型预测的有效工具，在工商管理、经济、社会、医学和生物学等领域应用十分广泛。从 19 世纪初高斯提出最小二乘估计算起，回归分析的历史已有 200 多年。从经典的回归分析方法到近代的回归分析方法，按照研究方法划分，回归分析研究的范围大致如图 5-3 所示。

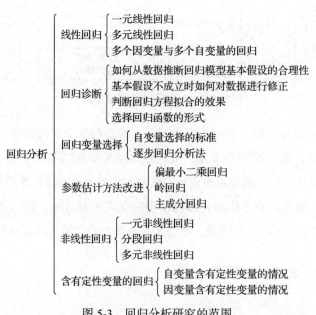

图 5-3　回归分析研究的范围

⊖　何晓群 . 应用回归分析 [M]. 北京：中国人民大学出版社 . 2011.

在数据挖掘环境下，自变量与因变量具有相关关系，自变量的值是已知的，因变量是要预测的。

常用的回归模型见表 5-2。

表 5-2　主要回归模型分类

回归模型名称	适 用 条 件	算 法 描 述
线性回归	因变量与自变量是线性关系	对一个或多个自变量和因变量之间的线性关系进行建模，可用最小二乘法求解模型系数
非线性回归	因变量与自变量之间不都是线性关系	对一个或多个自变量和因变量之间的非线性关系进行建模。如果非线性关系可以通过简单的函数变换转化成线性关系，用线性回归的思想求解；如果不能转化，用非线性最小二乘方法求解
Logistic 回归	一般是因变量的有 1-0（是否）两种取值	是广义线性回归模型的特例，利用 Logistic 函数将因变量的取值范围控制在 0 和 1 之间，表示取值为 1 的概率
岭回归	参与建模的自变量之间具有多重共线性	是一种改进最小二乘估计的方法
主成分回归	参与建模的自变量之间具有多重共线性	主成分回归是根据主成分分析的思想提出来的，是对最小二乘法的一种改进，它是参数估计的一种有偏估计。可以消除自变量之间的多重共线性

线性回归模型是相对简单的回归模型，但是通常因变量和自变量之间呈现出某种曲线关系，这就需要建立非线性回归模型。

Logistic 回归属于概率型非线性回归，分为二分类和多分类的回归模型。对于二分类的 Logistic 回归，因变量 y 只有"是、否"两个取值，记为 1 和 0。假设在自变量 x_1, x_2, $\cdots$, x_p 作用下，y 取"是"的概率是 p，则取"否"的概率是 $1-p$，研究的是当 y 取"是"发生的概率为 p 与自变量 x_1, x_2, $\cdots$, x_p 的关系。

当自变量之间出现多重共线性时，用最小二乘方法估计的回归系数将会不准确，消除多重共线性的参数改进的估计方法主要有岭回归和主成分回归。

下面就对常用的二分类 Logistic 回归模型的原理展开介绍。

1. Logistic 回归分析介绍

（1）Logistic 函数

Logistic 回归模型中的因变量只有 1-0（如"是"和"否"、"发生"和"不发生"）两种取值。假设在 p 个独立自变量 x_1, x_2, $\cdots$, x_p 的作用下，记 y 取 1 的概率是 $p = P(y=1|X)$，取 0 的概率是 $1-p$，取 1 和取 0 的概率之比为 $\dfrac{p}{1-p}$，称为事件的优势比（odds），对

odds 取自然对数即得 Logistic 变换 $\text{Logit}(p) = \ln\left(\dfrac{p}{1-p}\right)$。

令 $\text{Logit}(p) = \ln\left(\dfrac{p}{1-p}\right) = z$，则 $p = \dfrac{1}{1+\mathrm{e}^{-z}}$ 即为 Logistic 函数，如图 5-4 所示。

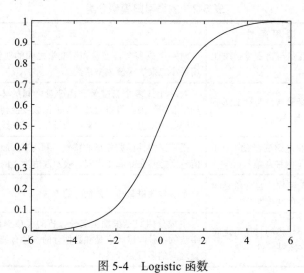

图 5-4 Logistic 函数

当 p 在 $(0,1)$ 之间变化时，odds 的取值范围是 $(0,+\infty)$，则 $\ln\left(\dfrac{p}{1-p}\right)$ 的取值范围是 $(-\infty,+\infty)$。

（2）Logistic 回归模型

Logistic 回归模型是建立 $\ln\left(\dfrac{p}{1-p}\right)$ 与自变量的线性回归模型。Logistic 回归模型为式（5-1）。

$$\ln\left(\frac{p}{1-p}\right) = \beta_0 + \beta_1 x_1 + \cdots + \beta_p x_p + \varepsilon \tag{5-1}$$

因为 $\ln\left(\dfrac{p}{1-p}\right)$ 的取值范围是 $(-\infty,+\infty)$，这样，自变量 $x_1, x_2, \cdots, x_p$ 可在任意范围内取值。记 $g(x) = \beta_0 + \beta_1 x_1 + \cdots + \beta_p x_p$，得到式（5-2）和式（5-3）。

$$p = P(y=1|X) = \frac{1}{1+\mathrm{e}^{-g(x)}} \tag{5-2}$$

$$1-p = P(y=0|X) = 1 - \frac{1}{1+\mathrm{e}^{-g(x)}} = \frac{1}{1+\mathrm{e}^{g(x)}} \tag{5-3}$$

（3）Logistic 回归模型的解释

$$\frac{p}{1-p} = e^{\beta_0 + \beta_1 x_1 + \cdots + \beta_p x_p + \varepsilon} \qquad (5\text{-}4)$$

β_0：在没有自变量，即 x_1, x_2, $\cdots$, x_p 全部取 0 时，$y=1$ 与 $y=0$ 发生概率之比的自然对数；

β_1：某自变量 x_i 变化时，即 $x_i=1$ 与 $x_i=0$ 相比，$y=1$ 优势比的对数值。

2. Logistic 回归建模步骤

Logistic 回归模型的建模步骤如图 5-5 所示。

1）根据分析目的设置指标变量（因变量和自变量），然后收集数据，根据收集到的数据对特征再次进行筛选。

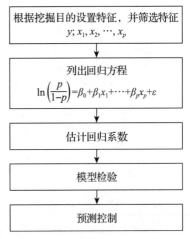

图 5-5　Logistic 回归模型的建模步骤

2）y 取 1 的概率是 $p = P(y=1|X)$，取 0 的概率是 $1-p$。用 $\ln\left(\dfrac{p}{1-p}\right)$ 和自变量列出线性回归方程，估计出模型中的回归系数。

3）进行模型检验。模型有效性的检验指标有很多，最基本是有正确率，其次是混淆矩阵、ROC 曲线、KS 值等。

4）模型应用。输入自变量的取值就可以得到预测变量的值，或者根据预测变量的值去控制自变量的取值。

下面对某银行对降低贷款拖欠率的数据进行逻辑回归建模，该数据示例如表 5-3 所示。

表 5-3　银行贷款拖欠率数据

年龄	教育	工龄	地址	收入	负债率	信用卡负债	其他负债	违约
41	3	17	12	176.00	9.30	11.36	5.01	1
27	1	10	6	31.00	17.30	1.36	4.00	0
40	1	15	14	55.00	5.50	0.86	2.17	0
41	1	15	14	120.00	2.90	2.66	0.82	0
24	2	2	0	28.00	17.30	1.79	3.06	1
41	2	5	5	25.00	10.20	0.39	2.16	0
39	1	20	9	67.00	30.60	3.83	16.67	0
43	1	12	11	38.00	3.60	0.13	1.24	0
24	1	3	4	19.00	24.40	1.36	3.28	1
36	1	0	13	25.00	19.70	2.78	2.15	0

* 数据详见：demo/data/bankloan.xls。

利用 scikit-learn 库对这个数据建立逻辑回归模型，输出平均正确率，如代码清单 5-1 所示。

代码清单 5-1　逻辑回归

```
import pandas as pd
from sklearn.linear_model import LogisticRegression as LR
# 参数初始化
filename = '../data/bankloan.xls'
data = pd.read_excel(filename)
x = data.iloc[:,:8].as_matrix()
y = data.iloc[:,8].as_matrix()
lr = LR()                # 建立逻辑回归模型
lr.fit(x, y)             # 用筛选后的特征数据来训练模型
print('模型的平均准确度为: %s' % lr.score(x, y))
```

*代码详见：demo/code/logistic_regression.py。

运行代码清单 5-1 可以得到部分输出结果如下：

模型的平均准确度为: 0.8057142857142857

由此可知，模型的平均准确度约为 80.6%。

5.1.4　决策树

决策树方法在分类、预测、规则提取等领域有着广泛应用。在 20 世纪 70 年代后期和 80 年代初期，机器学习研究者 J.Ross Quinilan 提出了 ID3 ⊖算法以后，决策树在机器学习、数据挖掘邻域得到极大的发展。Quinilan 后来又提出了 C4.5，成为新的监督学习算法。1984 年统计学家提出了 CART 分类算法。ID3 和 ART 算法大约同时被提出，但都是采用类似的方法从训练样本中学习决策树。

决策树是一种树状结构，它的每一个叶节点对应着一个分类，非叶节点对应着在某个属性上的划分，根据样本在该属性上的不同取值将其划分成若干个子集。对于非纯的叶节点，多数类的标号给出到达这个节点的样本所属的类。构造决策树的核心问题是在每一步如何选择适当的属性对样本做拆分。对一个分类问题，从已知类标记的训练样本中学习并构造出决策树是一个自上而下、分而治之的过程。

常用的决策树算法见表 5-4。

⊖　Quinlna J R,Induction of decision trees, Machine Learning[M]. 1986,(1):81-106.

表 5-4　决策树算法分类

决策树算法	算法描述
ID3 算法	其核心是在决策树的各级节点上，使用信息增益方法作为属性的选择标准，来帮助确定生成每个节点时所应采用的合适属性
C4.5 算法	C4.5 决策树生成算法相对于 ID3 算法的重要改进是使用信息增益率来选择节点属性。C4.5 算法可以克服 ID3 算法存在的不足：ID3 算法只适用于离散的描述属性，而 C4.5 算法既能够处理离散的描述属性，也可以处理连续的描述属性
CART 算法	CART 决策树是一种十分有效的非参数分类和回归方法，通过构建树、修剪树、评估树来构建一个二叉树。当终节点是连续变量时，该树为回归树；当终节点是分类变量时，该树为分类树

本节将详细介绍 ID3 算法，也是最经典的决策树分类算法。

1. ID3 算法简介及基本原理

ID3 算法基于信息熵来选择最佳测试属性。它选择当前样本集中具有最大信息增益值的属性作为测试属性；样本集的划分则依据测试属性的取值进行，测试属性有多少不同取值就将样本集划分为多少子样本集，同时决策树上与该样本集相应的节点长出新的叶子节点。ID3 算法根据信息论理论，采用划分后样本集的不确定性作为衡量划分好坏的标准，用信息增益值度量不确定性：信息增益值越大，不确定性越小。因此，ID3 算法在每个非叶节点选择信息增益最大的属性作为测试属性，这样可以得到当前情况下最纯的拆分，从而得到较小的决策树。

设 S 是 s 个数据样本的集合。假定类别属性具有 m 个不同的值：$C_i(i=1, 2, \cdots, m)$。设 s_i 是类 C_i 中的样本数。对一个给定的样本，总的信息熵为式（5-5）。

$$I(s_1,s_2,\cdots,s_m) = -\sum_{i=1}^{m} P_i \log_2 P_i \qquad （5\text{-}5）$$

其中，P_i 是任意样本属于 C_i 的概率，一般可以用 $\dfrac{s_i}{s}$ 估计。

设一个属性 A 具有 k 个不同的值 $\{a_1, a_2, \cdots, a_k\}$，利用属性 A 将集合 S 划分为 k 个子集 $\{S_1, S_2, \cdots, S_k\}$，其中 S_j 包含了集合 S 中属性 A 取 a_j 值的样本。若选择属性 A 为测试属性，则这些子集就是从集合 S 的节点生长出来的新的叶节点。设 s_{ij} 是子集 S_j 中类别为 C_i 的样本数，则根据属性 A 划分样本的信息熵值为式（5-6）。

$$E(A) = \sum_{j=1}^{k} \frac{s_{1j},s_{2j},\cdots,s_{mj}}{s} I(s_{1j},s_{2j},\cdots,s_{mj}) \qquad （5\text{-}6）$$

其中，$I(s_{1j}, s_{2j}, \cdots, s_{mj}) = -\sum_{i=1}^{m} P_{ij} \log_2 P_{ij}$，$P_{ij} = \dfrac{s_{ij}}{s_{1j} + s_{2j} + \cdots + s_{mj}}$ 是子集 S_j 中类别为 C_i 的样本的概率。

最后，用属性 A 划分样本集 S 后所得的信息增益（Gain）为式（5-7）。

$$Gain(A) = I(s_1, s_2, \cdots, s_m) - E(A) \tag{5-7}$$

显然 $E(A)$ 越小，$Gain(A)$ 的值越大，说明选择测试属性 A 对于分类提供的信息越大，选择 A 之后对分类的不确定程度越小。属性 A 的 k 个不同的值对应的样本集 S 的 k 个子集或分支，通过递归调用上述过程（不包括已经选择的属性），生成其他属性作为节点的子节点和分支来生成整个决策树。ID3 决策树算法作为一个典型的决策树学习算法，其核心是在决策树的各级节点上都用信息增益作为判断标准来进行属性的选择，使得在每个非叶节点上进行测试时，都能获得最大的类别分类增益，使分类后的数据集的熵最小。这样的处理方法使得树的平均深度较小，从而有效地提高了分类效率。

2. ID3 算法具体流程

ID3 算法的具体实现步骤如下：

1）对当前样本集合，计算所有属性的信息增益。

2）选择信息增益最大的属性作为测试属性，把测试属性取值相同的样本划为同一个子样本集。

3）若子样本集的类别属性只含有单个属性，则分支为叶子节点，判断其属性值并标上相应的符号，然后返回调用处；否则对子样本集递归调用本算法。

下面将结合餐饮案例实现 ID3 的具体实施步骤。T 餐饮企业作为大型连锁企业，生产的产品种类比较多，另外涉及的分店所处的位置也不同，数目比较多。对于企业的高层来讲，了解周末和非周末销量是否有大的区别以及天气、促销活动这些因素是否会影响门店的销量等信息至关重要。因此，为了让决策者准确了解和销量有关的一系列影响因素，需要构建模型来分析天气、是否周末和是否有促销活动对销量的影响，下面以单个门店来进行分析。

对于天气属性，数据源中存在多种不同的值，这里将那些属性值相近的值进行类别整合。如天气为"多云""多云转晴""晴"这些属性值相近，均是适宜外出的天气，不会对产品销量造成太大的影响，因此将它们归为一类，天气属性值设置为"好"；同理，对于"雨""小到中雨"等天气，均是不适宜外出的天气，因此将它们归为一类，天气属性值设置为"坏"。

对于是否周末属性,周末则设置为"是",非周末则设置为"否"。

对于是否有促销活动属性,有促销活动则设置为"是",无促销活动则设置为"否"。

产品的销售数量为数值型,需要对属性进行离散化,将销售数据划分为"高"和"低"两类。将其平均值作为分界点,大于平均值的划分为类别"高",小于平均值的划分为类别"低"。

经过以上处理,得到的数据集合见表 5-5。

表 5-5 处理后的数据集

序号	天气	是否周末	是否有促销	销售数量
1	坏	是	是	高
2	坏	是	是	高
3	坏	是	是	高
4	坏	否	是	高
…	…	…	…	…
32	好	否	是	低
33	好	否	否	低
34	好	否	否	低

* 数据详见: demo/data/sales_data.xls。

采用 ID3 算法构建决策树模型的具体步骤如下:

1)根据式(5-5),计算总的信息熵,其中数据中总记录数为 34,而销售数量为"高"的数据有 18 条,"低"的有 16 条。

$$I(18,16) = -\frac{18}{34}\log_2\frac{18}{34} - \frac{16}{34}\log_2\frac{16}{34} = 0.997\,503$$

2)根据式(5-5)和式(5-6),计算每个测试属性的信息熵。

对于天气属性,其属性值有"好"和"坏"两种。其中天气为"好"的条件下,销售数量为"高"的记录为 11 条,销售数量为"低"的记录为 6 条,可表示为 (11,6);天气为"坏"的条件下,销售数量为"高"的记录为 7 条,销售数量为"低"的记录为 10 条,可表示为 (7,10)。则天气属性的信息熵计算过程如下:

$$I(11,6) = -\frac{11}{17}\log_2\frac{11}{17} - \frac{6}{17}\log_2\frac{6}{17} = 0.936\,667$$

$$I(7,10) = -\frac{7}{17}\log_2\frac{7}{17} - \frac{10}{17}\log_2\frac{10}{17} = 0.977\,418$$

$$E(天气) = \frac{17}{34}I(11,6) + \frac{17}{34}I(7,10) = 0.957\,043$$

对于是否周末属性，其属性值有"是"和"否"两种。其中是否周末属性为"是"的条件下，销售数量为"高"的记录为 11 条，销售数量为"低"的记录为 3 条，可表示为 (11,3)；是否周末属性为"否"的条件下，销售数量为"高"的记录为 7 条，销售数量为"低"的记录为 13 条，可表示为 (7,13)。则节假日属性的信息熵计算过程如下。

$$I(11,3) = -\frac{11}{14}\log_2\frac{11}{14} - \frac{3}{14}\log_2\frac{3}{14} = 0.749\,595$$

$$I(7,13) = -\frac{7}{20}\log_2\frac{7}{20} - \frac{13}{20}\log_2\frac{13}{20} = 0.934\,068$$

$$E(是否周末) = \frac{14}{34}I(11,3) + \frac{20}{34}I(7,13) = 0.858\,109$$

对于是否有促销属性，其属性值有"是"和"否"两种。其中是否有促销属性为"是"的条件下，销售数量为"高"的记录为 15 条，销售数量为"低"的记录为 7 条，可表示为 (15,7)；其中是否有促销属性为"否"的条件下，销售数量为"高"的记录为 3 条，销售数量为"低"的记录为 9 条，可表示为 (3,9)。则是否有促销属性的信息熵计算过程如下：

$$I(15,7) = -\frac{15}{22}\log_2\frac{15}{22} - \frac{7}{22}\log_2\frac{7}{22} = 0.902\,393$$

$$I(3,9) = -\frac{3}{12}\log_2\frac{3}{12} - \frac{9}{12}\log_2\frac{9}{12} = 0.811\,278$$

$$E(是否促销) = \frac{22}{34}I(15,7) + \frac{12}{34}I(3,9) = 0.870\,235$$

3）根据式（5-7），计算天气、是否周末和是否有促销属性的信息增益值。

$$Gain(天气) = I(18,16) - E(天气) = 0.997\,503 - 0.957\,043 = 0.040\,46$$
$$Gain(是否周末) = I(18,16) - E(是否周末) = 0.997\,503 - 0.858\,109 = 0.139\,394$$
$$Gain(是否促销) = I(18,16) - E(是否促销) = 0.997\,503 - 0.870\,235 = 0.127\,268$$

4）由第三步的计算结果可以知道是否周末属性的信息增益值最大，它的两个属性值"是"和"否"作为该根节点的两个分支。然后按照步骤 1 到步骤 3 所示步骤继续对该根节点的 3 个分支进行节点的划分，针对每一个分支节点继续进行信息增益的计算，如此循环反复，直到没有新的节点分支，最终构成一棵决策树。生成的决策树模型如图 5-6 所示。

从图 5-6 所示的决策树模型可以看出，门店的销量高低和各个属性之间的关系，并可以提出以下决策规则：

1）若周末属性为"是"，天气为"好"，则销售数量为"高"；

2）若周末属性为"是"，天气为"坏"，促销属性为"是"，则销售数量为"高"；

3）若周末属性为"是"，天气为"坏"，促销属性为"否"，则销售数量为"低"；

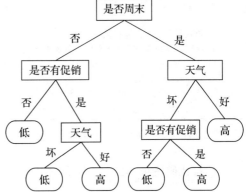

图 5-6　ID3 生成的决策树模型

4）若周末属性为"否"，促销属性为"否"，则销售数量为"低"；

5）若周末属性为"否"，促销属性为"是"，天气为"好"，则销售数量为"高"；

6）若周末属性为"否"，促销属性为"是"，天气为"坏"，则销售数量为"低"。

由于 ID3 决策树算法采用了信息增益作为选择测试属性的标准，会偏向于选择取值较多的即所谓高度分支属性，而这类属性并不一定是最优的属性。同时 ID3 决策树算法只能处理离散属性，对于连续型的属性，在分类前需要对其进行离散化。为了解决倾向于选择高度分支属性的问题，人们采用信息增益率作为选择测试属性的标准，这样便得到 C4.5 决策树算法。此外，常用的决策树算法还有 CART 算法、SLIQ 算法、SPRINT 算法和 PUBLIC 算法等。

使用 scikit-learn 库建立基于信息熵的决策树模型，如代码清单 5-2 所示。

代码清单 5-2　使用 ID3 决策树算法预测销量高低

```
import pandas as pd
# 参数初始化
filename = '../data/sales_data.xls'
data = pd.read_excel(filename, index_col='序号')  # 导入数据

# 数据是类别标签，要将它转换为数据
# 用1来表示"好""是""高"这3个属性，用-1来表示"坏""否""低"
data[data == '好'] = 1
data[data == '是'] = 1
data[data == '高'] = 1
data[data != 1] = -1
x = data.iloc[:,:3].as_matrix().astype(int)
y = data.iloc[:,3].as_matrix().astype(int)
```

```
from sklearn.tree import DecisionTreeClassifier as DTC
dtc = DTC(criterion='entropy')      # 建立决策树模型，基于信息熵
dtc.fit(x, y)                        # 训练模型

# 导入相关函数，可视化决策树。
# 导出的结果是一个dot文件，需要安装Graphviz才能将它转换为pdf或png等格式。
from sklearn.tree import export_graphviz
x = pd.DataFrame(x)
with open("../tmp/tree.dot", 'w') as f:
    f = export_graphviz(dtc, feature_names=x.columns, out_file=f)
```

*代码详见：demo/code/decision_tree.py。

运行代码清单 5-2 后，将会输出一个 tree.dot 的文本文件，其内容具体如下：

```
digraph Tree {
edge [fontname="SimHei"];    /*添加这两行，指定中文字体（这里是黑体）*/
node [fontname="SimHei"];    /*添加这两行，指定中文字体（这里是黑体）*/
0 [label="是否周末 <= 0.0000\nentropy = 0.997502546369\nsamples = 34", shape="box"] ;
1 [label="是否有促销 <= 0.0000\nentropy = 0.934068055375\nsamples = 20", shape="box"] ;
...
}
```

然后将它保存为 UTF-8 格式。为了进一步将它转换为可视化格式，需要安装 Graphviz（跨平台的、基于命令行的绘图工具），然后在命令行中以如下方式编译：

```
dot -Tpdf tree.dot -o tree.pdf
```

生成的结果图如图 5-7 所示，显然，它等价于图 5-6。

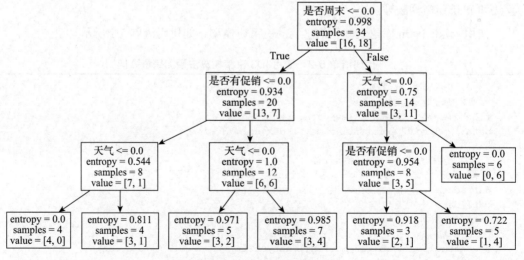

图 5-7   可视化结果

5.1.5 人工神经网络

人工神经网络[a][b]（Artificial Neural Networks，ANNs），是模拟生物神经网络进行信息处理的一种数学模型。它以对大脑的生理研究成果为基础，其目的在于模拟大脑的某些机理与机制，实现一些特定的功能。

1943 年，美国心理学家 McCulloch 和数学家 Pitts 联合提出了形式神经元的数学模型——MP 模型，证明了单个神经元能执行逻辑功能，开创了人工神经网络研究的时代。1957 年，计算机科学家 Rosenblatt 用硬件完成了最早的神经网络模型，即感知器，并用来模拟生物的感知和学习能力。1969 年，M.Minsky 等仔细分析了以感知器为代表的神经网络系统的功能及局限后，出版了《Perceptron（感知器）》一书，指出感知器不能解决高阶谓词问题，人工神经网络的研究进入一个低谷期。20 世纪 80 年代以后，超大规模集成电路、脑科学、生物学、光学的迅速发展为人工神经网络的发展打下了基础，人工神经网络的发展进入兴盛期。

人工神经元是人工神经网络操作的基本信息处理单位。人工神经元的模型如图 5-8 所示，它是人工神经网络的设计基础。一个人工神经元对输入信号 $X = [x_1, x_2, \cdots, x_m]^T$ 的输出 y 为 $y = f(u + b)$，其中 $u = \sum_{i=1}^{m} w_i x_i y$，公式中各字符的含义如图 5-8 所示。

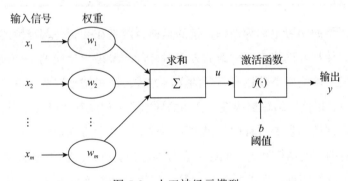

图 5-8 人工神经元模型

激活函数主要有以下 3 种形式，如表 5-6 所示。

⊖ 张良均 . 神经网络从入门到精通 [M]. 北京：机械工业出版社 . 2012.

⊜ 周春光 . 计算智能 [M]. 吉林：吉林大学出版社 . 2009.

表 5-6　激活函数分类表

激活函数	表达形式	图　形	解释说明
域值函数（阶梯函数）	$f(v)=\begin{cases}1\ (v\geqslant 0)\\0\ (v<0)\end{cases}$		当函数的自变量小于 0 时，函数的输出为 0；当函数的自变量大于或等于 0 时，函数的输出为 1，用该函数可以把输入分成两类
分段线性函数	$f(v)=\begin{cases}1\ (v\geqslant 1)\\v\ (-1<v<1)\\-1\ (v\leqslant -1)\end{cases}$		该函数在（-1，+1）线性区内的放大系数是一致的，这种形式的激活函数可以看作是非线性放大器的近似
非线性转移函数	$f(v)=\dfrac{1}{1+e^{-v}}$		单极性 S 型函数为实数域 R 到 [0, 1] 闭集的连续函数，代表了连续状态型神经元模型。其特点是函数本身及其导数都是连续的，能够体现数学计算上的优越性
Relu 函数	$f(v)=\begin{cases}v\ (v\geqslant 0)\\0\ (v<0)\end{cases}$		这是近年来提出的激活函数，它具有计算简单、效果更佳的特点，目前已经有取代其他激活函数的趋势。本书的神经网络模型大量使用了该激活函数

人工神经网络的学习也称为训练，指的是神经网络在受到外部环境的刺激下调整神经网络的参数，使神经网络以一种新的方式对外部环境做出反应的一个过程。在分类与预测中，人工神经网络主要使用有指导的学习方式，即根据给定的训练样本，调整人工神经网络的参数，以使网络输出接近于已知的样本类标记或其他形式的因变量。

在人工神经网络的发展过程中，提出了多种不同的学习规则，没有一种特定的学习算法适用于所有的网络结构和具体问题。在分类与预测中，δ 学习规则（误差校正学习算法）是使用最广泛的一种。误差校正学习算法根据神经网络的输出误差对神经元的连接强度进行修正，属于有指导学习。设神经网络中神经元 i 作为输入，神经元 j 作为输出，它们的连接权值为 w_{ij}，则对权值的修正为 $\Delta w_{ij}=\eta\delta_j Y_i$，其中 η 为学习率，$\delta_j = T_j - Y_j$ 为 j 的偏差，即输出神经元 j 的实际输出和教师信号之差，δ 学习规则示意图如图 5-9 所示。

神经网络训练是否完成常用误差函数（也称目标函数）E 来衡量。当误差函数小于某一个设定的值时即停止神经网络的训练。误差函数为衡量实际输出向量 Y_k 与期望值向量

T_k 误差大小的函数，常采用二乘误差函数来定义，误差函数 $E = \dfrac{1}{2}\sum\limits_{k=1}^{N}[Y_k - T_k]^2$（或 $E =$

$\sum\limits_{k=1}^{N}[Y_k - T_k]^2$），$k=1, 2, \cdots, N$ 为训练样本个数。

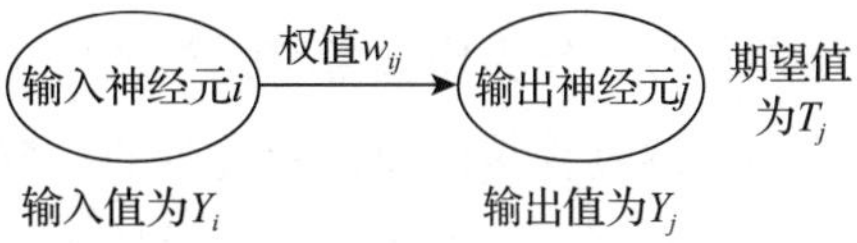

输入神经元i ── 权值w_{ij} ──▶ 输出神经元j 期望值
为T_j

输入值为Y_i 输出值为Y_j

使用人工神经网络模型需要确定网络连接的
拓扑结构、神经元的特征和学习规则等。目前，

图 5-9 δ 学习规则示意图

已有近 40 种人工神经网络模型，常用来实现分类和预测的人工神经网络算法见表 5-7。

表 5-7 人工神经网络算法

算 法 名 称	算 法 描 述
BP 神经网络	一种按误差逆传播算法训练的多层前馈网络，学习算法是 δ 学习规则，是目前应用最广泛的神经网络模型之一
LM 神经网络	基于梯度下降法和牛顿法结合的多层前馈网络，具有迭代次数少、收敛速度快、精确度高的特点
RBF 径向基神经网络	RBF 网络能够以任意精度逼近任意连续函数，从输入层到隐含层的变换是非线性的，而从隐含层到输出层的变换是线性的，特别适合于解决分类问题
FNN 模糊神经网络	FNN 模糊神经网络是具有模糊权系数或者输入信号是模糊量的神经网络，是模糊系统与神经网络相结合的产物，它汇聚了神经网络与模糊系统的优点，集联想、识别、自适应及模糊信息处理于一体
GMDH 神经网络	GMDH 网络也称为多项式网络，它是前馈神经网络中常用的一种用于预测的神经网络。它的特点是网络结构不固定，而且在训练过程中不断改变
ANFIS 自适应神经网络	神经网络镶嵌在一个全部模糊的结构之中，在不知不觉中向训练数据学习，自动产生、修正并高度概括出最佳的输入与输出变量的隶属函数以及模糊规则；另外神经网络的各层结构与参数也都具有了明确的、易于理解的物理意义

BP（Back Propagation，反向传播）神经网络的学习算法是 δ 学习规则，目标函数采用 $E = \sum\limits_{k=1}^{N}[Y_k - T_k]^2$，下面详细介绍 BP 神经网络算法。

BP 神经网络算法的特征是利用输出后的误差来估计输出层的直接前导层的误差，再用这个误差估计更前一层的误差，如此一层一层地反向传播下去，就获得了所有其他各层的误差估计。这样就形成了将输出层表现出的误差沿着与输入传送相反的方向逐级向网络的输入层传递的过程。这里我们以典型的 3 层 BP 网络为例，描述标准的 BP 算法。图 5-10 所示的是一个有 3 个输入节点、4 个隐层节点、1 个输出节点的 3 层 BP 神经网络。

BP 算法的学习过程由信号的正向传播与误差的逆向传播两个过程组成。正向传播时，输入信号经过隐层的处理后，传向输出层。若输出层节点未能得到期望的输出，则转入误差的逆向传播阶段，将输出误差按某种子形式，通过隐层向输入层返回，并"分摊"给隐层 4 个节点与输入层 x_1, x_2, x_3 3 个输入节点，从而获得各层单元的参考误差或称误差信号，作为修改各单元权值的依据。这种信号正向传播与误差逆向传播的各层权矩阵的修改过程是周而复始进行的。权值不断修改的过程，也就是网络的学习（或称训练）过程。此过程一直进行到网络输出的误差逐渐减少到可接受的程度或达到设定的学习次数为止，学习过程的流程图如图 5-11 所示。

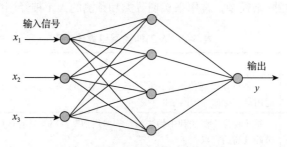

图 5-10   3 层 BP 神经网络结构

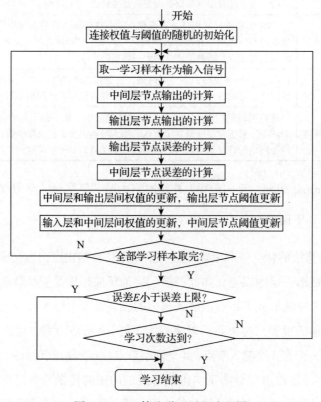

图 5-11   BP 算法学习过程流程图

　　算法开始后，给定学习次数上限，初始化学习次数为 0，对权值和阈值赋予小的随机数，一般在 [-1,1] 之间。输入样本数据，网络正向传播，得到中间层与输出层的值。比较输出层的值与教师信号值的误差，用误差函数 E 来判断误差是否小于误差上限，如不小于误差上限，则对中间层和输出层权值和阈值进行更新，更新的算法为 δ 学习规则。更新权值和阈值后，再次将样本数据作为输入，得到中间层与输出层的值，计算误差 E 是否小于上限，学习次数是否到达指定值，如果达到，则学习结束。

　　BP 算法只用到均方误差函数对权值和阈值的一阶导数（梯度）的信息，使得算法存在收敛速度缓慢、易陷入局部极小等缺陷。为了解决这一问题，Hinton 等人于 2006 年提出了非监督贪心逐层训练算法，为解决深层结构相关的优化难题带来希望，并以此为基础发展成了如今脍炙人口的"深度学习"算法。本书中所建立的神经网络，与传统的 BP 神经网络结构类似，但是求解算法已经用了新的逐层训练算法。限于篇幅，本文不可能对深度学习做进一步的讲解。有兴趣的读者，请自行搜索并阅读相关资料。

　　在第 2 章我们已经提过，scikit-learn 库中并没有神经网络模型，而 Python 中我们认为比较好的神经网络算法库是 Keras，这是一个强大而易用的深度学习算法库，而在本书中，我们仅仅牛刀小试，把它当成一个基本的神经网络算法库来看待。

　　针对表 5-5 所示的数据应用神经网络算法进行建模，建立的神经网络有 3 个输入节点、10 个隐藏节点和 1 个输出节点，如代码清单 5-3 所示。

代码清单 5-3　使用神经网络算法预测销量高低

```python
import pandas as pd
# 参数初始化
inputfile = '../data/sales_data.xls'
data = pd.read_excel(inputfile, index_col='序号')# 导入数据

# 数据是类别标签，要将它转换为数据
# 用1来表示"好""是""高"这3个属性，用0来表示"坏""否""低"
data[data == '好'] = 1
data[data == '是'] = 1
data[data == '高'] = 1
data[data != 1] = 0
x = data.iloc[:,:3].astype(int)
y = data.iloc[:,3].astype(int)

from keras.models import Sequential
from keras.layers.core import Dense, Activation

model = Sequential()                              # 建立模型
model.add(Dense(input_dim=3, units=10))
```

```
model.add(Activation('relu'))        # 用relu函数作为激活函数，能够大幅提高准确度
model.add(Dense(input_dim=10, units=1))
model.add(Activation('sigmoid'))  # 由于是0-1输出，用sigmoid函数作为激活函数

model.compile(loss='binary_crossentropy', optimizer='adam')
# 编译模型。由于我们做的是二元分类，所以我们指定损失函数为binary_crossentropy，以及模式为binary
# 另外常见的损失函数还有mean_squared_error、categorical_crossentropy等，请阅读帮助文件
# 对于求解方法，我们指定用adam，此外还有sgd、rmsprop等可选

model.fit(x, y, epochs=1000, batch_size=10)        # 训练模型，学习一千次
yp = model.predict_classes(x).reshape(len(y))  # 分类预测

from cm_plot import *              # 导入自行编写的混淆矩阵可视化函数
cm_plot(y,yp).show()              # 显示混淆矩阵可视化结果
```

* 代码详见：demo/code/neural_network.py。

运行代码清单 5-3 可以得到图 5-12 所示的混淆矩阵图。

从图 5-12 可以看出，检测样本为 34 个，预测正确的个数为 26 个，预测准确率为 76.47%，预测准确率较低。这是由于神经网络训练时需要较多样本，而这里训练数据较少造成的。

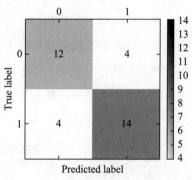

需要指出的是，这里的案例比较简单，我们并没有考虑过拟合的问题。事实上，神经网络的拟合能力是很强的，容易出现过拟合现象。与传统的添加"惩罚项"的做法不同，目前神经网络（尤其是深度神经网络）中流行的防止过拟合的方法是随机地让部分神经网络节点休眠。

图 5-12　BP 神经网络预测销量高低混淆矩阵图

5.1.6　分类与预测算法评价

分类与预测模型对训练集进行预测而得出的准确率并不能很好地反映预测模型未来的性能，为了有效判断一个预测模型的性能表现，需要一组没有参与预测模型建立的数据集，并在该数据集上评价预测模型的准确率，这组独立的数据集叫测试集。模型预测效果评价，通常用绝对误差与相对误差、平均绝对误差、根均方差、相对平方根误差等指标来衡量。

1. 绝对误差与相对误差

设 Y 表示实际值，$\hat{Y}$ 表示预测值，则称 E 为绝对误差（Absolute Error），计算公式

如式（5-8）所示。

$$E = Y - \hat{Y} \qquad (5\text{-}8)$$

e 为相对误差（Relative Error），计算公式如式（5-9）所示。

$$e = \frac{Y - \hat{Y}}{Y} \qquad (5\text{-}9)$$

有时相对误差也用百分数表示，如式（5-10）所示。

$$e = \frac{Y - \hat{Y}}{Y} \times 100\% \qquad (5\text{-}10)$$

这是一种直观的误差表示方法。

2. 平均绝对误差

平均绝对误差（Mean Absolute Error，MAE）计算公式如式（5-11）所示。

$$\text{MAE} = \frac{1}{n} \sum_{i=1}^{n} |E_i| = \frac{1}{n} \sum_{i=1}^{n} |Y_i - \hat{Y}_i| \qquad (5\text{-}11)$$

式（5-11）中，MAE 表示平均绝对误差，E_i 表示第 i 个实际值与预测值的绝对误差，Y_i 表示第 i 个实际值，$\hat{y}_i$ 表示第 i 个预测值。

由于预测误差有正有负，为了避免正负相抵消，故取误差的绝对值进行综合并取其平均数，这是误差分析的综合指标法之一。

3. 均方误差

均方误差（Mean Squared Error，MSE）计算公式如式（5-12）所示。

$$\text{MSE} = \frac{1}{n} \sum_{i=1}^{n} E_i^2 = \frac{1}{n} \sum_{i=1}^{n} (Y_i - \hat{Y}_i)^2 \qquad (5\text{-}12)$$

式（5-12）中，MSE 表示均方差，其他符号的含义同式（5-11）。

本方法用于还原平方失真程度。

均方误差是预测误差平方之和的平均数，它避免了正负误差不能相加的问题。由于对误差 E 进行了平方，加强了数值大的误差在指标中的作用，从而提高了这个指标的灵敏性，是一大优点。均方误差是误差分析的综合指标法之一。

4. 均方根误差

均方根误差（Root Mean Squared Error，RMSE）计算公式如式（5-13）所示。

$$\text{RMSE} = \sqrt{\frac{1}{n} \sum_{i=1}^{n} E_i^2} = \sqrt{\frac{1}{n} \sum_{i=1}^{n} (Y_i - \hat{Y}_i)^2} \qquad (5\text{-}13)$$

式（5-13）中，RMSE 表示均方根误差，其他符号的含义同式（5-11）。

这是均方误差的平方根，代表了预测值的离散程度，也叫标准误差，最佳拟合情况为 RMSE=0。均方根误差也是误差分析的综合指标之一。

5. 平均绝对百分误差

平均绝对百分误差（Mean Absolute Percentage Error，MAPE）计算公式如式（5-14）所示。

$$\text{MAPE} = \frac{1}{n}\sum_{i=1}^{n}|E_i/Y_i| = \frac{1}{n}\sum_{i=1}^{n}|(Y_i - \hat{Y}_i)/Y_i| \tag{5-14}$$

式（5-14）中，MAPE 表示平均绝对百分误差。一般认为 MAPE 小于 10 时，预测精度较高。

6. Kappa 统计

Kappa 统计是比较两个或多个观测者对同一事物或观测者对同一事物的两次或多次观测结果是否一致，以由机遇造成的一致性和实际观测的一致性之间的差别大小作为评价基础的统计指标。Kappa 统计量和加权 Kappa 统计量不仅可以用于无序和有序分类变量资料的一致性、重现性检验，而且能给出一个反映一致性大小的"量"值。

Kappa 取值在区间 [−1,1] 内，其值的大小均有不同意义，具体如下：

1）当 Kappa=1 时，说明两次判断的结果完全一致。

2）当 Kappa=−1 时，说明两次判断的结果完全不一致。

3）当 Kappa=0 时，说明两次判断的结果是机遇造成的。

4）当 Kappa<0 时，说明一致程度比机遇造成的还差，两次检查结果很不一致，在实际应用中无意义。

5）当 Kappa>0 时，说明有意义，Kappa 越大，说明一致性越好。

6）当 Kappa≥0.75 时，说明已经取得相当满意的一致程度。

7）当 Kappa<0.4 时，说明一致程度不够。

7. 识别准确度

识别准确度（Accuracy）计算公式如式（5-15）所示。

$$\text{Accuracy} = \frac{\text{TP} + \text{TN}}{\text{TP} + \text{TN} + \text{FP} + \text{FN}} \times 100\% \tag{5-15}$$

式（5-15）中各项说明如下：

① TP（True Positives）：正确地肯定表示正确肯定的分类数。

② TN（True Negatives）：正确地否定表示正确否定的分类数。

③ FP（False Positives）：错误地肯定表示错误肯定的分类数。

④ FN（False Negatives）：错误地否定表示错误否定的分类数。

8. 识别精确率

识别精确率（Precision）计算公式如式（5-16）所示。

$$\text{Precision} = \frac{\text{TP}}{\text{TP} + \text{FP}} \times 100\% \tag{5-16}$$

9. 反馈率

反馈率（Recall）计算公式如式（5-17）所示。

$$\text{Recall} = \frac{\text{TP}}{\text{TP} + \text{FN}} \times 100\% \tag{5-17}$$

10. ROC 曲线

受试者工作特性（Receiver Operating Characteristic，ROC）曲线是一种非常有效的模型评价方法，可为选定临界值给出定量提示。将灵敏度（Sensitivity）设在纵轴，1- 特异性（1-Specificity）设在横轴，就可得出 ROC 曲线图。该曲线下的积分面积（Area）大小与每种方法优劣密切相关，反映分类器正确分类的统计概率，其值越接近 1 说明该算法效果越好。

11. 混淆矩阵

混淆矩阵（Confusion Matrix）是模式识别领域中一种常用的表达形式。它描绘样本数据的真实属性与识别结果类型之间的关系，是评价分类器性能的一种常用方法。假设对于 N 类模式的分类任务，识别数据集 D 包括 T_0 个样本，每类模式分别含有 T_i 个数据（$i=1, 2, \cdots, N$）。采用某种识别算法构造分类器 C，cm_{ij} 表示第 i 类模式被分类器 C 判断成第 j 类模式的数据占第 i 类模式样本总数的百分率，则可得到 $N \times N$ 维混淆矩阵 $CM(C, D)$，如式（5-18）所示。

$$CM(C, D) = \begin{pmatrix} cm_{11} & cm_{12} & \cdots & cm_{1j} & \cdots & cm_{1N} \\ cm_{21} & cm_{22} & \cdots & cm_{2j} & \cdots & cm_{2N} \\ \cdots & \cdots & & \cdots & & \cdots \\ cm_{i1} & cm_{i2} & \cdots & cm_{ij} & \cdots & cm_{iN} \\ \cdots & \cdots & & \cdots & & \cdots \\ cm_{N1} & cm_{N2} & \cdots & cm_{Nj} & \cdots & cm_{NN} \end{pmatrix} \tag{5-18}$$

混淆矩阵中元素的行下标对应目标的真实属性，列下标对应分类器产生的识别属性。对角线元素表示各模式能够被分类器 C 正确识别的百分率，而非对角线元素则表示发生错误判断的百分率。

通过混淆矩阵，可以获得分类器的正确识别率和错误识别率。

各模式正确识别率计算公式如式（5-19）所示。

$$R_i = cm_{ii} \ (i=1,2,\cdots,N) \tag{5-19}$$

平均正确识别率计算公式如式（5-20）所示。

$$R_A = \sum_{i=1}^{N}(cm_{ii} \cdot T_i) / T_0 \tag{5-20}$$

各模式错误识别率计算公式如式（5-21）所示。

$$W_i = \sum_{j=1,j\neq i}^{N} cm_{ij} = 1 - cm_{ii} = 1 - R_i \tag{5-21}$$

平均错误识别率计算公式如式（5-22）所示。

$$W_A = \sum_{i=1}^{N}\sum_{j=1,j\neq i}^{N}(cm_{ij} \cdot T_i) / T_0 = 1 - R_A \tag{5-22}$$

对于一个二分类预测模型，分类结束后的混淆矩阵如表 5-8 所示。

表 5-8　混淆矩阵

混淆矩阵表		预测类	
		类 =1	类 =0
实际类	类 =1	A	B
	类 =0	C	D

如有 150 个样本数据，这些数据分成 3 类，每类 50 个。分类结束后得到的混淆矩阵如表 5-9 所示。

表 5-9　混淆矩阵示例

43	5	2
2	45	3
0	1	49

则第 1 行的数据说明有 43 个样本正确分类，有 5 个样本应该属于第一类，却错误分到了第二类，有 2 个样本应属于第一类，却错误地分到第 3 类。

5.1.7 Python 分类预测模型特点

首先总结一下常见的分类 / 预测模型，如表 5-10 所示。这些模型的使用方法都大同小异，因此不再赘述，请读者参考本书相应的例子以及对应的官方帮助文档。

表 5-10　常见的模型评价和在 Python 中的实现

模　型	模　型　特　点	位　于
逻辑回归	比较基础的线性分类模型，很多时候是简单有效的选择	sklearn. linear_model
SVM	强大的模型，可以用来回归、预测、分类等，而根据选取的核函数不同，模型可以是线性的 / 非线性的	sklearn.svm
决策树	基于"分类讨论、逐步细化"思想的分类模型，模型直观、易解释，如前面 5.1.4 节所述可以直接给出决策图	sklearn.tree
随机森林	基本思想和决策树类似，精度通常比决策树要高，缺点是由于其随机性，丧失了决策树的可解释性	sklearn.ensemble
朴素贝叶斯	基于概率思想的简单有效的分类模型，能够给出容易理解的概率解释	sklearn.naive_bayes
神经网络	具有强大的拟合能力，可以用于拟合、分类等，它有很多个增强版本，如递归神经网络、卷积神经网络、自编码器等，这些是深度学习的模型基础	Keras

经过前面的分类与预测的学习，我们已经基本认识了 Python 建模的特点。首先，我们需要认识到：Python 本身是一门面向对象的编程语言，这就意味着很多 Python 的程序是面向对象而写的。放到建模之中，我们就会发现，不管是在 scikit-learn 库还是 Keras 库，建模的第一个步骤是建立一个对象，这个对象是空白的，需要进一步训练，然后我们要设置模型的参数，接着就是通过 fit() 方法对模型进行训练，最后通过 predict() 方法预测结果。当然，还有一些方法有助于我们完成对模型的评估，如 score() 等。

scikit-learn 库和 Keras 库的功能都非常强大，我们能够做的，仅仅是通过一些简单的例子来介绍它们的基本功能，而这对于它们本身来说只是冰山一角。因此，我们再次强调，如果遇到本书本没有讲解过的问题，应当尽可能地查阅官方的帮助文档。因为只有官方的帮助文档，才有可能全面地为我们提供解决问题的答案。

5.2　聚类分析

在当前市场环境下，消费者需求显现出日益差异化和个性化的趋势。随着我国市场化程度的逐步深入，以及信息技术的不断渗透，餐饮企业经常会碰到如下问题：

1）如何通过餐饮客户消费行为的测量，进一步评判餐饮客户的价值和对餐饮客户进行细分，找到有价值的客户群和需要关注的客户群？

2）如何对菜品进行合理分析，以便区分哪些菜品畅销且毛利高，哪些菜品滞销且毛利低？

餐饮企业遇到的这些问题，其实都可以通过聚类分析来解决。

5.2.1 常用聚类分析算法

与分类不同，聚类分析是在没有给定划分类别的情况下，根据数据相似度进行样本分组的一种方法。与分类模型需要使用有类标记样本构成的训练数据不同，聚类模型可以建立在无类标记的数据上，是一种非监督的学习算法。聚类的输入是一组未被标记的样本，聚类根据数据自身的距离或相似度将它们划分为若干组，划分的原则是组内样本最小化而组间（外部）距离最大化，如图 5-13 所示。

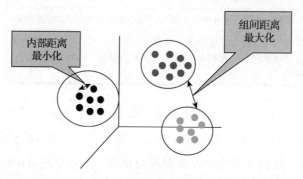

图 5-13　聚类分析建模原理

常用聚类方法见表 5-11。

表 5-11　常用聚类方法

类　别	主　要　算　法
划分（分裂）方法	K-Means 算法（K- 平均）、K-MEDOIDS 算法（K- 中心点）、CLARANS 算法（基于选择的算法）
层次分析方法	BIRCH 算法（平衡迭代规约和聚类）、CURE 算法（代表点聚类）、CHAMELEON 算法（动态模型）
基于密度的方法	DBSCAN 算法（基于高密度连接区域）、DENCLUE 算法（密度分布函数）、OPTICS 算法（对象排序识别）
基于网格的方法	STING 算法（统计信息网络）、CLIOUE 算法（聚类高维空间）、WAVE-CLUSTER 算法（小波变换）
基于模型的方法	统计学方法、神经网络方法

常用聚类分析算法见表 5-12。

表 5-12　常用聚类分析算法

算法名称	算 法 描 述
K-Means	K- 均值聚类也叫快速聚类法，在最小化误差函数的基础上将数据划分为预定的类数 k。该算法原理简单并便于处理大量数据
K- 中心点	K- 均值算法对孤立点的敏感性，K- 中心点算法不采用簇中对象的平均值作为簇中心，而选用簇中离平均值最近的对象作为簇中心
系统聚类	系统聚类也叫多层次聚类，分类的单位由高到低呈树形结构，且所处的位置越低，其所包含的对象就越少，这些对象间的共同特征越多。该聚类方法只适合在数据量小的时候使用，数据量大的时候速度会非常慢

5.2.2　K-Means 聚类算法

K-Means 算法[⊖]是典型的基于距离的非层次聚类算法，在最小化误差函数的基础上将数据划分为预定的类数 K，采用距离作为相似性的评价指标，即认为两个对象的距离越近，其相似度就越大。

1. 算法过程

K-Means 聚类算法过程如下：

1）从 n 个样本数据中随机选取 k 个对象作为初始的聚类中心。

2）分别计算每个样本到各个聚类中心的距离，将对象分配到距离最近的聚类中。

3）所有对象分配完成后，重新计算 k 个聚类的中心。

4）与前一次计算得到的 k 个聚类中心比较，如果聚类中心发生变化，转至步骤 2），否则转至步骤 5）。

5）当质心不发生变化时，停止并输出聚类结果。

聚类的结果可能依赖于初始聚类中心的随机选择，使得结果严重偏离全局最优分类。实践中，为了得到较好的结果，通常选择不同的初始聚类中心，多次运行 K-Means 算法。在所有对象分配完成后，重新计算 k 个聚类的中心时，对于连续数据，聚类中心取该簇的均值，但是当样本的某些属性是分类变量时，均值可能无定义，此时可以使用 K- 众数方法。

2. 数据类型与相似性的度量

（1）连续属性

对于连续属性，要先对各属性值进行零 – 均值规范，再进行距离的计算。K-Means 聚

⊖　张良均 . 数据挖掘：实用案例分析 [M]. 北京：机械工业出版社 . 2013.

类算法中，一般需要度量样本之间的距离、样本与簇之间的距离以及簇与簇之间的距离。

度量样本之间的相似性最常用的是欧几里得距离、曼哈顿距离和闵可夫斯基距离；度量样本与簇之间的距离可以用样本到簇中心的距离 $d(e_i, x)$；度量簇与簇之间的距离可以用簇中心的距离 $d(e_i, e_j)$。

设有 p 个属性来表示 n 个样本的数据矩阵 $\begin{pmatrix} x_{11} & \cdots & x_{1p} \\ \cdots & & \cdots \\ x_{n1} & \cdots & x_{np} \end{pmatrix}$，则其欧几里得距离为式（5-23），曼哈顿距离为式（5-24），闵可夫斯基距离为式（5-25）。

$$d(i, j) = \sqrt{(x_{i1} - x_{j1})^2 + (x_{i2} - x_{j2})^2 + \cdots + (x_{ip} - x_{jp})^2} \qquad （5-23）$$

$$d(i, j) = |x_{i1} - x_{j1}| + |x_{i2} - x_{j2}| + \cdots + |x_{ip} - x_{jp}| \qquad （5-24）$$

$$d(i, j) = \sqrt[q]{(|x_{i1} - x_{j1}|)^q + (|x_{i2} - x_{j2}|)^q + \cdots + (|x_{ip} - x_{jp}|)^q} \qquad （5-25）$$

式（5-25）中，q 为正整数，$q=1$ 时即为曼哈顿距离；$q=2$ 时即为欧几里得距离。

（2）文档数据

度量文档数据时可使用余弦相似性。先将文档数据整理成文档—词矩阵格式，如表 5-13 所示。

表 5-13　文档—词矩阵

	lost	win	team	score	music	happy	sad	⋯	coach
文档一	14	2	8	0	8	7	10	⋯	6
文档二	1	13	3	4	1	16	4	⋯	7
文档三	9	6	7	7	3	14	8	⋯	5

式（5-26）是两个文档之间的相似度的计算公式。

$$d(i, j) = \cos(i, j) = \frac{\vec{i} \cdot \vec{j}}{|\vec{i}\,\|\,\vec{j}|} \qquad （5-26）$$

3. 目标函数

使用误差平方和 SSE 作为度量聚类质量的目标函数，对于两种不同的聚类结果，选择误差平方和较小的分类结果。

式（5-27）为连续属性的 SSE 计算公式。

$$SSE = \sum_{i=1}^{K} \sum_{x \in E_i} \text{dist}(e_i, x)^2 \qquad （5-27）$$

式（5-28）为文档数据的 SSE 计算公式。

$$SSE = \sum_{i=1}^{K} \sum_{x \in E_i} \cos(e_i, x)^2 \qquad （5-28）$$

式（5-29）为簇 E_i 的聚类中心 e_i 的计算公式。

$$e_i = \frac{1}{n_i} \sum_{x \in E_i} x \qquad （5-29）$$

对于上述公式，各符号表示的含义见表 5-14。

表 5-14　符号表

符　号	含　义	符　号	含　义
K	聚类簇的个数	e_i	簇 E_i 的聚类中心
E_i	第 i 个簇	n	数据集中样本的个数
x	对象（样本）	n_i	第 i 个簇中样本的个数

下面结合具体案例来实现本节开始提出的问题。

部分餐饮客户的消费行为特征数据如表 5-15 所示。根据这些数据将客户分成不同客户群，并评价这些客户群的价值。

表 5-15　消费行为特征数据

ID	R	F	M	ID	R	F	M
1	37	4	579	6	41	5	225
2	35	3	616	7	56	3	118
3	25	10	394	8	37	5	793
4	52	2	111	9	54	2	111
5	36	7	521	10	5	18	1086

* 数据详见：demo/data/consumption_data.xls。

采用 K-Means 聚类算法，设定聚类个数 k 为 3，最大迭代次数为 500 次，距离函数取欧氏距离，如代码清单 5-4 所示。

代码清单 5-4　使用 K-Means 算法聚类消费行为特征数据

```
import pandas as pd
# 参数初始化
inputfile = '../data/consumption_data.xls'      # 销量及其他属性数据
outputfile = '../tmp/data_type.xls'             # 保存结果的文件名
k = 3                                            # 聚类的类别
iteration = 500                                  # 聚类最大循环次数
```

```
data = pd.read_excel(inputfile, index_col='Id')  # 读取数据
data_zs = 1.0 * (data - data.mean()) / data.std()# 数据标准化

from sklearn.cluster import KMeans
    # 分为k类, 并发数4
model = KMeans(n_clusters=k, n_jobs=4, max_iter=iteration,random_state=1234)
model.fit(data_zs)                                # 开始聚类

# 简单打印结果
r1 = pd.Series(model.labels_).value_counts()      # 统计各个类别的数目
r2 = pd.DataFrame(model.cluster_centers_)         # 找出聚类中心
r = pd.concat([r2, r1], axis=1)                   # 横向连接(0是纵向), 得到聚类中心
                                                  #   对应的类别下的数目
r.columns = list(data.columns) + ['类别数目']     # 重命名表头
print(r)

# 详细输出原始数据及其类别
r = pd.concat([data, pd.Series(model.labels_, index=data.index)], axis=1)
                                                  # 详细输出每个样本对应的类别
r.columns = list(data.columns) + ['聚类类别']     # 重命名表头
r.to_excel(outputfile)                            # 保存结果
```

* 代码详见: demo/code/k_means.py。

对于代码清单 5-4 需要注意的是, 事实上 scikit-learn 库中的 K-Means 算法仅仅支持欧氏距离, 原因在于采用其他的距离不一定能够保证算法的收敛性。

执行代码清单 5-4 得到的结果见表 5-16。

表 5-16　聚类算法输出结果

分群类别		分群 1	分群 2	分群 3
样本个数		40	341	559
样本个数占比		4.25%	36.28%	59.47%
聚类中心	R	3.455 055	−0.160 451	−0.149 353
	F	−0.295 654	1.114 802	−0.658 893
	M	0.449 123	0.392 844	−0.271 780

接着用 pandas 和 Matplotlib 绘制不同客户分群的概率密度函数图, 通过这些图能直观地比较不同客户群的价值, 如代码清单 5-5 所示, 得到的结果如图 5-14、图 5-15、图 5-16 所示。

代码清单 5-5　绘制聚类后的概率密度图

```
def density_plot(data):                           # 自定义作图函数
    import matplotlib.pyplot as plt
```

```
plt.rcParams['font.sans-serif'] = ['SimHei'] # 用来正常显示中文标签
plt.rcParams['axes.unicode_minus'] = False    # 用来正常显示负号
p = data.plot(kind='kde', linewidth=2, subplots=True, sharex=False)
[p[i].set_ylabel('密度') for i in range(k)]
plt.legend()
return plt

pic_output = '../tmp/pd'                          # 概率密度图文件名前缀
for i in range(k):
    density_plot(data[r['聚类类别']==i]).savefig('%s%s.png' %(pic_output, i))
```

* 代码详见: demo/code/k_means.py。

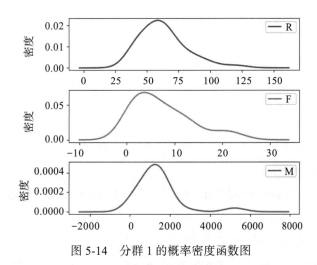

图 5-14　分群 1 的概率密度函数图

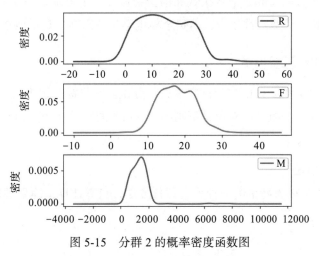

图 5-15　分群 2 的概率密度函数图

利用图 5-14、图 5-15、图 5-16 可以分析出客户价值，具体如下：

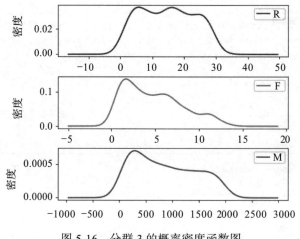

图 5-16　分群 3 的概率密度函数图

1）分群 1 特点：R 间隔相对较大，间隔分布在 30～80 天；消费次数集中在 0～15 次；消费金额在 0～2000 元。

2）分群 2 特点：R 间隔相对较小，主要集中在 0～30 天；消费次数集中在 10～25 次；消费金额在 500～2000 元。

3）分群 3 特点：R 间隔分布在 0～30 天；消费次数集中在 0～12 次；消费金额在 0～1800 元。

4）对比分析：分群 2 时间间隔较短，消费次数多，而且消费金额较大，是高消费高价值人群。分群 3 时间间隔、消费次数和消费金额处于中等水平，代表着一般客户。分群 1 时间间隔较长，消费次数较少，消费金额也不是特别高，是价值较低的客户群体。

5.2.3　聚类分析算法评价

聚类分析仅根据样本数据本身将样本进行分组。其目标是组内的对象相互之间是相似的（相关的），而不同组中的对象是不同的（不相关的）。组内的相似性越大，组间差别越大，聚类效果就越好。

1. purity 评价法

purity 评价法是极为简单的一种聚类评价方法，只需计算正确聚类数占总数的比例，如式（5-30）所示。

$$\text{purity}(X,Y) = \frac{1}{n} \sum_k \max |x_k \cap y_i| \qquad （5\text{-}30）$$

式（5-30）中，$x=(x_1, x_2, \cdots, x_k)$ 是聚类的集合。x_k 表示第 k 个聚类的集合。$y=(y_1,$

$y_2, \cdots, y_k$) 表示需要被聚类的集合，y_i 表示第 i 个聚类对象。n 表示被聚类集合对象的总数。

2. RI 评价法

实际上，RI 评价法是一种用排列组合原理来对聚类进行评价的手段，RI 评价公式如式（5-31）所示。

$$\text{RI} = \frac{R+W}{R+M+D+W} \qquad （5\text{-}31）$$

式（5-31）中，R 是指被聚在一类的两个对象被正确分类了，W 是指不应该被聚在一类的两个对象被正确分开了，M 指不应该放在一类的对象被错误地放在了一类，D 指不应该分开的对象被错误地分开了。

3. F 值评价法

这是基于上述 RI 方法衍生出的一个方法，F 评价公式如式（5-32）所示。

$$F_\alpha = \frac{(1+\alpha^2)pr}{\alpha^2 p + r} \qquad （5\text{-}32）$$

式（5-32）中，$p = \dfrac{R}{R+M}$，$r = \dfrac{R}{R+D}$。

实际上 RI 方法就是把准确率 p 和召回率 r 看得同等重要。事实上，有时候我们可能更需要某一特性，这时候就适合使用 F 值方法。

5.2.4 Python 主要聚类分析算法

Python 聚类相关算法主要在 scikit-learn 库中，Python 里面实现的聚类主要包括：K-Means 聚类、层次聚类、FCM 以及神经网络聚类，其主要相关函数如表 5-17 所示。

表 5-17 聚类主要函数列表

对 象 名	函 数 功 能	所属工具箱
KMeans	K 均值聚类	sklearn.cluster
Affinity Propagation	吸引力传播聚类，2007 年提出，几乎优于所有方法，不需要指定聚类数，但运行效率较低	sklearn.cluster
Mean Shift	均值漂移聚类算法	sklearn.cluster
Spectral Clustering	谱聚类，具有效果比 K 均值好、速度比 K 均值快等特点	sklearn.cluster
Agglomerative Clustering	层次聚类，给出一棵聚类层次树	sklearn.cluster
DBSCAN	具有噪声的基于密度的聚类方法	sklearn.cluster
BIRCH	综合的层次聚类算法，可以处理大规模数据的聚类	sklearn.cluster

这些不同模型的使用方法大同小异，基本都是先用对应的函数建立起模型，然后用 .fit() 方法来训练模型，训练好之后，就可以用 .label_ 方法给出样本数据的标签，或者用 .predict() 方法预测新的输入的标签。

此外，顺便提及的是，Scipy 这个库也提供了一个聚类子库 scipy.cluster，里边提供了一些聚类算法，如层次聚类等，但没有 scikit-learn 库那么完善和丰富。scipy.cluster 的好处是它的函数名和功能都基本与 Python 是一一对应的，如层次聚类的 linkage、dendrogram 等，因此已经熟悉 Python 的朋友，可以尝试使用 Scipy 提供的聚类库，在此就不详细介绍了。

下面介绍一个聚类结果可视化的工具——TSNE。

TSNE 是 Laurens van der Maaten 和 Geoffrey Hintton 在 2008 年提出的，它的定位是高维数据的可视化。我们总喜欢能够直观地展示研究结果，聚类也不例外。然而通常来说输入的特征数是高维的（大于 3 维），一般难以直接以原特征对聚类结果进行展示。而 TSNE 提供了一种有效的数据降维方式，让我们可以在 2 维或者 3 维的空间中展示聚类结果。

用 TSNE 对上述 K-Means 聚类结果以二维的方式展示出来，如代码清单 5-6 所示，得到的结果如图 5-17 所示。

代码清单 5-6　用 TSNE 进行数据降维并展示聚类结果

```python
# 接 k-means.py
from sklearn.manifold import TSNE

tsne = TSNE(random_state=105)
tsne.fit_transform(data_zs)                              # 进行数据降维
tsne = pd.DataFrame(tsne.embedding_, index=data_zs.index) # 转换数据格式

import matplotlib.pyplot as plt
plt.rcParams['font.sans-serif'] = ['SimHei']            # 用来正常显示中文标签
plt.rcParams['axes.unicode_minus'] = False             # 用来正常显示负号

# 不同类别用不同颜色和样式绘图
d = tsne[r['聚类类别'] == 0]
plt.plot(d[0], d[1], 'r.')
d = tsne[r['聚类类别'] == 1]
plt.plot(d[0], d[1], 'go')
d = tsne[r['聚类类别'] == 2]
plt.plot(d[0], d[1], 'b*')
plt.show()
```

* 代码详见：demo/code/tsne.py。

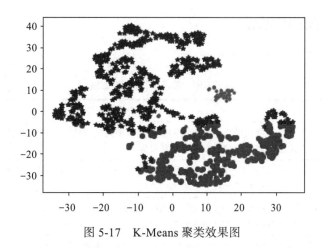

图 5-17　K-Means 聚类效果图

5.3　关联规则

下面通过餐饮企业中的一个实际情景引出关联规则的概念。客户在餐厅点餐时，面对菜单中大量的菜品信息，往往无法迅速找到满意的菜品，既增加了点菜的时间，又降低了客户的就餐体验。实际上，菜品的合理搭配是有规律可循的：顾客的饮食习惯、菜品的荤素和口味，有些菜品之间是相互关联的，而有些菜品之间是对立或竞争关系（负关联），这些规律都隐藏在大量的历史菜单数据中，如果能够通过数据挖掘发现客户点餐的规律，就可以快速识别客户的口味偏好，当顾客下了某个菜品的订单时推荐而相关联的菜品，引导顾客消费，提高顾客的就餐体验和餐饮企业的业绩水平。

关联规则分析也称为购物篮分析，最早是为了发现超市销售数据库中不同的商品之间的关联关系。例如，一个超市的经理想要更多地了解顾客的购物习惯，比如"哪组商品可能会在一次购物中同时购买？"或者"某顾客购买了个人电脑，那该顾客 3 个月后购买数码相机的概率有多大？"他可能会发现，购买了面包的顾客同时很有可能会购买牛奶，这就导出了一条关联规则"面包 => 牛奶"，其中面包称为规则的前项，而牛奶称为后项。通过对面包降低售价进行促销，而适当提高牛奶的售价，关联销售出的牛奶就有可能增加超市整体的利润。

关联规则分析是数据挖掘中最活跃的研究方法之一，目的是在一个数据集中找出各项之间的关联关系，而这种关系并没有在数据中直接表示出来。

5.3.1 常用关联规则算法

常用关联规则算法如表 5-18 所示。

表 5-18 常用关联规则算法

算法名称	算 法 描 述
Apriori	关联规则是最常用的也是最经典的挖掘频繁项集的算法，其核心思想是通过连接产生候选项及其支持度，然后通过剪枝生成频繁项集
FP-Tree	针对 Apriori 算法固有的多次扫面事务数据集的缺陷，提出的不产生候选频繁项集的方法。Apriori 和 FP-Tree 都是寻找频繁项集的算法
Eclat 算法	Eclat 算法是一种深度优先算法，采用垂直数据表示形式，在概念格理论的基础上利用基于前缀的等价关系将搜索空间划分为较小的子空间
灰色关联法	分析和确定各因素之间的影响程度或是若干个子因素（子序列）对主因素（母序列）的贡献度而进行的一种分析方法

本节重点详细介绍 Apriori 算法。

5.3.2 Apriori 算法

以超市销售数据为例，当存在很多商品时，可能的商品组合（规则的前项与后项）数目会达到一种令人望而却步的程度，这是提取关联规则的最大困难。因而各种关联规则分析算法从不同方面入手减小可能的搜索空间的大小以及减少扫描数据的次数。Apriori $\ominus$ 算法是最经典的挖掘频繁项集的算法，第一次实现了在大数据集上可行的关联规则提取，其核心思想是通过连接产生候选项与其支持度，然后通过剪枝生成频繁项集。

1. 关联规则和频繁项集

（1）关联规则的一般形式

项集 A、B 同时发生的概率称为关联规则的支持度（也称相对支持度），如式（5-33）所示。

$$\text{Support}(A \Rightarrow B) = P(A \bigcup B) \tag{5-33}$$

项集 A 发生，则项集 B 发生的概率为关联规则的置信度，如式（5-34）所示。

$$\text{Confidence}(A \Rightarrow B) = P(B \mid A) \tag{5-34}$$

$\ominus$ Jiawei Han, Micheline Kamber. Data Mining Concepts and Techniques[M]. 北京：机械工业出版社 . 2012: 247-254.

（2）最小支持度和最小置信度

最小支持度是用户或专家定义的衡量支持度的一个阈值，表示项目集在统计意义上的最低重要性；最小置信度是用户或专家定义的衡量置信度的一个阈值，表示关联规则的最低可靠性。同时满足最小支持度阈值和最小置信度阈值的规则称作强规则。

（3）项集

项集是项的集合。包含 k 个项的项集称为 k 项集，如集合 { 牛奶, 麦片, 糖 } 是一个 3 项集。

项集的出现频率是所有包含项集的事务计数，又称作绝对支持度或支持度计数。如果项集 I 的相对支持度满足预定义的最小支持度阈值，则 I 是频繁项集。频繁 k 项集通常记作 L_k。

（4）支持度计数

项集 A 的支持度计数是事务数据集中包含项集 A 的事务个数，简称为项集的频率或计数。

已知项集的支持度计数，则规则 $A \Rightarrow B$ 的支持度和置信度很容易从所有事务计数、项集 A 和项集 $A \cup B$ 的支持度计数推出式（5-35）和式（5-36），其中 N 表示总事务个数，σ 表示计数。

$$\text{Support}(A \Rightarrow B) = \frac{A, B\text{同时发生的事务个数}}{\text{所有事务个数}} = \frac{\sigma(A \cup B)}{N} \tag{5-35}$$

$$\text{Confidence}(A \Rightarrow B) = P(B \mid A) = \frac{\sigma(A \cup B)}{\sigma(A)} \tag{5-36}$$

也就是说，一旦得到所有事务个数，A、B 和 $A \cup B$ 的支持度计数，就可以导出对应的关联规则 $A \Rightarrow B$ 和 $B \Rightarrow A$，并可以检查该规则是否是强规则。

在 Python 中实现上述 Apriori 算法的代码如代码清单 5-7 所示。其中，我们自行编写了 Apriori 算法的函数 apriori.py。读者有需要的时候可以直接使用，此外可以参考代码读懂实现过程。

代码清单 5-7　使用 Apriori 算法挖掘菜品订单关联规则

```
from __future__ import print_function
import pandas as pd
from apriori import *                        # 导入自行编写的apriori函数

inputfile = '../data/menu_orders.xls'
outputfile = '../tmp/apriori_rules.xls'  # 结果文件
```

```
data = pd.read_excel(inputfile, header=None)

print('\n转换原始数据至0-1矩阵...')
ct = lambda x : pd.Series(1, index=x[pd.notnull(x)])     # 转换0-1矩阵的过渡函数
b = map(ct, data.as_matrix())                            # 用map方式执行
data = pd.DataFrame(list(b)).fillna(0)                   # 实现矩阵转换，空值用0填充
print('\n转换完毕。')
del b                                                    # 删除中间变量b, 节省内存

support = 0.2                                            # 最小支持度
confidence = 0.5                                         # 最小置信度
ms = '---'                                               # 连接符，默认'--', 用来区分不同元素，如A--B。
                                                           需要保证原始表格中不含有该字符

find_rule(data, support, confidence, ms).to_excel(outputfile)  # 保存结果
```

* 代码详见：demo/code/cal_apriori.py。

运行代码清单 5-7 的结果如下：

	support	confidence
e---a	0.3	1.000000
e---c	0.3	1.000000
c---e---a	0.3	1.000000
a---e---c	0.3	1.000000
a---b	0.5	0.714286
c---a	0.5	0.714286
a---c	0.5	0.714286
c---b	0.5	0.714286
b---a	0.5	0.625000
b---c	0.5	0.625000
b---c---a	0.3	0.600000
a---c---b	0.3	0.600000
a---b---c	0.3	0.600000
a---c---e	0.3	0.600000

其中，"e---a"表示 e 发生能够推出 a 发生，置信度为 100%，支持度为 30%；"b---c---a"表示 b、c 同时发生时能够推出 a 发生，置信度为 60%，支持度为 30% 等。搜索出来的关联规则不一定具有实际意义，需要根据问题背景筛选适当的有意义的规则，并赋予合理的解释。

2. Apriori 算法：使用候选产生频繁项集

Apriori 算法的主要思想是找出存在于事务数据集中最大的频繁项集，再利用得到的最大频繁项集与预先设定的最小置信度阈值生成强关联规则。

（1）Apriori 的性质

频繁项集的所有非空子集也必须是频繁项集。根据该性质可以得出：向不是频繁项集 I 的项集中添加事务 A，新的项集 $I \cup A$ 一定也不是频繁项集。

（2）Apriori 算法实现的两个过程

①找出所有的频繁项集（支持度必须大于等于给定的最小支持度阈值），在这个过程中连接步和剪枝步互相融合，最终得到最大频繁项集 L_k。

a. 连接步

连接步的目的是找到 K 项集。对给定的最小支持度阈值，分别对 1 项候选集 C_1，剔除小于该阈值的项集得到 1 项频繁集 L_1；下一步由 L_1 自身连接产生 2 项候选集 C_2，保留 C_2 中满足约束条件的项集得到 2 项频繁集，记为 L_2；再下一步由 L_2 与 L_1 连接产生 3 项候选集 C_3，保留 C_2 中满足约束条件的项集得到 3 项频繁集，记为 L_3……这样循环下去，得到最大频繁项集 L_k。

b. 剪枝步

剪枝步紧接着连接步，在产生候选项 C_k 的过程中起到减小搜索空间的目的。由于 C_k 是 L_{k-1} 与 L_1 连接产生的，根据 Apriori 的性质：频繁项集的所有非空子集也必须是频繁项集，所以不满足该性质的项集将不会存在于 C_k 中，该过程就是剪枝。

②由频繁项集产生强关联规则。由过程①可知，未超过预定的最小支持度阈值的项集已被剔除，如果剩下这些规则又满足了预定的最小置信度阈值，那么就挖掘出了强关联规则。

下面将结合餐饮行业的实例来讲解 Apriori 关联规则算法挖掘的实现过程。数据库中部分点餐数据如表 5-19 所示。

表 5-19　数据库中部分点餐数据

序列	时间	订单号	菜品 id	菜品名称
1	2014/8/21	101	18491	健康麦香包
2	2014/8/21	101	8693	香煎葱油饼
3	2014/8/21	101	8705	翡翠蒸香茜饺
4	2014/8/21	102	8842	菜心粒咸骨粥
5	2014/8/21	102	7794	养颜红枣糕
6	2014/8/21	103	8842	金丝燕麦包
7	2014/8/21	103	8693	三丝炒河粉
……	……	……	……	……

首先将表 5-19 中的事务数据（一种特殊类型的记录数据）整理成关联规则模型所需的数据结构，从中抽取 10 个点餐订单作为事务数据集，设支持度为 0.2（支持度计数为 2），为方便起见将菜品 {18491,8842,8693,7794,8705} 分别简记为 {a,b,c,d,e}）如表 5-20 所示。

表 5-20　某餐厅事务数据集

订单号	菜品 id	菜品 id	订单号	菜品 id	菜品 id
1	18491, 8693,8705	a,c,e	6	8842,8693	b,c
2	8842,7794	b,d	7	18491,8842	a,b
3	8842,8693	b,c	8	18491,8842,8693,8705	a,b,c,e
4	18491,8842,8693,7794	a,b,c,d	9	18491,8842,8693	a,b,c
5	18491,8842	a,b	10	18491,8693	a,c,e

算法过程如图 5-18 所示。

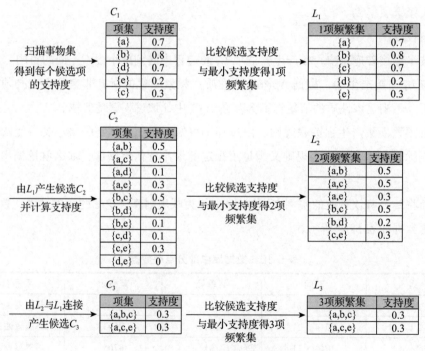

图 5-18　Apriori 算法实现过程

过程一：找最大 k 项频繁集

①算法简单扫描所有的事务，事务中的每一项都是候选 1 项集的集合 C_1 的成员，计算每一项的支持度。比如 $P(\{a\}) = \dfrac{\text{项集}\{a\}\text{的支持度计数}}{\text{所有事务个数}} = \dfrac{7}{10} = 0.7$。

②对 C_1 中各项集的支持度与预先设定的最小支持度阈值进行比较,保留大于或等于该阈值的项,得 1 项频繁集 L_1。

③扫描所有事务,L_1 与 L_1 连接得候选 2 项集 C_2,并计算每一项的支持度。如 $P(\{a,b\}) = \dfrac{项集\{a,b\}的支持度计数}{所有事务个数} = \dfrac{5}{10} = 0.5$。接下来是剪枝步,由于 C_2 的每个子集(即 L_1)都是频繁集,所以没有项集从 C_2 中剔除。

④对 C_2 中各项集的支持度与预先设定的最小支持度阈值进行比较,保留大于或等于该阈值的项,得 2 项频繁集 L_2。

⑤扫描所有事务,L_2 与 L_1 连接得候选 3 项集 C_3,并计算每一项的支持度,如 $P(\{a,b,c\}) = \dfrac{项集\{a,b,c\}的支持度计数}{所有事务个数} = \dfrac{3}{10} = 0.3$。接下来是剪枝步。$L_2$ 与 L_1 连接的所有项集为:{a,b,c},{a,b,d},{a,b,e},{a,c,d},{a,c,e},{b,c,d},{b,c,e},根据 Apriori 算法,频繁集的所有非空子集也必须是频繁集,因为 {b,d},{b,e},{c,d} 不包含在 b 项频繁集 L_2 中,即不是频繁集,应剔除,最后 C_3 中的项集只有 {a,b,c} 和 {a,c,e}。

⑥对 C_3 中各项集的支持度与预先设定的最小支持度阈值作比较,保留大于或等于该阈值的项,得 3 项频繁集 L_3。

⑦L_3 与 L_1 连接得候选 4 项集 C_4,剪枝后为空集。最后得到最大 3 项频繁集 {a,b,c} 和 {a,c,e}。

由以上过程可知 L_1,L_2,L_3 都是频繁项集,L_3 是最大频繁项集。

过程二:由频繁集产生关联规则

根据式(5-36),尝试基于该例产生关联规则。

Python 程序输出的关联规则如下:

```
Rule        (Support, Confidence)
e -> a      (30%, 100%)
e -> c      (30%, 100%)
c,e -> a    (30%, 100%)
a,e -> c    (30%, 100%)
a -> b      (50%, 71.4286%)
c -> a      (50%, 71.4286%)
a -> c      (50%, 71.4286%)
c -> b      (50%, 71.4286%)
b -> a      (50%, 62.5%)
b -> c      (50%, 62.5%)
```

```
b,c -> a    (30%, 60%)
a,c -> b    (30%, 60%)
a,b -> c    (30%, 60%)
a,c -> e    (30%, 60%)
```

就第一条输出结果进行解释：顾客同时点菜品 e 和 a 的概率是 30%，点了菜品 e，再点菜品 a 的概率是 100%。知道了这些，就可以对顾客进行智能推荐，增加销量的同时满足顾客需求。

5.4 时序模式

由于餐饮行业是生产和销售同时进行的，因此销售预测对于餐饮企业十分必要。如何基于菜品历史销售数据做好餐饮销售预测，以便减少菜品脱销现象；如何避免因备料不足而造成的生产延误，从而减少菜品生产等待时间，提供给顾客更优质的服务；如何可以减少安全库存量，做到生产准时制，降低物流成本，是餐饮企业经常会碰到的问题。

餐饮销售预测可以看作是基于时间序列的短期数据预测，预测对象为具体菜品销售量。

常用按时间顺序排列的一组随机变量 $X_1, X_2, \cdots, X_t$ 来表示一个随机事件的时间序列，简记为 $\{X_t\}$；用 $x_1, x_2, \cdots, x_n$ 或 $\{x_t, t=1, 2, \cdots, n\}$ 表示该随机序列的 n 个有序观察值，称之为序列长度为 n 的观察值序列。

本节应用时间序列分析⊖的目的就是给定一个已被观测了的时间序列，预测该序列的未来值。

5.4.1 时间序列算法

常用的时间序列模型见表 5-21。

表 5-21 常用的时间序列模型

模 型 名 称	描　　述
平滑法	平滑法常用于趋势分析和预测，利用修匀技术，削弱短期随机波动对序列的影响，使序列平滑化。根据所用平滑技术的不同，可具体分为移动平均法和指数平滑法
趋势拟合法	趋势拟合法把时间作为自变量，相应的序列观察值作为因变量，建立回归模型。根据序列的特征，可具体分为线性拟合和曲线拟合

⊖　王燕 . 应时间序列分析 [M]. 北京：中国人民大学出版社 . 2012.

(续)

模型名称	描　述
组合模型	时间序列的变化主要受到长期趋势（T）、季节变动（S）、周期变动（C）和不规则变动（ε）这 4 个因素的影响。根据序列的特点，可以构建加法模型和乘法模型 加法模型：$x_t = T_t + S_t + C_t + \varepsilon_t$；乘法模型：$x_t = T_t \cdot S_t \cdot C_t \cdot \varepsilon_t$
AR 模型	$x_t = \phi_0 + \phi_1 x_{t-1} + \phi_2 x_{t-2} + \cdots + \phi_p x_{t-p} + \varepsilon_t$ 以前 p 期的序列值 $x_{t-1}, x_{t-2}, \cdots, x_{t-p}$ 为自变量，以随机变量 X_t 的取值 x_t 为因变量建立线性回归模型
MA 模型	$x_t = \mu + \varepsilon_t - \theta_1 \varepsilon_{t-1} - \theta_2 \varepsilon_{t-2} - \cdots - \theta_q \varepsilon_{t-q}$ 随机变量 X_t 的取值 x_t 与以前各期的序列值无关，建立 x_t 与前 q 期的随机扰动 $\varepsilon_{t-1}, \varepsilon_{t-2}, \cdots, \varepsilon_{t-q}$ 的线性回归模型
ARMA 模型	$x_t = \phi_0 + \phi_1 x_{t-1} + \phi_2 x_{t-2} + \cdots + \phi_p x_{t-p} + \varepsilon_t - \theta_1 \varepsilon_{t-1} - \theta_2 \varepsilon_{t-2} - \cdots - \theta_q \varepsilon_{t-q}$ 随机变量 X_t 的取值 x_t 不仅与以前 p 期的序列值有关，还与前 q 期的随机扰动有关
ARIMA 模型	许多非平稳序列差分后会显示出平稳序列的性质，称这个非平稳序列为差分平稳序列。对差分平稳序列可以使用 ARIMA 模型进行拟合
ARCH 模型	ARCH 模型能准确地模拟时间序列变量的波动性变化，适用于序列具有异方差性并且异方差函数短期自相关
GARCH 模型及其衍生模型	GARCH 模型称为广义 ARCH 模型，是 ARCH 模型的拓展。相比于 ARCH 模型，GARCH 模型及其衍生模型更能反映实际序列中的长期记忆性、信息的非对称性等性质

本节将重点介绍 AR 模型、MA 模型、ARMA 模型和 ARIMA 模型。

5.4.2　时间序列的预处理

拿到一个观察值序列后，首先要对它的纯随机性和平稳性进行检验，这两个重要的检验称为序列的预处理。根据检验结果可以将序列分为不同的类型，对不同类型的序列会采取不同的分析方法。

纯随机序列又叫白噪声序列，序列的各项之间没有任何相关关系，序列在进行完全无序的随机波动，可以终止对该序列的分析。白噪声序列是没有信息可提取的平稳序列。

对于平稳非白噪声序列，它的均值和方差是常数，现已有一套非常成熟的平稳序列的建模方法。通常是建立一个线性模型来拟合该序列的发展，借此提取该序列的有用信息。ARMA 模型是最常用的平稳序列拟合模型。

对于非平稳序列，由于它的均值和方差不稳定，处理方法一般是将其转变为平稳序列，这样就可以应用有关平稳时间序列的分析方法，如建立 ARMA 模型来进行相应的研究。如果一个时间序列经差分运算后具有平稳性，则称该序列为差分平稳序列，可以使用 ARIMA 模型进行分析。

1. 平稳性检验

（1）平稳时间序列的定义

对于随机变量 X，可以计算其均值（数学期望）μ、方差 σ^2；对于两个随机变量 X 和 Y，可以计算 X,Y 的协方差 $\mathrm{cov}(X,Y) = E[(X - \mu_x)(Y - \mu_y)]$ 和相关系数 $\rho(X,Y) = \dfrac{\mathrm{cov}(X,Y)}{\sigma_x \sigma_y}$，它们度量了两个不同事件之间的相互影响程度。

对于时间序列 $\{X_t, t \in T\}$，任意时刻的序列值 X_t 都是一个随机变量，每一个随机变量都会有均值和方差，记 X_t 的均值为 μ_t，方差为 σ_t；任取 $t, s \in T$，定义序列 $\{X_t\}$ 的自协方差函数 $\gamma(t,s) = E[(X_t - \mu_t)(X_s - \mu_s)]$ 和自相关系数 $\rho(t,s) = \dfrac{\mathrm{cov}(X_t, X_s)}{\sigma_t \sigma_s}$（特别地，$\gamma(t,t) = \gamma(0) = 1, \rho_0 = 1$），之所以称它们为自协方差函数和自相关系数，是因为它们衡量的是同一个事件在两个不同时期（时刻 t 和 s）之间的相关程度，形象地讲就是度量自己过去的行为对自己现在的影响。

如果时间序列 $\{X_t, t \in T\}$ 在某一常数附近波动且波动范围有限，即有常数均值和常数方差，并且延迟 k 期的序列变量的自协方差和自相关系数是相等的，或者说延迟 k 期的序列变量之间的影响程度是一样的，则称 $\{X_t, t \in T\}$ 为平稳序列。

（2）平稳性的检验

对序列平稳性的检验有两种方法：一种是根据时序图和自相关图的特征做出判断的图检验，该方法操作简单、应用广泛，缺点是带有主观性；另一种是构造检验统计量进行检验的方法，目前最常用的方法是单位根检验。

①时序图检验

根据平稳时间序列的均值和方差都为常数的性质，平稳序列的时序图显示该序列值始终在一个常数附近随机波动，而且波动的范围有界；如果表现出明显的趋势性或者周期性，那它通常不是平稳序列。

②自相关图检验

平稳序列具有短期相关性，这表明对平稳序列而言通常只有近期的序列值对现时值的影响比较明显，间隔越远的过去值对现时值的影响越小。随着延迟期数 k 的增加，平稳序列的自相关系数 ρ_k（延迟 k 期）会比较快地衰减趋向于零，并在零附近随机波动。而非平稳序列的自相关系数衰减的速度比较慢，这就是利用自相关图进行平稳性检验的标准。

③单位根检验

单位根检验是指检验序列中是否存在单位根，存在单位根就是非平稳时间序列了。

2. 纯随机性检验

如果一个序列是纯随机序列，那么它的序列值之间应该没有任何关系，即满足 $\gamma(k) = 0$，$k \neq C$，这是一种理论上才会出现的理想状态，实际上纯随机序列的样本自相关系数不会绝对为零，但是很接近零，并在零附近随机波动。

纯随机性检验也称白噪声检验，一般是构造检验统计量来检验序列的纯随机性。常用的检验统计量有 Q 统计量和 LB 统计量，由样本各延迟期数的自相关系数可以计算得到检验统计量，然后计算出对应的 p 值，如果 p 值明显大于显著性水平 α，则表示该序列不能拒绝纯随机的原假设，可以停止对该序列的分析。

5.4.3 平稳时间序列分析

自回归移动平均模型（Autoreg Ressive Moving Average Model，简称 ARMA 模型），是目前最常用的拟合平稳序列的模型。它又可以细分为 AR 模型、MA 模型和 ARMA 这 3 大类，都可以看作是多元线性回归模型。

1. AR 模型

具有式（5-37）所示结构的模型称为 p 阶自回归模型，简记为 AR(p)。

$$x_t = \phi_0 + \phi_1 x_{t-1} + \phi_2 x_{t-2} + \cdots + \phi_p x_{t-p} + \varepsilon_t \tag{5-37}$$

即在 t 时刻的随机变量 X_t 的取值 x_t 是前 p 期 $x_{t-1}, x_{t-2}, \cdots, x_{t-p}$ 的多元线性回归，认为 x_t 主要是受过去 p 期的序列值的影响。误差项是当期的随机干扰 ε_t，为零均值白噪声序列。

平稳 AR 模型的性质见表 5-22。

表 5-22　平稳 AR 模型的性质

统计量	性　质	统计量	性　质
均值	常数均值	自相关系数（ACF）	拖尾
方差	常数方差	偏自相关系数（PACF）	p 阶截尾

（1）均值

对满足平稳性条件的 AR(p) 模型的方程，两边取期望，得式（5-38）。

$$E(x_t) = E(\phi_0 + \phi_1 x_{t-1} + \phi_2 x_{t-2} + \cdots + \phi_p x_{t-p} + \varepsilon_t) \tag{5-38}$$

已知 $E(x_t) = \mu, E(\varepsilon_t) = 0$，所以有 $\mu = \phi_0 + \phi_1 \mu + \phi_2 \mu + \cdots + \phi_p \mu$，解得式（5-39）。

$$\mu = \frac{\phi_0}{1 - \phi_1 - \phi_2 - \cdots - \phi_p} \tag{5-39}$$

（2）方差

平稳 AR(p) 模型的方差有界，等于常数。

（3）自相关系数（ACF）

平稳 AR(p) 模型的自相关系数 $\rho_k = \rho(t, t-k) = \dfrac{\text{cov}(X_t, X_{t-k})}{\sigma_t \sigma_{t-k}}$ 呈指数的速度衰减，始终有非零取值，不会在 k 大于某个常数之后就恒等于零，这表明平稳 AR(p) 模型的自相关系数 ρ_k 具有拖尾性。

（4）偏自相关系数（PACF）

对于一个平稳 AR(p) 模型，求出延迟 k 期自相关系数 ρ_k 时，实际上得到的并不是 X_t 与 X_{t-k} 之间单纯的相关关系，因为 X_t 同时还会受到中间 $k-1$ 个随机变量 $X_{t-1}, X_{t-2}, \cdots, X_{t-k+1}$ 的影响，所以自相关系数 ρ_k 里实际上掺杂了其他变量对 X_t 与 X_{t-k} 的相关影响，为了单纯地测度 X_{t-k} 对 X_t 的影响，引进偏自相关系数的概念。

可以证明平稳 AR(p) 模型的偏自相关系数具有 p 阶截尾性。这个性质连同前面的自相关系数的拖尾性是 AR(p) 模型重要的识别依据。

2. MA 模型

具有式（5-40）所示结构的模型称为 q 阶移动平均模型，简记为 MA(q)。

$$x_t = \mu + \varepsilon_t - \theta_1 \varepsilon_{t-1} - \theta_2 \varepsilon_{t-2} - \cdots - \theta_q \varepsilon_{t-q} \tag{5-40}$$

即在 t 时刻的随机变量 X_t 的取值 x_t 是前 q 期的随机扰动 $\varepsilon_{t-1}, \varepsilon_{t-2}, \cdots, \varepsilon_{t-q}$ 的多元线性函数，误差项是当期的随机干扰 ε_t，为零均值白噪声序列，μ 是序列 $\{X_t\}$ 的均值。认为 x_t 主要是受过去 q 期的误差项的影响。

平稳 MA(q) 模型的性质见表 5-23。

表 5-23 平稳 MA(q) 模型的性质

统计量	性 质	统计量	性 质
均值	常数均值	自相关系数（ACF）	q 阶截尾
方差	常数方差	偏自相关系数（PACF）	拖尾

3. ARMA 模型

具有式（5-41）所示结构的模型称为自回归移动平均模型，简记为 ARMA(p,q)。

$$x_t = \phi_0 + \phi_1 x_{t-1} + \phi_2 x_{t-2} + \cdots + \phi_p x_{t-p} + \varepsilon_t - \theta_1 \varepsilon_{t-1} - \theta_2 \varepsilon_{t-2} - \cdots - \theta_q \varepsilon_{t-q} \qquad (5\text{-}41)$$

即在 t 时刻的随机变量 X_t 的取值 x_t 是前 p 期 $x_{t-1}, x_{t-2}, \cdots, x_{t-p}$ 和前 q 期 $\varepsilon_{t-1}, \varepsilon_{t-2}, \cdots, \varepsilon_{t-q}$ 的多元线性函数，误差项是当期的随机干扰 ε_t，为零均值白噪声序列。且认为 x_t 主要是受过去 p 期的序列值和过去 q 期的误差项的共同影响。

特别需要注意的是，当 $q=0$ 时，是 AR(p) 模型；当 $p=0$ 时，是 MA(q) 模型。

平稳 ARMA(p,q) 模型的性质见表 5-24。

表 5-24　平稳 ARMA(p,q) 模型的性质

统计量	性　质
均值	常数均值
方差	常数方差
自相关系数（ACF）	拖尾
偏自相关系数（PACF）	拖尾

4. 平稳时间序列建模

某个时间序列经过预处理，被判定为平稳非白噪声序列，就可以利用 ARMA 模型进行建模。计算出平稳非白噪声序列 $\{X_t\}$ 的自相关系数和偏自相关系数，再由 AR(p)、MA(q) 和 ARMA(p,q) 模型的自相关系数和偏自相关系数的性质，选择合适的模型。平稳时间序列建模步骤如图 5-19 所示。

1）计算 ACF 和 PACF。先计算非平稳白噪声序列的自相关系数（ACF）和偏自相关系数（PACF）。

2）ARMA 模型识别。也称为模型定阶，根据 AR(p)、MA(q) 和 ARMA(p,q) 模型的自相关系数和偏自相关系数的性质选择合适的模型。识别原则见表 5-25。

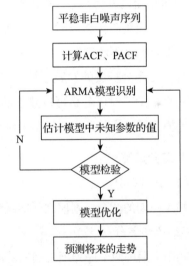

图 5-19　平稳时间序列 ARMA 模型建模步骤

表 5-25　ARMA 模型识别原则

模　　型	自相关系数（ACF）	偏自相关系数（PACF）
AR(p)	拖尾	p 阶截尾
MA(q)	q 阶截尾	拖尾
ARMA(p,q)	p 阶拖尾	q 阶拖尾

① 估计模型中未知参数的值并进行参数检验。

②模型检验。

③模型优化。

④模型应用：进行短期预测。

5.4.4 非平稳时间序列分析

前面介绍了平稳时间序列的分析方法。实际上，在自然界中绝大部分序列都是非平稳的。因而非平稳时间序列的分析更普遍、更重要，创造出来的分析方法也更多。

非平稳时间序列的分析方法可以分为确定性因素分解的时序分析和随机时序分析两大类。

确定性因素分解的方法把所有序列的变化都归结为 4 个因素（长期趋势、季节变动、循环变动和随机波动）的综合影响，其中长期趋势和季节变动的规律性信息通常比较容易提取，而由随机因素导致的波动则非常难以确定和分析，对随机信息浪费严重，会导致模型拟合精度不够理想。

随机时序分析法的发展就是为了弥补确定性因素分解方法的不足。根据时间序列的不同特点，随机时序分析可以建立的模型有 ARIMA 模型、残差自回归模型、季节模型、异方差模型等。本节重点介绍 ARIMA 模型对非平稳时间序列进行建模。

1. 差分运算

（1）p 阶差分

相距一期的两个序列值之间的减法运算称为 1 阶差分运算。

（2）k 步差分

相距 k 期的两个序列值之间的减法运算称为 k 步差分运算。

2. ARIMA 模型

差分运算具有强大的确定性信息提取能力，许多非平稳序列差分后会显示出平稳序列的性质，这时称这个非平稳序列为差分平稳序列。差分平稳序列可以使用 ARMA 模型进行拟合。ARIMA 模型的实质就是差分运算与 ARMA 模型的组合，掌握了 ARMA 模型的建模方法和步骤以后，对序列建立 ARIMA 模型是比较简单的。

差分平稳时间序列建模步骤如图 5-20 所示。

下面应用以上理论知识，对表 5-26 中 2015 年 1 月 1 日到 2015 年 2 月 6 日某餐厅的销售数据进行建模。

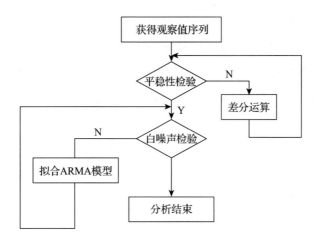

图 5-20　差分平稳时间序列建模步骤

表 5-26　某餐厅的销量数据

日　　　期	销　　量	日　　　期	销　　量
2015/1/1	3023	2015/1/20	3443
2015/1/2	3039	2015/1/21	3428
2015/1/3	3056	2015/1/22	3554
2015/1/4	3138	2015/1/23	3615
2015/1/5	3188	2015/1/24	3646
2015/1/6	3224	2015/1/25	3614
2015/1/7	3226	2015/1/26	3574
2015/1/8	3029	2015/1/27	3635
2015/1/9	2859	2015/1/28	3738
2015/1/10	2870	2015/1/29	3707
2015/1/11	2910	2015/1/30	3827
2015/1/12	3012	2015/1/31	4039
2015/1/13	3142	2015/2/1	4210
2015/1/14	3252	2015/2/2	4493
2015/1/15	3342	2015/2/3	4560
2015/1/16	3365	2015/2/4	4637
2015/1/17	3339	2015/2/5	4755
2015/1/18	3345	2015/2/6	4817
2015/1/19	3421		

* 数据详见：demo/data/arima_data.xls。

（1）检验序列的平稳性

图 5-21 显示该序列具有明显的单调递增趋势，可以判断为非平稳序列；图 5-22 的自相关图显示自相关系数长期大于零，说明序列间具有很强的长期相关性；表 5-27 单位根检验统计量对应的 p 值显著大于 0.05，最终将该序列判断为非平稳序列（非平稳序列一定不是白噪声序列）。

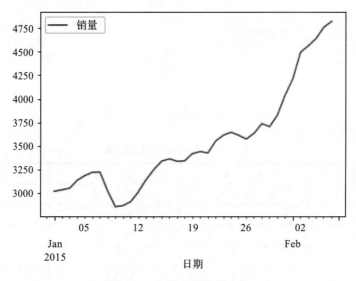

图 5-21 原始序列的时序图

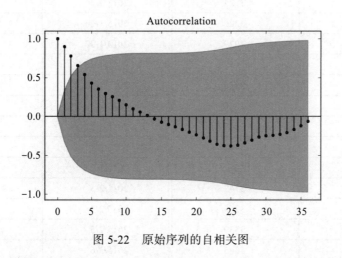

图 5-22 原始序列的自相关图

（2）对原始序列进行一阶差分，并进行平稳性和白噪声检验

1）对一阶差分后的序列再次做平稳性判断。一阶差分之后序列的时序图如图 5-23

所示，自相关图如图 5-24 所示。

表 5-27　原始序列的单位根检验

adf	cValue			p 值
	1%	5%	10%	
1.8138	−3.7112	−2.9812	−2.6301	0.9984

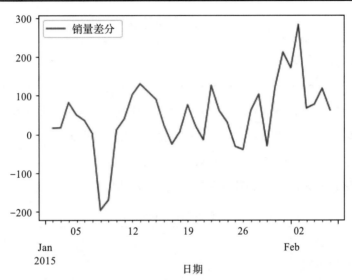

图 5-23　一阶差分之后序列的时序图

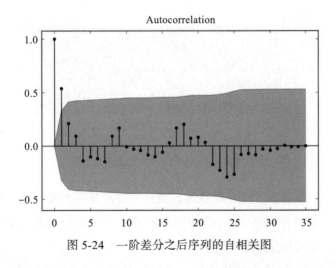

图 5-24　一阶差分之后序列的自相关图

结果显示，一阶差分之后序列的时序图在均值附近比较平稳地波动、自相关图有很强的短期相关性、单位根检验 p 值小于 0.05，所以一阶差分之后的序列是平稳序列。

表 5-28　一阶差分之后序列的单位根检验

adf	cValue			p 值
	1%	5%	10%	
−3.1561	−3.6327	−2.9485	−2.6130	0.0227

2）对一阶差分后的序列做白噪声检验，如表 5-29 所示。

表 5-29　一阶差分之后序列的白噪声检验

stat	p 值
11.304	0.007734

输出的 p 值远小于 0.05，所以一阶差分之后的序列是平稳非白噪声序列。

（3）对一阶差分之后的平稳非白噪声序列拟合 ARMA 模型

下面进行模型定阶。模型定阶就是确定 p 和 q。

第一种方法：人为识别，根据图 5-25 进行模型定阶。

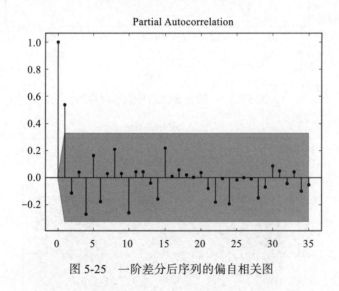

Partial Autocorrelation

图 5-25　一阶差分后序列的偏自相关图

一阶差分后自相关图显示出 1 阶截尾，偏自相关图显示出拖尾性，所以可以考虑用 MA(1) 模型拟合 1 阶差分后的序列，即对原始序列建立 ARIMA(0,1,1) 模型。

第二种方法：相对最优模型识别。

计算 ARMA(p,q) 当 p 和 q 均小于等于 3 的所有组合的 BIC 信息量，取其中 BIC 信息量达到最小的模型阶数。

计算完成 BIC 矩阵如下：

```
432.068472     422.510082     426.088911     426.595507
423.628276     426.073601     NaN            NaN
426.774824     427.395787     430.709154     NaN
430.317524     NaN            NaN            436.478109
```

当 p 值为 0、q 值为 1 时，最小 BIC 值为 422.510082。p、q 定阶完成。

用 AR(1) 模型拟合一阶差分后的序列，即对原始序列建立 ARIMA(0,1,1) 模型。

虽然两种方法建立的模型是一样的，但模型是非唯一的。ARIMA(1,1,0) 和 ARIMA (1,1,1) 这两个模型也能通过检验。

下面对一阶差分后的序列拟合 AR(1) 模型进行分析。

1）模型检验。残差为白噪声序列，p 值为 0.627016。

2）参数检验和参数估计见表 5-30。

表 5-30　模型参数

Parameter	Coef.	Std. Err.	t
const	49.956	20.139	2.4806
ma.L1.D. 销量	0.671	0.1648	4.0712

（4）ARIMA 模型预测

应用 ARIMA(0,1,1) 对表 5-26 中 2015 年 1 月 1 日到 2015 年 2 月 6 日某餐厅的销售数据做为期 5 天的预测，结果如表 5-31 所示。

表 5-31　预测未来 5 天的销售额

2015/2/7	2015/2/8	2015/2/9	2015/2/10	2015/2/11
4874.0	4923.9	4973.9	5023.8	5073.8

需要说明的是，利用模型向前预测的时期越长，预测误差将会越大，这是时间预测的典型特点。

在 Python 中实现 ARIMA 模型建模过程的代码如代码清单 5-8 所示。可以看到，我们使用了 StatsModels，读者或许记得，我们在第 2 章就对此进行了介绍，在这里才真正用上它。这表明对于通常的数据探索任务来说，NumPy 与 pandas 的结合已经相当强大了，只有用到较为深入的统计模型之时，才会用到 StatsModels。

代码清单 5-8 实现 ARIMA 模型

```python
import pandas as pd
# 参数初始化
discfile = '../data/arima_data.xls'
forecastnum = 5

# 读取数据，指定日期列为指标，pandas自动将"日期"列识别为Datetime格式
data = pd.read_excel(discfile, index_col='日期')

# 时序图
import matplotlib.pyplot as plt
plt.rcParams['font.sans-serif'] = ['SimHei']        # 用来正常显示中文标签
plt.rcParams['axes.unicode_minus'] = False          # 用来正常显示负号
data.plot()
plt.show()

# 自相关图
from statsmodels.graphics.tsaplots import plot_acf
plot_acf(data).show()

# 平稳性检测
from statsmodels.tsa.stattools import adfuller as ADF
print('原始序列的ADF检验结果为：', ADF(data['销量']))
# 返回值依次为adf、pvalue、usedlag、nobs、critical values、icbest、regresults、resstore

# 差分后的结果
D_data = data.diff().dropna()
D_data.columns = ['销量差分']
D_data.plot()                                       # 时序图
plt.show()
plot_acf(D_data).show()                             # 自相关图
from statsmodels.graphics.tsaplots import plot_pacf
plot_pacf(D_data).show()                            # 偏自相关图
print('差分序列的ADF检验结果为：', ADF(D_data['销量差分']))          # 平稳性检测

# 白噪声检验
from statsmodels.stats.diagnostic import acorr_ljungbox
print('差分序列的白噪声检验结果为：', acorr_ljungbox(D_data, lags=1)) # 返回统计量和p值

from statsmodels.tsa.arima_model import ARIMA

# 定阶
data['销量'] = data['销量'].astype(float)
pmax = int(len(D_data)/10)                          # 一般阶数不超过length/10
qmax = int(len(D_data)/10)                          # 一般阶数不超过length/10
bic_matrix = []                                     # BIC矩阵
for p in range(pmax+1):
```

```
    tmp = []
    for q in range(qmax+1):
        try:                                      # 存在部分报错，所以用try来跳过报错
            tmp.append(ARIMA(data, (p,1,q)).fit().bic)
        except:
            tmp.append(None)
    bic_matrix.append(tmp)

bic_matrix = pd.DataFrame(bic_matrix)             # 从中可以找出最小值

p,q = bic_matrix.stack().idxmin()                 # 先用stack展平，然后用idxmin找出最小值位置
print('BIC最小的p值和q值为：%s、%s' %(p,q))
model = ARIMA(data, (p,1,q)).fit()                # 建立ARIMA(0, 1, 1)模型
print('模型报告为：\n', model.summary2())
print('预测未来5天，其预测结果、标准误差、置信区间如下：\n', model.forecast(5))
```

* 代码详见：demo/code/arima_test.py。

运行代码清单 5-8 可以得到输出结果如下：

原始序列的ADF检验结果为：(1.8137710150945285, 0.99837594215142644, 10, 26, {'5%': -2.9812468047337282, '10%': -2.6300945562130176, '1%': -3.7112123008648155}, 299.46989866024177)

差分序列的ADF检验结果为：(-3.1560562366723537, 0.022673435440048798, 0, 35, {'5%': -2.9485102040816327, '10%': -2.6130173469387756, '1%': -3.6327426647230316}, 287.59090907803341)

差分序列的白噪声检验结果为：(array([11.30402222]), array([0.00077339]))

BIC最小的p值和q值为：0、1

模型报告为：

```
                              Results: ARIMA
===============================================================================
Model:               ARIMA            BIC:                   422.5101
Dependent Variable:  D.销量            Log-Likelihood:        -205.88
Date:                2019-07-14 17:02 Scale:                 1.0000
No. Observations:    36               Method:                css-mle
Df Model:            2                Sample:                01-02-2015
Df Residuals:        34                                      02-06-2015
Converged:           1.0000           S.D. of innovations:   73.086
No. Iterations:      13.0000          HQIC:                  419.418
AIC:                 417.7595
-------------------------------------------------------------------------------
            Coef.      Std.Err.      t      P>|t|    [0.025    0.975]
-------------------------------------------------------------------------------
```

```
const            49.9557   20.1390   2.4805   0.0182   10.4840   89.4274
ma.L1.D.销量      0.6710    0.1648    4.0712   0.0003   0.3480    0.9941
--------------------------------------------------------------------------
                 Real       Imaginary    Modulus      Frequency
--------------------------------------------------------------------------
MA.1            -1.4902     0.0000       1.4902       0.5000
==========================================================================
```

预测未来5天，其预测结果、标准误差、置信区间如下：
(array([4873.96633816, 4923.9220861 , 4973.87783404, 5023.83358199,
        5073.78932993]),
 array([73.08574304, 142.32679656, 187.54281698, 223.80281362,
        254.95703671]),
 array([[4730.72091401, 5017.21176231],
        [4644.96669081, 5202.87748139],
        [4606.3006672 , 5341.45500089],
        [4585.18812766, 5462.47903632],
        [4574.08272038, 5573.49593948]]))

5.4.5 Python 主要时序模式算法

Python 实现时序模式的主要库是 StatsModels（当然，如果 pandas 能做的，就可以利用 pandas 去做），算法主要是 ARIMA 模型，在使用该模型进行建模时，需要进行一系列判别操作，主要包含平稳性检验、白噪声检验、是否差分、AIC 和 BIC 指标值、模型定阶，最后再做预测。与其相关的函数如表 5-32 所示。

表 5-32　时序模式算法函数列表

函 数 名	函 数 功 能	所属工具箱
acf()	计算自相关系数	statsmodels.tsa.stattools
plot_acf()	画自相关系数图	statsmodels.graphics.tsaplots
pacf()	计算偏自相关系数	statsmodels.tsa.stattools
plot_pacf()	画偏自相关系数图	statsmodels.graphics.tsaplots
adfuller()	对观测值序列进行单位根检验	statsmodels.tsa.stattools
diff()	对观测值序列进行差分计算	pandas 对象自带的方法
ARIMA()	创建一个 ARIMA 时序模型	statsmodels.tsa.arima_model
summary() 或 summaty2	给出一份 ARIMA 模型的报告	ARIMA 模型对象自带的方法
aic/bic/hqic	计算 ARIMA 模型的 AIC/BIC/HQIC 指标值	ARIMA 模型对象自带的变量
forecast()	应用构建的时序模型进行预测	ARIMA 模型对象自带的方法
acorr_ljungbox()	Ljung-Box 检验，检验是否为白噪声	statsmodels.stats.diagnostic

（1）acf()

❑ 功能

计算自相关系数。

❑ 使用格式

```
autocorr = acf(data, unbiased=False, nlags=40, qstat=False, fft=False, alpha=None)
```

输入参数 data 为观测值序列（即为时间序列，可以是 DataFrame 或 Series），返回参数 autocorr 为观测值序列自相关函数。其余为可选参数，如 qstat=True 时同时返回 Q 统计量和对应 p 值。

（2）plot_acf()

❑ 功能

绘制自相关系数图。

❑ 使用格式

```
p = plot_acf(data)
```

返回一个 Matplotlib 对象，可以用 .show() 方法显示图像。

（3）pacf() / plot_pacf()

❑ 功能

计算偏自相关系数，绘制偏自相关系数图。

❑ 使用格式

使用格式与 acf() / plot_pacf() 类似，不再赘述。

（4）adfuller()

❑ 功能

对观测值序列进行单位根检验（ADF test）。

❑ 使用格式

```
h = adfuller(Series, maxlag=None, regression='c', autolag='AIC', store=False,
    regresults=False)
```

输入参数 Series 为一维观测值序列，返回值依次为 adf、pvalue、usedlag、nobs、critical values、icbest、regresults、resstore。

（5）diff()

❑ 功能

对观测值序列进行差分计算。

❑ 使用格式

```
D.diff()
```

D 为 pandas 的 DataFrame 或 Series。

（6）ARIMA

❑ 功能

设置时序模式的建模参数，创建 ARIMA 时序模型。

❑ 使用格式

```
arima = ARIMA(data, (p,1,q)).fit()
```

data 参数为输入的时间序列，p、q 为对应的阶，d 为差分次数。

（7）summary() / summary2()

❑ 功能

生成已有模型的报告。

❑ 使用格式

```
arima.summary() / arima.summary2()
```

其中 arima 为已经建立好的 ARIMA 模型，返回一份格式化的模型报告，包含模型的系数、标准误差、p 值、AIC、BIC 等详细指标。

（8）aic/bic/hqic

❑ 功能

计算 ARIMA 模型的 AIC、BIC、HQIC 指标值。

❑ 使用格式

```
arima.aic
arima.bic
arima.hqic
```

其中，arima 为已经建立好的 ARIMA 模型，返回值是 Model 时序模型得到的 AIC、BIC、HQIC 指标值。

（9）forecast()

❑ 功能

用得到的时序模型进行预测。

❑ 使用格式

```
a,b,c = arima.forecast(num)
```

输入参数 num 为要预测的天数，arima 为已经建立好的 ARIMA 模型。a 为返回的预测值，b 为预测的误差，c 为预测置信区间。

（10）acorr_ljungbox()

❑ 功能

检测是否为白噪声序列。

❑ 使用格式

```
acorr_ljungbox(data, lags=1)
```

输入参数 data 为时间序列数据，lags 为滞后数，返回统计量和 p 值。

5.5 离群点检测

就餐饮企业而言，经常会碰到以下这些问题：

1）如何根据客户的消费记录检测是否为异常刷卡消费？

2）如何检测是否有异常订单？

这些异常问题可以通过离群点检测解决。

离群点检测是数据挖掘中重要的一部分，它的任务是发现与大部分其他对象显著不同的对象。大部分数据挖掘方法都将这种差异信息视为噪声而丢弃，然而在一些应用中，罕见的数据可能蕴含着更大的研究价值。

在数据的散布图中，图 5-26 所示的离群点远离其他数据点。因为离群点的属性值明显偏离期望的或常见的属性值，所以离群点检测也称偏差检测。

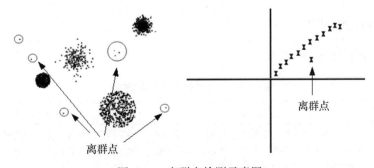

图 5-26　离群点检测示意图

离群点检测已经被广泛应用于电信和信用卡的诈骗检测、贷款审批、电子商务、网络入侵、天气预报等领域，如可以利用离群点检测分析运动员的统计数据，以发现异常的运动员。

5.5.1 离群点的成因及类型

（1）离群点的成因

离群点的主要成因有：数据来源于不同的类、自然变异、数据测量和收集误差。

（2）离群点的类型

对离群点的大致分类见表 5-33。

表 5-33 离群点的大致分类

分类标准	分类名称	分类描述
数据范围	全局离群点和局部离群点	从整体来看，某些对象没有离群特征，但是从局部来看，却显示了一定的离群性。如图 5-27 所示，C 是全局离群点，D 是局部离群点
数据类型	数值型离群点和分类型离群点	这是以数据集的属性类型进行划分的
属性个数	一维离群点和多维离群点	一个对象可能有一个或多个属性

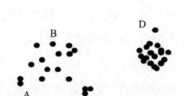

图 5-27 全局离群点和局部离群点

5.5.2 离群点检测方法

常用离群点检测方法[⊖]见表 5-34。

表 5-34 常用离群点检测方法

离群点检测方法	方法描述	方法评估
基于统计	大部分基于统计的离群点检测方法是构建一个概率分布模型，并计算对象符合该模型的概率，把具有低概率的对象视为离群点	基于统计模型的离群点检测方法的前提是必须知道数据集服从什么分布；对于高维数据，检验效果可能很差

⊖ Pang-Ning Tan, Michael Steinbach, Vipin Kumar.Introduction to Data Mining[M]. 北京：人民邮电出版社 . 2010:404-415.

（续）

离群点检测方法	方 法 描 述	方 法 评 估
基于邻近度	通常可以在数据对象之间定义邻近性度量，把远离大部分点的对象视为离群点	简单、二维或三维的数据可以做散点图观察；大数据集不适用；对参数选择敏感；具有全局阈值，不能处理具有不同密度区域的数据集
基于密度	考虑数据集可能存在不同密度区域这一事实，从基于密度的观点分析，离群点是在低密度区域中的对象。一个对象的离群点得分是该对象周围密度的逆	给出了对象是离群点的定量度量，并且即使数据具有不同的区域也能够很好地处理；大数据集不适用；参数选择是困难的
基于聚类	一种利用聚类检测离群点的方法是丢弃远离其他簇的小簇；另一种更系统的方法：首先聚类所有对象，然后评估对象属于簇的程度（离群点得分）	基于聚类技术来发现离群点可能是高度有效的；聚类算法产生的簇的质量对该算法产生的离群点的质量影响非常大

基于统计模型的离群点检测方法需要满足统计学原理，如果分布已知，则检验可能非常有效。基于邻近度的离群点检测方法比统计学方法更容易使用，因为确定数据集有意义的邻近度量比确定它的统计分布更容易。基于密度的离群点检测与基于邻近度的离群点检测密切相关，因为密度常用邻近度定义：一种是定义密度为到 k 个最邻近的平均距离的倒数，如果该距离小，则密度高；另一种是使用 DBSCAN 聚类算法，一个对象周围的密度等于该对象指定距离 d 内对象的个数。

本节重点介绍基于统计模型和聚类的离群点检测方法。

5.5.3 基于模型的离群点检测方法

通过估计概率分布的参数来建立一个数据模型，如果一个数据对象不能很好地与该模型拟合，即如果它很可能不服从该分布，则它是一个离群点。

1. 一元正态分布中的离群点检测

正态分布是统计学中最常用的分布之一。

若随机变量 x 的密度函数 $\phi(x) = \dfrac{1}{\sqrt{2\pi}} \mathrm{e}^{-\frac{(x-\mu)^2}{2\sigma^2}}$（$x \in \mathbf{R}$），则称 x 从正态分布，简称 x 服从正态分布 $N(\mu,\sigma)$，其中参数 μ 和 σ 分别为均值和标准差。

图 5-28 显示 $N(0,1)$ 的概率密度函数。

$N(0,1)$ 的数据对象出现在该分布的两边尾部的机会很小，因此可以用它作为检测数据对象是否是离群点的基础。数据对象落在 3 倍标准差中心区域之外的概率仅有 0.0027。

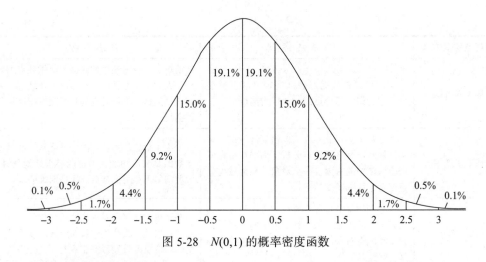

图 5-28　$N(0,1)$ 的概率密度函数

2. 混合模型的离群点检测

这里首先介绍混合模型。混合是一种特殊的统计模型，它使用若干统计分布对数据建模。每一个分布对应一个簇，而每个分布的参数提供对应簇的描述，通常用中心和发散描述。

混合模型将数据看作从不同的概率分布得到的观测值的集合。概率分布可以是任何分布，但是通常是多元正态的，因为这种类型的分布不难理解，容易从数学上进行处理，并且已经证明在许多情况下都能产生好的结果。这种类型的分布可以对椭圆簇建模。

总的来讲，混合模型数据产生过程为：给定几个类型相同但参数不同的分布，随机选取一个分布并由它产生一个对象。重复该过程 m 次，其中 m 是对象的个数。

具体来讲，假定有 K 个分布和 m 个对象 $X=\{x_1, x_2, \cdots, x_m\}$。设第 j 个分布的参数为 α_j，并设 A 是所有参数的集合，即 $A=\{\alpha_1, \alpha_2, \cdots, \alpha_K\}$。则 $P(x_i \mid \alpha_j)$ 是第 i 个对象来自第 j 个分布的概率。选取第 j 个分布产生一个对象的概率由权值 $w_j(1 \leqslant j \leqslant K)$ 给定，其中权值（概率）受限于其和为 1 的约束，即 $\sum\limits_{j=1}^{K} w_j = 1$。于是，对象 X 的概率由式（5-42）给出。

$$P(x \mid A) = \sum_{j=1}^{K} w_j P_j(x \mid \theta_j) \qquad （5\text{-}42）$$

如果对象以独立的方式产生，则整个对象集的概率是每个个体对象 x_i 的概率的乘积，公式如（5-43）所示。

$$P(X \mid \alpha) = \prod_{i=1}^{m} P(x_i \mid \alpha) = \prod_{i=1}^{m} \sum_{j=1}^{K} w_j P_j(x \mid \alpha_j) \qquad （5\text{-}43）$$

对于混合模型，每个分布描述一个不同的组，即一个不同的簇。通过使用统计方法，可以由数据估计这些分布的参数，从而描述这些分布（簇），也可以识别哪个对象属于哪个簇。然而，混合模型只是给出具体对象属于特定簇的概率。

聚类时，混合模型方法假定数据来自混合概率分布，并且每个簇可以用这些分布之一识别。同样，对于离群点检测，数据用两个分布的混合模型建模，一个分布为正常数据，而另一个为离群点。

聚类和离群点检测的目标都是估计分布的参数，以最大化数据的总似然。

这里提供一种离群点检测常用的简单的方法：先将所有数据对象放入正常数据集，这时离群点集为空集；再用一个迭代过程将数据对象从正常数据集转移到离群点集，只要该转移能提高数据的总似然。

具体操作如下：

假设数据集 U 包含来自两个概率分布的数据对象：M 是大多数（正常）数据对象的分布，而 N 是离群点对象的分布。数据的总概率分布可以记作：

$$U(x) = (1-\lambda)M(x) + \lambda N(x)$$

其中，x 是一个数据对象；$\lambda \in [0,1]$，给出离群点的期望比例。分布 M 由数据估计得到，而分布 N 通常取均匀分布。设 M_t 和 N_t 分别为时刻 t 正常数据和离群点对象的集合。初始 $t = 0$，$M_0 = D$，而 $N_0 = \varnothing$。

根据混合模型中公式 $P(x \mid A) = \sum_{j=1}^{K} w_j P_j(x \mid \alpha_j)$ 推导，整个数据集的似然和对数似然可分别由式（5-44）和式（5-45）给出。

$$L_t(U) = \prod_{x_i \in U} P_U(x_i) = \left\{ (1-\lambda)^{M_t} \prod_{x_i \in M_i} P_{M_i}(x_i) \right\} \left\{ \lambda^{N_t} \prod_{x_i \in N_i} P_{N_i}(x_i) \right\} \qquad (5\text{-}44)$$

$$\ln L_t(U) = |M_t| \ln(1-\lambda) + \sum_{x_i \in M_i} \ln P_{M_i}(x_i) + |N_t| \ln \lambda + \sum_{x_i \in N_i} \ln P_{N_i}(x_i) \qquad (5\text{-}45)$$

其中，P_D、P_M、P_{N_t} 分别是 D、M_t、N_t 的概率分布函数。

因为正常数据对象的数量比离群点对象的数量大很多，因此当一个数据对象移动到离群点集后，正常数据对象的分布变化不大。在这种情况下，每个正常数据对象的总似然的贡献保持不变。此外，如果假定离群点服从均匀分布，则移动到离群点集的每一个数据对象对离群点的似然贡献一个固定的量。这样，当一个数据对象移动到离群点集时，数据总似然的改变粗略地等于该数据对象在均匀分布下的概率（用 λ 加权）减去该数据对象在正常数据点分布下的概率（用$1-\lambda$加权）。离群点由这样一些数据对象组成，这样数据对象在均匀分布下的概率比正常数据对象分布下的概率高。

在某些情况下是很难建立模型的，如因为数据的统计分布未知或没有训练数据可用。在这种情况下，可以考虑其他不需要建立模型的检测方法。

5.5.4 基于聚类的离群点检测方法

聚类分析用于发现局部强相关的对象组，而异常检测用来发现不与其他对象强相关的对象。因此聚类分析非常自然地可以用于离群点检测。本节主要介绍两种基于聚类的离群点检测方法。

1. 丢弃远离其他簇的小簇

一种利用聚类检测离群点的方法是丢弃远离其他簇的小簇。通常，该过程可以简化为丢弃小于某个最小阈值的所有簇。

这个方法可以和其他任何聚类技术一起使用，但是需要最小簇大小和小簇与其他簇之间距离的阈值。而且这种方法对簇个数的选择高度敏感，使用这个方案很难将离群点得分附加到对象上。

在图5-29中，聚类簇数$K=2$，可以直观地看出其中一个包含5个对象的小簇远离大部分对象，可以视为离群点。

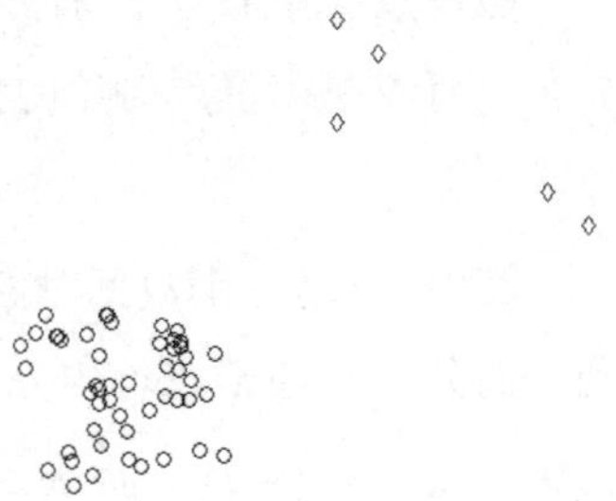

图5-29 K-Means算法的聚类图

2. 基于原型的聚类

还有一种更系统的方法。首先聚类所有对象，然后评估对象属于簇的程度（离群点得分）。在这种方法中，可以用对象到它的簇中心的距离来度量属于簇的程度。特别地，如果删除一个对象导致该目标的显著改进，则可将该对象视为离群点。例如，在K-Means算法中，删除远离其相关簇中心的对象能够显著改进该簇的误差平方和（SSE）。

对于基于原型的聚类，评估对象属于簇的程度（离群点得分）主要有两种方法：一是度量对象到簇原型的距离，并用它作为该对象的离群点得分；二是考虑到簇具有不同的密度，可以度量簇到原型的相对距离，相对距离是点到质心的距离与簇中所有点到质心的距离的中位数之比。

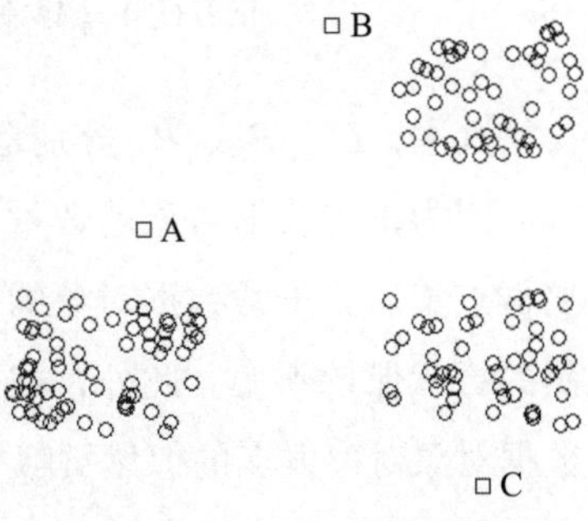

如图5-30所示，如果选择聚类簇数$K=3$，则对象

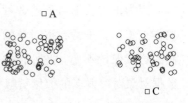

图5-30 基于距离的离群点检测

A、B、C 应分别属于距离它们最近的簇，但相对于簇内的其他对象，这 3 个点又分别远离各自的簇，所以有理由怀疑对象 A、B、C 是离群点。

（1）诊断步骤

诊断步骤如下：

1）进行聚类。选择聚类算法（如 K-Means 算法），将样本集聚为 K 簇，并找到各簇的质心。

2）计算各对象到它的最近质心的距离。

3）计算各对象到它的最近质心的相对距离。

4）与给定的阈值进行比较。

如果某对象距离大于该阈值，就认为该对象是离群点。

（2）基于聚类的离群点的改进

基于聚类的离群点检测的改进如下：

1）离群点对初始聚类的影响

通过聚类检测离群点，离群点会影响聚类结果。为了解决此问题，可以使用的方法有：对象聚类、删除离群点、对象再次聚类（不能保证产生最优结果）。

2）一种更复杂的方法

取一组不能很好地拟合任何簇的特殊对象，这组对象代表潜在的离群点。随着聚类过程的进展，簇在变化。不再强属于任何簇的对象被添加到潜在的离群点集合；而当前在该集合中的对象被测试，如果它现在强属于一个簇，就可以将它从潜在的离群点集合中移除。聚类过程结束时还留在该集合中的点被分类为离群点（这种方法也不能保证产生最优解，甚至不比前面的简单算法好，在使用相对距离计算离群点得分时，这个问题特别严重）。

对象是否被认为是离群点可能依赖于簇的个数（如 K 很大时的噪声簇）。该问题也没有简单的答案。一种策略是对于不同的簇个数重复该分析。另一种方法是找出大量小簇，其想法是：

❑ 较小的簇倾向于凝聚。

❑ 如果存在大量小簇时，一个对象是离群点，则它多半是一个真正的离群点。

不利的一面是一组离群点可能形成小簇从而逃避检测。

利用表 5-15 的数据进行聚类分析，并计算各个样本到各自聚类中心的距离，分析离群样本，得到如图 5-31 所示的距离误差图。

分析图 5-31 可以得到，如果距离阈值设置为 2，那么所给的数据中有 8 个离散点，在聚类的时候这些数据应该剔除。

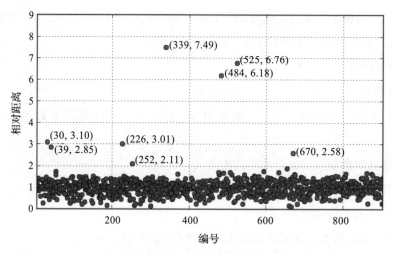

图 5-31　离散点检测距离误差图

其 Python 代码如代码清单 5-9 所示。

代码清单 5-9　离散点检测

```python
import numpy as np
import pandas as pd

# 参数初始化
inputfile = '../data/consumption_data.xls'       # 销量及其他属性数据
k = 3                                             # 聚类的类别
threshold = 2                                     # 离散点阈值
iteration = 500                                   # 聚类最大循环次数
data = pd.read_excel(inputfile, index_col='Id')   # 读取数据
data_zs = 1.0*(data - data.mean())/data.std()     # 数据标准化

from sklearn.cluster import KMeans
model = KMeans(n_clusters=k, n_jobs=4, max_iter=iteration)
                                                  # 分为k类，并发数4
model.fit(data_zs)                                # 开始聚类

# 标准化数据及其类别
r = pd.concat([data_zs, pd.Series(model.labels_, index=data.index)], axis=1)
                                                  # 每个样本对应的类别
r.columns = list(data.columns) + ['聚类类别']      # 重命名表头

norm = []
for i in range(k):                                # 逐一处理
    norm_tmp = r[['R', 'F', 'M']][r['聚类类别'] == i]-model.cluster_centers_[i]
    norm_tmp = norm_tmp.apply(np.linalg.norm, axis=1)   # 求出绝对距离
    norm.append(norm_tmp/norm_tmp.median())       # 求相对距离并添加
```

```
norm = pd.concat(norm)                          # 合并

import matplotlib.py。plot as plt
plt.rcParams['font.sans-serif'] = ['SimHei']    # 用来正常显示中文标签
plt.rcParams['axes.unicode_minus'] = False      # 用来正常显示负号
norm[norm <= threshold].plot(style='go')        # 正常点

discrete_points = norm[norm > threshold]        # 离群点
discrete_points.plot(style = 'ro')

for i in range(len(discrete_points)):           # 离群点做标记
    id = discrete_points.index[i]
    n = discrete_points.iloc[i]
    plt.annotate('(%s, %0.2f)'%(id, n), xy=(id, n), xytext=(id, n))

plt.xlabel('编号')
plt.ylabel('相对距离')
plt.show()
```

* 代码详见：demo/code/discrete_point_test.py。

5.6 小结

本章主要根据数据挖掘的应用分类，重点介绍了对应的数据挖掘建模方法及实现过程。通过对本章的学习，可在以后的数据挖掘过程中采用适当的算法并按所陈述的步骤实现综合应用。更希望本章能给读者一些启发，思考如何改进或创造更好的挖掘算法。

归纳起来，数据挖掘技术的基本任务主要体现在分类与预测、聚类、关联规则、时序模式、离群点检测 5 个方面。5.1 节主要介绍了决策树和人工神经网络两个分类模型、回归分析预测模型及其实现过程；5.2 节主要介绍了 K-Means 聚类算法，建立分类方法按照接近程度对观测对象给出合理的分类并解释类与类之间的区别；5.3 节主要介绍了 Apriori 算法，以在一个数据集中找出各项之间的关系；5.4 节从序列的平稳性和非平稳性出发，对平稳时间序列主要介绍了 ARMA 模型，对差分平稳序列建立了 ARIMA 模型，应用这两个模型对相应的时间序列进行研究，找寻变化发展的规律，预测将来的走势；5.5 节主要介绍了基于模型和离群点的检测方法，用以发现与大部分其他对象显著不同的对象。

前 5 章是数据挖掘必备的原理知识，为本书后面章节的案例理解和实验操作奠定了理论基础。

实　战　篇

Chapter 6 第 6 章

财政收入影响因素分析及预测

随着信息化的发展和科学技术的进步，数据分析与挖掘技术开始得到广泛应用。人们无时无刻不面对着海量的数据，这些海量数据中隐藏着人们所需要的具有决策意义的信息。数据分析与挖掘技术的产生和发展就是帮助人们利用这些数据，并从中发现隐藏的有用的信息。

在此背景下，本文主要运用数据分析与挖掘技术对市财政收入进行分析，挖掘其中隐藏的运行模式，并对未来两年的财政收入进行预测，希望能够帮助政府合理地控制财政收支，优化财源建设，为制定相关决策提供依据。

6.1 背景与挖掘目标

财政收入是指政府为履行其职能、实施公共政策和提供公共物品与服务需要而筹集的一切资金的总和。财政收入表现为政府部门在一定时期内（一般为一个财政年度）所取得的货币收入。财政收入是衡量一国政府财力的重要特征，政府在社会经济活动中提供公共物品和服务的范围和数量，在很大程度上取决于财政收入的充裕情况。

在我国现行的分税制财政管理体制下，地方财政收入不但是国家财政收入的重要组成部分，而且是具有相对独立性的构成内容。如何制定地方财政支出计划，合理分配地方财政收入，促进地方的发展，提高市民的收入和生活质量是每个地方政府需要考虑的首要问题。因此，地方财政收入预测是非常必要的。

考虑到数据的可得性，本案例所用的财政收入分为地方一般预算收入和政府性基金收入。地方一般预算收入包括以下两个部分：

❑ 税收收入。主要包括企业所得税与地方所得税中中央和地方共享的 40%，地方享有的 25% 的增值税、营业税和印花税等。

❑ 非税收收入。包括专项收入、行政事业性收费、罚没收入、国有资本经营收入和其他收入等。

政府性基金收入是国家通过向社会征收以及出让土地、发行彩票等方式取得收入，并专项用于支持特定基础设施建设和社会事业发展的收入。

由于 1994 年我国对财政体制进行了重大改革，开始实行分税制财政体制，影响了财政收入相关数据的连续性，所以 1994 年前后的数据不具有可比性。由于没有合适的方法来调整这种数据的跃变，因此本案例仅对 1994 年至 2013 年的数据进行分析（本案例所用数据均来自《统计年鉴》）。

结合财政收入预测的需求分析，本次数据分析建模目标主要有以下两个：

1）分析、识别影响地方财政收入的关键属性。

2）预测 2014 年和 2015 年的财政收入。

6.2　分析方法与过程

众多学者已经对财政收入的影响因素进行了研究，但是他们大多先建立财政收入与各待定的影响因素之间的多元线性回归模型，运用最小二乘估计方法来估计回归模型的系数，通过系数来检验它们之间的关系，模型的结果对数据的依赖程度很大，并且普通最小二乘估计求得的解往往是局部最优解，后续步骤的检验可能就会失去应有的意义。

本案例在已有研究的基础上运用 Lasso 特征选择方法来研究影响地方财政收入的因素。在 Lasso 特征选择的基础上，鉴于灰色预测对少量数据预测的优良性能，对单个选定的影响因素建立灰色预测模型，得到它们在 2014 年及 2015 年的预测值。由于支持向量回归较强的适用性和容错能力，对历史数据建立训练模型，把灰色预测的数据结果代入训练完成的模型中，充分考虑历史数据信息，可以得到较为准确的预测结果，即 2014 年和 2015 年财政收入。

6.2.1 分析步骤与流程

本案例的总体流程如图 6-1 所示，主要包括以下步骤：

1）对原始数据进行探索性分析，了解原始属性之间的相关性。

2）利用 Lasso 特征选择模型提取关键属性。

3）建立单个属性的灰色预测模型以及支持向量回归预测模型。

4）使用支持向量回归预测模型得出 2014 年至 2015 年财政收入的预测值。

5）对上述建立的财政收入预测模型进行评价。

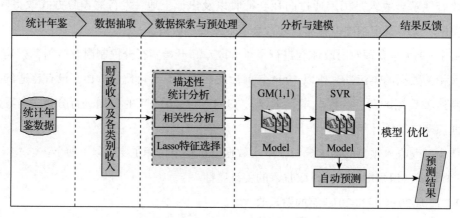

图 6-1 财政收入分析预测模型流程

6.2.2 数据探索分析

影响财政收入（y）的因素有很多，在查阅大量文献的基础上，通过经济理论对财政收入的解释以及对实践的观察，考虑一些与能源消耗关系密切并且直观上有线性关系的因素，初步选取以下属性为自变量，分析它们之间的关系。各项属性名称及属性说明如表 6-1 所示。

表 6-1 属性名称和说明

属 性 名 称	属 性 说 明
社会从业人数（$x1$）	就业人数的上升伴随着居民消费水平的提高，从而间接影响财政收入的增加
在岗职工工资总额（$x2$）	反映的是社会分配情况，主要影响财政收入中的个人所得税、房产税以及潜在消费能力
社会消费品零售总额（$x3$）	代表社会整体消费情况，是可支配收入在经济生活中的实现。当社会消费品零售总额增长时，表明社会消费意愿强烈，部分程度上会导致财政收入中增值税的增长；同时当消费增长时，也会引起经济系统中其他方面发生变动，最终导致财政收入的增长

（续）

属 性 名 称	属 性 说 明
城镇居民人均可支配收入（x4）	居民收入越高消费能力越强，同时意味着其工作积极性越高，创造出的财富越多，从而能带来财政收入的更快和持续增长
城镇居民人均消费性支出（x5）	居民在消费商品的过程中会产生各种税费，税费又是调节生产规模的手段之一。在商品经济发达的如今，居民消费得越多，对财政收入的贡献就越大
年末总人口（x6）	在地方经济发展水平既定的条件下，人均地方财政收入与地方人口数呈反比例变化
全社会固定资产投资额（x7）	是建造和购置固定资产的经济活动，即固定资产再生产活动。主要通过投资来促进经济增长，扩大税源，进而拉动财政税收收入整体增长
地区生产总值（x8）	表示地方经济发展水平。一般来讲，政府财政收入来源于当期的地区生产总值。在国家经济政策不变、社会秩序稳定的情况下，地方经济发展水平与地方财政收入之间存在着密切的相关性，越是经济发达的地区，其财政收入的规模就越大
第一产业产值（x9）	取消农业税，实施三农政策，第一产业对财政收入的影响更小
税收（x10）	由于其具有征收的强制性、无偿性和固定性特点，可以为政府履行其职能提供充足的资金来源。因此，各国都将其作为政府财政收入的最重要的收入形式和来源
居民消费价格指数（x11）	反映居民家庭购买的消费品及服务价格水平的变动情况，影响城乡居民的生活支出和国家的财政收入
第三产业与第二产业产值比（x12）	表示产业结构。三次产业生产总值代表国民经济水平，是财政收入的主要影响因素，当产业结构逐步优化时，财政收入也会随之增加
居民消费水平（x13）	在很大程度上受整体经济状况 GDP 的影响，从而间接影响地方财政收入

* 数据详见：demo/data/data.csv。

1. 描述性统计分析

对各个属性进行描述性统计分析，如代码清单 6-1 所示。

代码清单 6-1　描述性统计分析

```
import numpy as np
import pandas as pd

inputfile = '../data/data.csv'          # 输入的数据文件
data = pd.read_csv(inputfile)           # 读取数据

# 描述性统计分析
# 依次计算最小值、最大值、均值、标准差
description = [data.min(), data.max(), data.mean(), data.std()]
# 将结果存入数据框
description = pd.DataFramedescription, index = ['Min', 'Max', 'Mean', 'STD']).T
print('描述性统计结果: \n',np.round(description, 2))          # 保留两位小数
```

* 代码详见：demo/code/summary.py。

通过代码清单 6-1 得到的结果如表 6-2 所示。其中，财政收入（y）的均值和标准差分别为 618.08 和 609.25，这说明某市各年份财政收入存在较大差异；2008 年后，某市各年份财政收入大幅上升。

表 6-2　各个属性的描述性统计

属　性	Min	Max	Mean	STD
$x1$	3 831 732.00	7 599 295.00	5 579 519.95	126 219.50
$x2$	181.54	2110.78	765.04	595.70
$x3$	448.19	6882.85	2370.83	1919.17
$x4$	7571.00	42 049.14	19 644.69	10 203.02
$x5$	6212.70	33 156.83	15 870.95	8199.77
$x6$	6 370 241.00	8 323 096.00	7 350 513.60	621 341.90
$x7$	525.71	4454.55	1712.24	1184.71
$x8$	985.31	15 420.14	5705.80	4478.40
$x9$	60.62	228.46	129.50	5.05
$x10$	65.66	852.56	340.22	251.58
$x11$	97.50	120.00	103.31	5.51
$x12$	1.03	1.91	1.42	2.53
$x13$	5321.00	41 972.00	17 273.80	11 109.19
y	64.87	2088.14	618.08	609.25

2. 相关性分析

采用 Pearson 相关系数法求解原始数据的 Pearson 相关系数矩阵，如代码清单 6-2 所示。

代码清单 6-2　求解原始数据的 Pearson 相关系数矩阵

```
corr = data.corr(method='pearson')              # 计算相关系数矩阵
print('相关系数矩阵为：\n',np.round(corr, 2))     # 保留两位小数
```

* 代码详见：demo/code/summary.py。

对原始数据进行相关分析，得到相关系数矩阵，如表 6-3 所示。

表 6-3　变量 Pearson 相关系数矩阵

	$x1$	$x2$	$x3$	$x4$	$x5$	$x6$	$x7$	$x8$	$x9$	$x10$	$x11$	$x12$	$x13$	y
$x1$	1.00	0.95	0.95	0.97	0.97	0.99	0.95	0.97	0.98	0.98	−0.29	0.94	0.96	0.94
$x2$	0.95	1.00	1.00	0.99	0.99	0.92	0.99	0.99	0.98	0.98	−0.13	0.89	1.00	0.98
$x3$	0.95	1.00	1.00	0.99	0.99	0.92	1.00	0.99	0.98	0.99	−0.15	0.89	1.00	0.99

（续）

	$x1$	$x2$	$x3$	$x4$	$x5$	$x6$	$x7$	$x8$	$x9$	$x10$	$x11$	$x12$	$x13$	y
$x4$	0.97	0.99	0.99	1.00	1.00	0.95	0.99	1.00	0.99	1.00	-0.19	0.91	1.00	0.99
$x5$	0.97	0.99	0.99	1.00	1.00	0.95	0.99	1.00	0.99	1.00	-0.18	0.90	0.99	0.99
$x6$	0.99	0.92	0.92	0.95	0.95	1.00	0.93	0.95	0.97	0.96	-0.34	0.95	0.94	0.91
$x7$	0.95	0.99	1.00	0.99	0.99	0.93	1.00	0.99	0.98	0.99	-0.15	0.89	1.00	0.99
$x8$	0.97	0.99	0.99	1.00	1.00	0.95	0.99	1.00	0.99	1.00	-0.15	0.90	1.00	0.99
$x9$	0.98	0.98	0.98	0.99	0.99	0.97	0.98	0.99	1.00	0.99	-0.23	0.91	0.99	0.98
$x10$	0.98	0.98	0.99	1.00	1.00	0.96	0.99	1.00	0.99	1.00	-0.17	0.90	0.99	0.99
$x11$	-0.29	-0.13	-0.15	-0.19	-0.18	-0.34	-0.15	-0.15	-0.23	-0.17	1.00	-0.43	-0.16	-0.12
$x12$	0.94	0.89	0.89	0.91	0.90	0.95	0.89	0.90	0.91	0.90	-0.43	1.00	0.90	0.87
$x13$	0.96	1.00	1.00	1.00	0.99	0.94	1.00	1.00	0.99	0.99	-0.16	0.90	1.00	0.99
y	0.94	0.98	0.99	0.99	0.99	0.91	0.99	0.99	0.98	0.99	-0.12	0.87	0.99	1.00

由表 6-3 可以看出，居民消费价格指数（$x11$）与财政收入（y）的线性关系不显著，呈现负相关。其余属性均与财政收入呈现高度的正相关关系，按相关性大小，依次是 $x3$、$x4$、$x5$、$x7$、$x8$、$x10$、$x13$、$x2$、$x9$、$x1$、$x6$ 和 $x12$。同时，各属性之间存在着严重的多重共线性，例如，属性 $x1$、$x4$、$x5$、$x6$、$x8$、$x9$、$x10$ 与除了 $x11$ 之外的属性均存在严重的共线性；属性 $x2$、$x3$、$x7$ 与除了 $x11$ 和 $x12$ 外的其他属性存在着严重的多重共线性；$x11$ 与各属性的共线性不明显；$x12$ 与除了 $x2$、$x3$、$x7$、$x11$ 之外的其他属性有严重的共线性；$x13$ 与除了 $x11$ 之外的各属性有严重的共线性。除此之外，$x2$ 和 $x3$、$x2$ 和 $x13$、$x3$ 和 $x13$ 等多对属性之间存在完全的共线性。

由上述分析可知，选取的各属性除了 $x11$ 外，其他属性与 y 的相关性很强，可以用作财政收入预测分析的关键属性，但这些属性之间存在着信息的重复，需要对属性进行进一步筛选。

绘制相关性热力图，如代码清单 6-3 所示。

代码清单 6-3　绘制相关性热力图

```
import matplotlib.pyplot as plt
import seaborn as sns
plt.subplots(figsize=(10, 10))         # 设置画面大小
sns.heatmap(corr, annot=True, vmax=1, square=True, cmap="Blues")
plt.title('相关性热力图')
plt.show()
plt.close
```

* 代码详见：demo/code/summary.py。

通过代码清单 6-3 得到相关性热力图，如图 6-2 所示，由颜色的深浅可看出各属性除了 $x11$ 与 y 为负弱相关外，其他属性与 y 强相关。

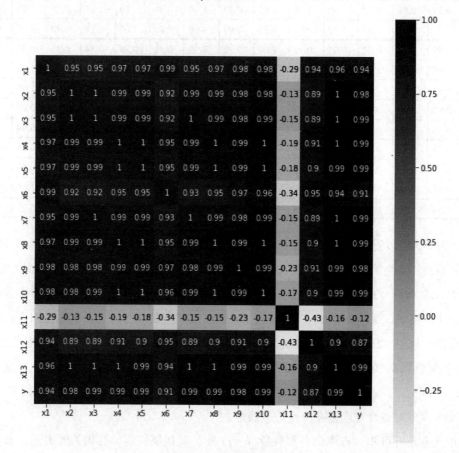

图 6-2　相关性热力图

6.2.3　数据预处理

Lasso 回归方法属于正则化方法的一种，是压缩估计。它通过构造一个惩罚函数得到一个较为精炼的模型，使得它压缩一些系数，同时设定一些系数为零，保留了子集收缩的优点，是一种处理具有复共线性数据的有偏估计。

Lasso 以缩小特征集（降阶）为思想，是一种收缩估计方法。Lasso 方法可以将特征的系数进行压缩并使某些回归系数变为 0，可以广泛地应用于模型改进与选择。通过选择惩罚函数，借用 Lasso 思想和方法实现特征选择的目的。模型选择本质上是寻求模型稀疏表达的过程，而这种过程可以通过优化一个"损失"+"惩罚"的函数问题来完成。

Lasso 参数估计定义如式（6-1）所示。

$$\hat{\beta}(\text{Lasso}) = \arg\min_{\beta}{}^2 \left\| y - \sum_{j=1}^{p} x_i \beta_i \right\|^2 + \lambda \sum_{j=1}^{p} |\beta_i| \qquad (6\text{-}1)$$

其中，λ 为非负正则参数，控制着模型的复杂程度，λ 越大对特征较多的线性模型的惩罚力度就越大，从而最终获得一个特征较少的模型，$\lambda \sum_{j=1}^{p} |\beta_j|$ 称为惩罚项。调整参数 λ 的确定可以采用交叉验证法，选取交叉验证误差最小的 λ 值。最后，按照得到的 λ 值，用全部数据重新拟合模型即可。

当原始特征中存在多重共线性时，Lasso 回归不失为一种很好的处理共线性的方法，它可以有效地对存在多重共线性的特征进行筛选。在机器学习中，面对海量的数据，首先想到的就是降维，争取用尽可能少的数据解决问题，从这层意义上说，用 Lasso 模型进行特征选择也是一种有效的降维方法。从理论上来说，Lasso 对数据类型没有太多限制，可以接受任何类型的数据，而且一般不需要对特征进行标准化处理。

Lasso 回归方法的优点是可以弥补最小二乘法和逐步回归局部最优估计的不足，可以很好地进行特征的选择，可以有效地解决各特征之间存在多重共线性的问题。缺点是如果存在一组高度相关的特征时，Lasso 回归方法倾向于选择其中的一个特征，而忽视其他所有的特征，这种情况会导致结果的不稳定性。虽然 Lasso 回归方法存在弊端，但是在合适的场景中还是可以发挥不错的效果的。在财政收入预测中，各原始属性存在着严重的多重共线性，多重共线性问题已成为主要问题，这里采用 Lasso 回归方法进行特征选取是恰当的。

使用 Lasso 回归方法进行关键属性选取，如代码清单 6-4 所示。

代码清单 6-4　Lasso 回归选取关键属性

```
import numpy as np
import pandas as pd
from sklearn.linear_model import Lasso

inputfile = '../data/data.csv'                        # 输入的数据文件
data = pd.read_csv(inputfile)                         # 读取数据
lasso = Lasso(1000)                                   # 调用Lasso()函数，设置λ的值为1000
lasso.fit(data.iloc[:,0:13],data['y'])
print('相关系数为: ',np.round(lasso.coef_,5))          # 输出结果，保留五位小数

print('相关系数非零个数为: ',np.sum(lasso.coef_ != 0)) # 计算相关系数非零的个数
```

```
mask = lasso.coef_ != 0                    # 返回一个相关系数是否为零的布尔数组
print('相关系数是否为零: ',mask)

outputfile ='../tmp/new_reg_data.csv'      # 输出的数据文件
new_reg_data = data.iloc[:, mask]          # 返回相关系数非零的数据
new_reg_data.to_csv(outputfile)            # 存储数据
print('输出数据的维度为: ',new_reg_data.shape) # 查看输出数据的维度
```

* 代码详见：demo/code/lasso.py。

通过代码清单 6-4 得到各个属性的系数，如表 6-4 所示。

表 6-4   系数表

$x1$	$x2$	$x3$	$x4$	$x5$	$x6$	$x7$
−0.0001	0.000	0.124	−0.010	0.065	0.000	0.317
$x8$	$x9$	$x10$	$x11$	$x12$	$x13$	
0.035	−0.001	0.000	0.000	0.000	−0.040	

由表 6-4 可看出，利用 Lasso 回归方法识别影响财政收入的关键影响因素是社会从业人数（$x1$）、社会消费品零售总额（$x3$）、城镇居民人均可支配收入（$x4$）、城镇居民人均消费性支出（$x5$）、全社会固定资产投资额（$x7$）、地区生产总值（$x8$）、第一产业产值（$x9$）和居民消费水平（$x13$）。

6.2.4   模型构建

1. 灰色预测算法

灰色预测法是一种对含有不确定因素的系统进行预测的方法。在建立灰色预测模型之前，需先对原始时间序列进行数据处理，经过数据处理后的时间序列即称为生成列。灰色系统常用的数据处理方式有累加和累减两种。

灰色预测是以灰色模型为基础的，在众多的灰色模型中，GM(1,1) 模型最为常用。

设特征 $X^{(0)} = \{X^{(0)}(i), i = 1,2,\cdots,n\}$ 为一非负单调原始数据序列，建立灰色预测模型如下：

1）首先对 $X^{(0)}$ 进行一次累加，得到一次累加序列 $X^{(1)} = \{X^{(1)}(k), k = 0,1,2,\cdots,n\}$。

2）对 $X^{(1)}$ 可建立下述一阶线性微分方程，如式（6-2）所示，即 GM(1,1) 模型。

$$\frac{\mathrm{d}X^{(1)}}{\mathrm{d}t} + aX^{(1)} = \mu \qquad (6-2)$$

3）求解微分方程，即可得到预测模型，如式（6-3）所示。

$$\hat{X}^{(1)}(k+1) = \left[X^{(0)}(1) - \frac{\mu}{a} \right] \mathrm{e}^{-ak} + \frac{\mu}{a} \tag{6-3}$$

4）由于 GM(1,1) 模型得到的是一次累加量，将 GM(1,1) 模型所得数据 $\hat{X}^{(1)}(k+1)$ 经过累减还原为 $\hat{X}^{(0)}(k+1)$，即 $X^{(0)}$ 的灰色预测模型如式（6-4）所示。

$$\hat{X}^{(0)}(k+1) = (\mathrm{e}^{-\hat{a}} - 1)\left[X^{(0)}(n) - \frac{\hat{\mu}}{\hat{a}} \right] \mathrm{e}^{-\hat{a}k} \tag{6-4}$$

后验差检验模型精度如表 6-5 所示。

表 6-5　后验差检验判别参照表

P	C	模型精度	P	C	模型精度
＞0.95	＜0.35	好	＞0.70	＜0.65	勉强合格
＞0.80	＜0.5	合格	＜0.70	＞0.65	不合格

灰色预测法的通用性较强，一般的时间序列场合都适用，尤其适合那些规律性差且不清楚数据产生机理的情况。灰色预测模型的优点是预测精度高、模型可检验、参数估计方法简单、对小数据集有很好的预测效果；缺点是对原始数据序列的光滑度要求很高，在原始数据列光滑性较差的情况下灰色预测模型的预测精度不高，甚至通不过检验，结果只能放弃使用灰色模型进行预测。

2. SVR 算法

SVR（Support Vector Regression，支持向量回归）是在做拟合时，采用了支持向量的思想，来对数据进行回归分析。给定训练数据集 $T = \{(\vec{x}_1, y_1), (\vec{x}_2, y_2), \ldots, (\vec{x}_n y_n)\}$，其中 $\vec{x}_1 = (x_i^{(1)}, x_i^{(2)}, \ldots, x_i^{(n)})^{\mathrm{T}} \in R^n$，$y_i \in R$，$i = 1, 2, \cdots, n$。对于样本 $(\vec{x}_i, y_i)$ 通常根据模型输出 $f(\vec{x}_i)$ 与真实值 y_i 之间的差别来计算损失，当且仅当 $f(\vec{x}_i) = y_i$ 时损失才为零。

SVR 的基本思路是：允许 $f(\vec{x}_i)$ 与 y_i 之间最多有 ε 的偏差。仅当 $f(\vec{x}_i) = y_i | > \varepsilon$ 时，才计算损失。当 $|f(\vec{x}_i) = y_i| \leqslant \varepsilon$ 时，认为预测准确。用数学语言描述 SVR 问题如式（6-5）所示。

$$\min_{\vec{w}, b} \frac{1}{2} \|\vec{w}\|_2^2 + \mathrm{C} \sum_{i=1}^{n} L_\varepsilon(f(\vec{x}_i) - y_i) \tag{6-5}$$

其中 $C \geqslant 0$ 为罚项系数，L_ε 为损失函数。

更进一步，引入松弛变量 ξ_i、$\hat{\xi}_i$，则新的最优化问题如式（6-6）和式（6-7）所示。

$$\min_{\vec{w}, b, \xi, \hat{\xi}} \frac{1}{2} \|\vec{w}\|_2^2 + \mathrm{C} \sum_{i=1}^{n} (\xi_i + \hat{\xi}_i) \tag{6-6}$$

$$\begin{cases} s.t. f(\vec{x}_i) - y_i \leqslant \varepsilon + \xi_i \\ y_i - f(\vec{x}_i) \leqslant \varepsilon + \hat{\xi}_i \\ \xi_i \geqslant 0, \hat{\xi}_i \geqslant 0, i = 1, 2, \ldots, n \end{cases} \tag{6-7}$$

这就是 SVR 原始问题。类似的，引入拉格朗日乘子法，$\mu_i \geqslant 0, \hat{\mu}_i \geqslant 0, \alpha_i \geqslant 0, \hat{\alpha}_i \geqslant 0$，定义拉格朗日函数如式（6-8）所示。

$$L(\vec{w}, b, \vec{\alpha}, \hat{\vec{\alpha}}, \vec{\xi}, \hat{\vec{\xi}}, \vec{\mu}, \hat{\vec{\mu}}) = \frac{1}{2}\|\vec{w}\|_2^2 + C\sum_{i=1}^{n}(\xi_i + \hat{\xi}_i) - \sum_{i=1}^{n}\mu_i\xi_i - \sum_{i=1}^{n}\hat{\mu}_i\hat{\xi}_i +$$
$$\sum_{i=1}^{n}\alpha_i(f(\vec{x}_i) - y_i - \varepsilon - \xi_i) + \sum_{i=1}^{n}\hat{\alpha}_i(y_i - f(\vec{x}_i) - \varepsilon - \hat{\xi}_i) \tag{6-8}$$

根据拉格朗日对偶性，原始问题的对偶问题是极大极小问题，如式（6-9）所示。

$$\max_{\vec{\alpha}, \hat{\vec{\alpha}}} \min_{\vec{w}, b, \vec{\xi}, \hat{\vec{\xi}}} L(\vec{w}, b, \vec{\alpha}, \hat{\vec{\alpha}}, \vec{\xi}, \hat{\vec{\xi}}, \vec{\mu}, \hat{\vec{\mu}}) \tag{6-9}$$

先求极小问题：根据 $L(\vec{w}, b, \vec{\alpha}, \hat{\vec{\alpha}}, \vec{\xi}, \hat{\vec{\xi}}, \vec{\mu}, \hat{\vec{\mu}})$ 对 $\vec{w}$、b、$\vec{\xi}$、$\hat{\vec{\xi}}$ 求偏导数可得式（6-10）。

$$\begin{cases} \vec{w} = \sum_{i=1}^{n}(\hat{\alpha}_i - \alpha_i)\vec{x}_i \\ 0 = \sum_{i=1}^{n}(\hat{\alpha}_i - \alpha_i) \\ C = \sum_{i=1}^{n}(\hat{\alpha}_i - \alpha_i) \\ C = \hat{\alpha}_i + \hat{\mu}_i \end{cases} \tag{6-10}$$

再求极大问题（取负号变极小问题）如式（6-11）和式（6-12）所示。

$$\min_{\vec{\alpha}, \hat{\vec{\alpha}}} \sum_{i=1}^{n}[y_i(\hat{\alpha}_i - \alpha_i) - \varepsilon(\hat{\alpha}_i + \alpha_i)] - \frac{1}{2}\sum_{i=1}^{n}\sum_{j=1}^{n}(\hat{\alpha}_i - \alpha_i)(\hat{\alpha}_j - \alpha_j)\vec{x}_i^{\mathrm{T}}\vec{x}_j \tag{6-11}$$

$$\begin{cases} s.t. \sum_{i}^{n}(\hat{\alpha}_i - \alpha_i) = 0 \\ 0 \geqslant \alpha_i, \hat{\alpha}_i \geqslant C \end{cases} \tag{6-12}$$

KKT 条件如式（6-13）所示。

$$\begin{cases} \alpha_i(f(\vec{x}_i) - y_i - \varepsilon - \xi_i) = 0 \\ \alpha_i(y_i - f(\vec{x}_i) - \varepsilon - \hat{\xi}_i) = 0 \\ \alpha_i\hat{\alpha}_i = 0 \\ \xi_i\hat{\xi}_i = 0 \\ (C - \alpha_i)\xi_i = 0 \\ (C - \hat{\alpha}_i)\hat{\xi}_i = 0 \end{cases} \tag{6-13}$$

假设最终解为 $\vec{\alpha}^* = (\alpha_1^{**} + \alpha_2^{**} + \cdots + \alpha_n^*)^{\mathrm{T}}$，在 $\hat{\vec{\alpha}} = (\hat{\alpha}_1^* + \hat{\alpha}_2^* + \cdots + \hat{\alpha}_n^*)^{\mathrm{T}}$ 中，找出 $\vec{\alpha}^*$ 的某个分量 $C > \alpha_j^* > 0$，则有式（6-14）和式（6-15）。

$$b^* = y_i + \varepsilon - \sum_{i=1}^n (\hat{\alpha}_i^* + \alpha_j^*) \vec{x}_i^{\mathrm{T}} \vec{x}_j \qquad (6\text{-}14)$$

$$f(\vec{x}) = \sum_{i=1}^n (\hat{\alpha}_i^* + \alpha_i^*) \vec{x}_i^{\mathrm{T}} \vec{x} + b^* \qquad (6\text{-}15)$$

更进一步，如果考虑使用核技巧，给定核函数 $K(\vec{x}_i, \vec{x})$，则 SVR 可以表示为式（6-16）。

$$f(\vec{x}) = \sum_{i=1}^n (\hat{\alpha}_l - \alpha_i) K(\vec{x}_i, \vec{x}) + b \qquad (6\text{-}16)$$

由于支持向量机拥有完善的理论基础和良好的特性，人们对其进行了广泛的研究和应用，涉及分类、回归、聚类、时间序列分析、异常点检测等诸多方面。具体的研究内容包括统计学习理论基础、各种模型的建立、相应优化算法的改进以及实际应用。支持向量回归也在这些研究中得到了发展和逐步完善，已开展了许多富有成果的研究工作。

相比较于其他方法，支持向量回归的优点是：不仅适用于线性模型，也能很好地抓住数据和特征之间的非线性关系；不需要担心多重共线性问题，可以避免局部极小化问题，提高泛化性能，解决高维问题；虽然不会在过程中直接排除异常点，但会使得由异常点引起的偏差更小。缺点是：计算复杂度高，在面临数据量大的时候，计算耗时长。

3. 构建财政收入预测模型

依据 Lasso 回归选取的关键变量构建灰色预测模型，并预测 2014 年和 2015 年的财政收入，如代码清单 6-5 所示。

代码清单 6-5　构建灰色预测模型并预测

```
import sys
sys.path.append('E:/chapter6/demo/code')          # 设置路径
import numpy as np
import pandas as pd
from GM11 import GM11                             # 引入自编的灰色预测函数

inputfile1 = '../tmp/new_reg_data.csv'            # 输入的数据文件
inputfile2 = '../data/data.csv'                   # 输入的数据文件
new_reg_data = pd.read_csv(inputfile1)            # 读取经过属性选择后的数据
data = pd.read_csv(inputfile2)                    # 读取总的数据
new_reg_data.index = range(1994, 2014)
new_reg_data.loc[2014] = None
new_reg_data.loc[2015] = None
```

```
cols = ['x1', 'x3', 'x4', 'x5', 'x6', 'x7', 'x8', 'x13']
for i in cols:
    f = GM11(new_reg_data.loc[range(1994, 2014),i].as_matrix())[0]
    new_reg_data.loc[2014,i] = f(len(new_reg_data)-1)  # 2014年预测结果
    new_reg_data.loc[2015,i] = f(len(new_reg_data))    # 2015年预测结果
    new_reg_data[i] = new_reg_data[i].round(2)         # 保留两位小数
outputfile = '../tmp/new_reg_data_GM11.xls'            # 灰色预测后保存的路径
y = list(data['y'].values)                             # 提取财政收入列，合并至新数据框中
y.extend([np.nan,np.nan])
new_reg_data['y'] = y
new_reg_data.to_excel(outputfile)                      # 结果输出
print('预测结果为：\n',new_reg_data.loc[2014:2015,:])   # 预测展示
```

*代码详见：demo/code/predict.py。

依据灰色预测的结果构建支持向量回归预测模型，并预测 2014 年和 2015 年的财政收入，如代码清单 6-6 所示。

代码清单 6-6　构建支持向量回归预测模型

```
import matplotlib.pyplot as plt
from sklearn.svm import LinearSVR

inputfile = '../tmp/new_reg_data_GM11.xls'             # 灰色预测后保存的路径
data = pd.read_excel(inputfile)                        # 读取数据
feature = ['x1', 'x3', 'x4', 'x5', 'x6', 'x7', 'x8', 'x13']   # 属性所在列
data_train = data.loc[range(1994,2014)].copy()         # 取2014年前的数据建模
data_mean = data_train.mean()
data_std = data_train.std()
data_train = (data_train - data_mean)/data_std         # 数据标准化
x_train = data_train[feature].as_matrix()              # 属性数据
y_train = data_train['y'].as_matrix()                  # 标签数据

linearsvr = LinearSVR()                                # 调用LinearSVR()函数
linearsvr.fit(x_train,y_train)
x = ((data[feature] - data_mean[feature])/data_std[feature]).as_matrix()
                                                       # 预测，并还原结果
data[u'y_pred'] = linearsvr.predict(x) * data_std['y'] + data_mean['y']
outputfile = '../tmp/new_reg_data_GM11_revenue.xls'    # SVR预测后保存的结果
data.to_excel(outputfile)

print('真实值与预测值分别为：\n',data[['y','y_pred']])

fig = data[['y','y_pred']].plot(subplots = True, style=['b-o','r-*'])
                                                       # 画出预测结果图
plt.show()
```

*代码详见：demo/code/predict.py。

4. 结果分析

对 Lasso 回归选取的社会从业人数（$x1$）、社会消费品零售总额（$x3$）、城镇居民人均可支配收入（$x4$）、城镇居民人均消费性支出（$x5$）、全社会固定资产投资额（$x6$）、地区生产总值（$x7$）、第一产业产值（$x8$）和居民消费水平（$x13$）属性的 2014 年及 2015 年通过建立灰色预测模型得出的预测值，如表 6-6 所示。

表 6-6　通过灰色预测模型得出的预测值

变量名	2014 预测值	2015 预测值	预测精度等级	变量名	2014 预测值	2015 预测值	预测精度等级
$x1$	8 142 148.2	8 460 489.3	好	$x6$	8 505 523	8 627 139	好
$x3$	7042.31	8166.92	好	$x7$	4 600.4	5 214.78	好
$x4$	43 611.84	47 792.22	好	$x8$	18 686.28	21 474.47	好
$x5$	35 046.63	38 384.22	好	$x13$	44 506.47	49 945.88	好

将表 6-6 的预测结果代入地方财政收入建立的支持向量回归预测模型，得到 1994 年至 2015 年财政收入的预测值，如表 6-7 所示，其中 y_pred 表示预测值。

表 6-7　1994 年至 2015 年财政收入的预测值

年　份	y	y_pred	年　份	y	y_pred
1994	64.87	37.476 376 53	2005	408.86	463.425 787 1
1995	99.75	83.977 835 25	2006	476.72	555.199 036 4
1996	88.11	94.649 569 02	2007	838.99	691.752 658 7
1997	106.07	106.490 953	2008	843.14	843.412 103 2
1998	137.32	151.104 187 8	2009	1107.67	1 088.474 868
1999	188.14	188.14	2010	1399.16	1 380.1211
2000	219.91	219.529 832 5	2011	1535.14	1 537.555 406
2001	271.91	230.199 497 6	2012	1579.68	1 739.783 625
2002	269.1	219.727 322 1	2013	2088.14	2 086.429 911
2003	300.55	300.591 720 3	2014		2 189.279 622
2004	338.45	383.533 870 2	2015		2 540.638 153

地方财政收入真实值与预测值的对比图如图 6-3 所示。

采用回归模型评价指标对地方财政收入的预测值进行评价，得到的结果如表 6-8 所示。

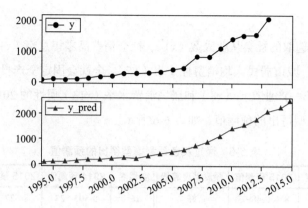

图 6-3　地方财政收入真实值与预测值对比图

表 6-8　模型评价指标

平均绝对误差	中值绝对误差	可解释方差值	R 方值
34.203 681	17.415 739	0.990 889 7	0.990 878 1

由表 6-8 可以看出，平均绝对误差与中值绝对误差较小，可解释方差值与 R 方值十分接近 1，表明建立的支持向量回归模型拟合效果优良，可以用于预测财政收入。

6.3　上机实验

1. 实验目的
本上机实验有以下两个目的：

1）掌握 Lasso 回归特征选择。

2）构建灰色预测与神经网络预测模型。

2. 实验内容
本上机实验的内容包括以下 3 个方面：

1）对搜集的某市地方财政收入以及各类别收入数据，分析识别影响地方财政收入的关键属性，数据详见：test/data/data.csv。

2）预测筛选出的关键影响因素的 2014 年和 2015 年的预测值。

3）使用关键影响因素的 2014 年和 2015 年的预测值得到某市地方财政收入 2014 年和 2015 年的预测值。

3. 实验方法与步骤

本上机实验的具体方法与步骤如下：

1）将 "data.csv" 数据使用 pandas 库中的 read_csv 函数读入当前工作空间。

2）使用 scikit-learn 中的 Lasso 函数对数据进行属性选择。

3）使用 GM(1,1) 灰色预测方法得到筛选出的关键影响因素的 2014 年和 2015 年的预测值。

4）使用支持向量回归模型对某市地方财政收入进行预测。

4. 思考与实验总结

通过上机实验，我们可以对以下问题进行思考与总结：

1）应用 Lasso 回归方法如何设置合适的 λ 值才能在保证能够选取关键属性的前提下，不过多地增加 Lasso 回归的复杂程度？

2）在构建 SVR 预测模型前使用标准差标准化对数据进行标准化处理，如使用其他标准化处理方法对结果又会造成什么样的影响？

6.4　拓展思考

MLP 多层感知器（Multi-layer Perceptron）是一种前向结构的人工神经网络 ANN，映射一组输入向量到一组输出向量。MLP 可以被看作是一个有向图，由多个节点层组成，每一层全连接到下一层。除了输入节点，每个节点都是一个带有非线性激活函数的神经元，可以使用 BP 反向传播算法的监督学习方法来训练 MLP。MLP 是感知器的推广，克服了感知器不能对线性不可分数据进行识别的弱点。

相对于单层感知器，MLP 多层感知器输出端从一个变成了多个；输入端和输出端之间也不光只有一层，现在有两层：输出层和隐藏层，如图 6-4 所示。

MLP 多层感知器是前馈神经网络的一个例子，一个前馈神经网络可以包含 3 种节点：

1）输入节点（Input Nodes）：也称为输入层，从外部世界提供信息。在输入节点中，不进行任何计算，仅向隐藏节点传递信息。

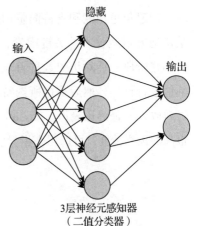

图 6-4　多层感知器

2）隐藏节点（Hidden Nodes）：隐藏节点也称为隐藏层，和外部世界没有直接联系，这些节点进行计算，并将信息从输入节点传递到输出节点。尽管一个前馈神经网络只有一个输入层和一个输出层，但可以没有隐藏层也可以有多个隐藏层。

3）输出节点（Output Nodes）：输出节点也称为输出层，负责计算，并从网络向外部世界传递信息。

在前馈神经网络中，信息只单向移动——从输入层开始前向移动，然后通过隐藏层，再到输出层。在网络中没有循环或回路。

20 世纪 80 年代，MLP 曾是相当流行的机器学习方法，拥有广泛的应用场景，如语音识别、图像识别、机器翻译等，但自 20 世纪 90 年代以来，MLP 遇到来自更为简单的支持向量机的强劲竞争。近来，由于深层学习的成功，MLP 又重新得到了关注。

MLP 拥有高度的并行处理、高度的非线性全局作用、良好的容错性、联想记忆功能、强大的自适应、自学习功能等优点。但是 MLP 网络的隐含节点个数选取非常难，停止阈值、学习率、动量常数需要采用 "trial-and-error" 法，极其耗时，学习速度慢并且容易陷入局部极值。

在本案例中，我们使用 MLP 算法实现对财政收入的预测，并与支持向量机回归模型的预测效果进行对比。

6.5 小结

本章结合某市地方财政收入预测的案例，介绍了原始数据的相关性分析、特征的选取、构建灰色预测和支持向量回归预测模型和模型的评价这 4 部分内容。重点研究影响某市地方财政收入的关键因素，运用了广泛使用的 Lasso 回归模型。在 Lasso 回归模型的构建阶段，针对历史数据首先构建了灰色预测模型，对所选特征的 2014 年与 2015 年的值进行预测，然后根据所选特征的原始数据与预测值，建立支持向量回归模型，得到财政收入的最终预测值。Lasso 回归模型很好地拟合了财政收入的变化情况，同时还具有很高的预测精度，可以用来指导实际的工作。

第 7 章 *Chapter 7*

航空公司客户价值分析

企业在面向客户制定运营策略、营销策略时，希望能够针对不同的客户推行不同的策略，实现精准化运营，以期获取最大的转化率。客户关系管理是精准化运营的基础，而客户关系管理的核心是客户分类。通过客户分类，对客户群体进行细分，区别出低价值客户与高价值客户，对不同的客户群体开展不同的个性化服务，将有限的资源合理地分配给不同价值的客户，从而实现效益最大化。

本章将使用航空公司客户数据，结合 RFM 模型，采用 K-Means 聚类算法，对客户进行分群，比较不同类别客户的价值，从而制定相应的营销策略。

7.1 背景与挖掘目标

信息时代的来临使得企业营销的焦点从产品中心转变为客户中心，客户关系管理成为企业的核心问题。客户关系管理的关键问题是客户分类，通过客户分类，区分无价值客户与高价值客户，针对不同价值的客户制定个性化服务方案，采取不同营销策略，将有限的营销资源集中于高价值客户，以实现企业利润最大化目标。准确的客户分类结果是企业优化营销资源分配的重要依据，客户分类逐渐成为客户关系管理中亟待解决的关键问题之一。

面对激烈的市场竞争，各个航空公司相继推出了更优惠的营销方式来吸引更多的客户，国内某航空公司面临着常旅客流失、竞争力下降和航空资源未充分利用等经营危机。通过建立合理的客户价值评估模型，对客户进行分类，分析比较不同客户群体的价值，并制定相应的营销策略，对不同的客户群提供个性化的客户服务是必须的和有效的。结合该航空公司已积累的大量的会员档案信息和其乘坐航班记录，实现以下目标：

1）借助航空公司客户数据，对客户进行分类。

2）对不同的客户类别进行特征分析，比较不同类别的客户的价值。

3）针对不同价值的客户类别制定相应的营销策略，为其提供个性化服务。

7.2 分析方法与过程

全球经济环境和市场环境已经悄然改变，企业的业务逐步从以产品为主导转向以客户需求为主导。一种全新的"以客户为中心"的业务模式正在形成并被提升到前所未有的高度。然而与客户保持良好的关系需要花费成本，企业所拥有的客户中只有一部分能为企业带来利润。企业的资源也是有限的，忽视高潜力的客户而对所有客户都提供同样的服务，将无法使企业的资源发挥其最大效用去创造最大化的利润。任何企业要想生存和发展，都必须获得利润。追求利润最大化是企业生存和发展的宗旨之一。所以企业不可能也不应该和所有的客户都保持同样的关系。客户营销战略的倡导者 Jay & Adam Curry 从国外数百家公司进行的客户营销实施经验中提炼了如下经验：

1）公司收入的 80% 来自顶端 20% 的客户。

2）20% 的客户其利润率为 100%。

3）90% 以上的收入来自现有客户。

4）大部分的营销预算经常被用在非现有客户上。

5）5% 至 30% 的客户在客户金字塔中具有升级潜力。

6）客户金字塔中客户升级 2%，意味着销售收入增加 10%，利润增加 50%。

这些经验也许并不完全准确，但它揭示了新时代客户分化的趋势，也说明了对客户价值分析的迫切性和必要性。如果把客户的盈利性加以分析，就会发现客户盈利结构已经发生了重大变化，只有特定的一部分客户给企业带来了利润。企业如果想获得长期发展，必须对这类客户做到有效的识别和管理。如果用同样的方法应对所有与企业有业务往来的客户，必然不会获得成功。

众多的企业管理者虽然知道客户价值分析的重要性，但对如何进行客户价值分析却知之甚少。如何全方位、多角度地考虑客户价值因素，进行有效的客户价值分析，这是所有企业需要认真思索的一个问题。只有甄选出有价值的客户，并将精力集中在这些客户身上，才能有效地提升企业的竞争力，使企业获得更大的发展。

在客户价值分析领域，最具影响力并得到实证检验的理论与模型有：客户终生价值理论、客户价值金字塔模型、策略评估矩阵分析法和 RFM 客户价值分析模型等。

7.2.1　分析步骤与流程

航空公司客户价值分析案例的总体流程如图 7-1 所示，主要包括以下 4 个步骤：

1）抽取航空公司 2012 年 4 月 1 日至 2014 年 3 月 31 日的数据。

2）对抽取的数据进行数据探索分析与预处理，包括数据缺失值与异常值的探索分析、数据清洗、特征构建、标准化等操作。

3）基于 RFM 模型，使用 K-Means 算法进行客户分群。

4）针对模型结果得到不同价值的客户，采用不同的营销手段，提供定制化的服务。

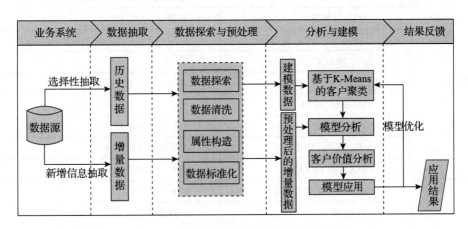

图 7-1　航空客运数据分析建模总体流程

7.2.2　数据探索分析

根据航空公司系统内的客户基本信息、乘机信息以及积分信息等详细数据，依据末次飞行日期（LAST_FLIGHT_DATE），以 2014 年 3 月 31 日为结束时间，选取宽度为两年的时间段作为分析观测窗口，抽取观测窗口 2012 年 4 月 1 日至 2014 年 3 月 31 日内有乘机记录的所有客户的详细数据形成历史数据，总共 62 988 条记录。其中包含了会员卡号、入会时间、性别、年龄、会员卡级别、工作地城市、工作地所在省份、工作地所在国家、观测窗口结束时间、观测窗口乘机积分、飞行公里数、飞行次数、飞行时间、乘机时间间隔、平均折扣率等 44 个属性，如表 7-1 所示。

表 7-1 航空公司数据属性说明

	属 性 名 称	属 性 说 明
客户基本信息	MEMBER_NO	会员卡号
	FFP_DATE	入会时间
	FIRST_FLIGHT_DATE	第一次飞行日期
	GENDER	性别
	FFP_TIER	会员卡级别
	WORK_CITY	工作地城市
	WORK_PROVINCE	工作地所在省份
	WORK_COUNTRY	工作地所在国家
	AGE	年龄
乘机信息	FLIGHT_COUNT	观测窗口内的飞行次数
	LOAD_TIME	观测窗口的结束时间
	LAST_TO_END	最后一次乘机时间至观测窗口结束时长
	AVG_DISCOUNT	平均折扣率
	SUM_YR	观测窗口的票价收入
	SEG_KM_SUM	观测窗口的总飞行公里数
	LAST_FLIGHT_DATE	末次飞行日期
	AVG_INTERVAL	平均乘机时间间隔
	MAX_INTERVAL	最大乘机间隔
积分信息	EXCHANGE_COUNT	积分兑换次数
	EP_SUM	总精英积分
	PROMOPTIVE_SUM	促销积分
	PARTNER_SUM	合作伙伴积分
	POINTS_SUM	总累计积分
	POINT_NOTFLIGHT	非乘机的积分变动次数
	BP_SUM	总基本积分

* 数据详见：demo/data/air_data.csv。

1. 描述性统计分析

通过对原始数据观察发现数据中存在票价为空值的记录，同时存在票价最小值为 0、折扣率最小值为 0 但总飞行公里数大于 0 的记录。票价为空值的数据可能是客户不存在乘机记录造成的。其他的数据可能是客户乘坐 0 折机票或者积分兑换造成的。

查找每列属性观测值中空值个数、最大值、最小值，如代码清单 7-1 所示。

代码清单 7-1　数据探索

```
# 对数据进行基本的探索
# 返回缺失值个数以及最大、最小值
import pandas as pd
datafile= '../data/air_data.csv'  # 航空原始数据，第一行为属性标签
resultfile = '../tmp/explore.csv' # 数据探索结果表

# 读取原始数据，指定UTF-8编码（需要用文本编辑器将数据转换为UTF-8编码）
data = pd.read_csv(datafile, encoding = 'utf-8')

# 包括对数据的基本描述，percentiles参数是指定计算多少的分位数表（如1/4分位数、中位数等）
explore = data.describe(percentiles = [], include = 'all').T
# describe()函数自动计算非空值数，需要手动计算空值数
explore['null'] = len(data)-explore['count']

explore = explore[['null', 'max', 'min']]
explore.columns = [u'空值数', u'最大值', u'最小值'] # 表头重命名
'''
这里只选取部分探索结果。
describe()函数自动计算的字段有count（非空值数）、unique（唯一值数）、top（频数最高者）、
freq（最高频数）、mean（平均值）、std（方差）、min（最小值）、50%（中位数）、max（最大值）
'''

explore.to_csv(resultfile)                          # 导出结果
```

* 代码详见：demo/code/data_explore.py。

根据代码清单 7-1 得到的探索结果见表 7-2。

表 7-2　数据探索分析结果表

属性名称	空值记录数	最大值	最小值
SUM_YR_1	551	239 560	0
SUM_YR_2	138	234 188	0
……	……	……	……
SEG_KM_SUM	0	580 717	368
AVG_DISCOUNT	0	1.5	0

2. 分布分析

分别从客户基本信息、乘机信息、积分信息 3 个角度进行数据探索，寻找客户信息的分布规律。

（1）客户基本信息分布分析

选取客户基本信息中的入会时间、性别、会员卡级别和年龄字段进行探索分析，探索客户的基本信息分布情况，如代码清单 7-2 所示。

代码清单 7-2 探索客户的基本信息分布情况

```python
# 客户信息类别
# 提取会员入会年份
from datetime import datetime
ffp = data['FFP_DATE'].apply(lambda x:datetime.strptime(x,'%Y/%m/%d'))
ffp_year = ffp.map(lambda x : x.year)
# 绘制各年份会员入会人数直方图
fig = plt.figure(figsize=(8 ,5))                    # 设置画布大小
plt.rcParams['font.sans-serif'] = 'SimHei'          # 设置中文显示
plt.rcParams['axes.unicode_minus'] = False
plt.hist(ffp_year, bins='auto', color='#0504aa')
plt.xlabel('年份')
plt.ylabel('入会人数')
plt.title('各年份会员入会人数')
plt.show()
plt.close


# 提取会员不同性别人数
male = pd.value_counts(data['GENDER'])['男']
female = pd.value_counts(data['GENDER'])['女']
# 绘制会员性别比例饼图
fig = plt.figure(figsize=(7 ,4))                    # 设置画布大小
plt.pie([ male, female], labels=['男','女'], colors=['lightskyblue', 'lightcoral'],
        autopct='%1.1f%%')
plt.title('会员性别比例')
plt.show()
plt.close


# 提取不同级别会员的人数
lv_four = pd.value_counts(data['FFP_TIER'])[4]
lv_five = pd.value_counts(data['FFP_TIER'])[5]
lv_six = pd.value_counts(data['FFP_TIER'])[6]
# 绘制会员各级别人数条形图
fig = plt.figure(figsize=(8 ,5))                    # 设置画布大小
plt.bar(left=range(3), height=[lv_four,lv_five,lv_six], width=0.4, alpha=0.8,
    color='skyblue')
plt.xticks([index for index in range(3)], ['4','5','6'])
```

```
plt.xlabel('会员等级')
plt.ylabel('会员人数')
plt.title('会员各级别人数')
plt.show()
plt.close()

# 提取会员年龄
age = data['AGE'].dropna()
age = age.astype('int64')
# 绘制会员年龄分布箱型图
fig = plt.figure(figsize=(5 ,10))
plt.boxplot(age,
            patch_artist=True,
            labels = ['会员年龄'],                    # 设置x轴标题
            boxprops = {'facecolor':'lightblue'})    # 设置填充颜色
plt.title('会员年龄分布箱型图')
# 显示y坐标轴的底线
plt.grid(axis='y')
plt.show()
plt.close
```

* 代码详见：demo/code/data_distribution.py。

通过代码清单 7-2 得到各年份会员入会人数直方图，如图 7-2 所示，入会人数随年份的增长而增加，在 2012 年达到最高峰。

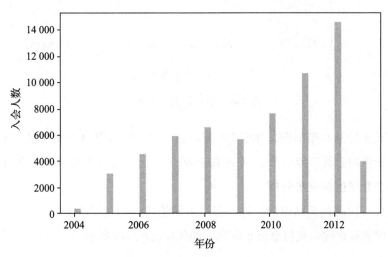

图 7-2 各年份会员入会人数

通过代码清单 7-2 得到会员性别比例饼图，如图 7-3 所示，可以看出男性会员明显比女性会员多。

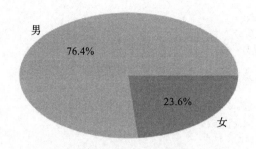

图 7-3　会员性别比例

通过代码清单 7-2 得到会员各级别人数条形图，如图 7-4 所示，可以看出绝大部分会员为 4 级会员，仅有少数会员为 5 级会员或 6 级会员。

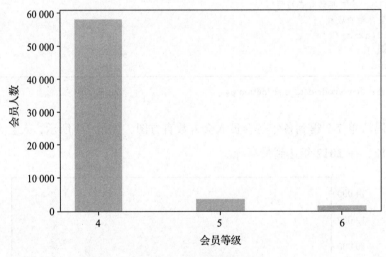

图 7-4　会员各级别人数

得到会员年龄分布箱型图，如图 7-5 所示，可以看出大部分会员年龄集中在 30～50 岁之间，极少量的会员年龄小于 20 岁或高于 60 岁，且存在一个超过 100 岁的异常数据。

（2）客户乘机信息分布分析

选取最后一次乘机至结束的时长、客户乘机信息中的飞行次数、总飞行公里数进行探索分析，探索客户的乘机信息分布情况，如代码清单 7-3 所示。

代码清单 7-3　探索客户乘机信息分布情况

```
lte = data['LAST_TO_END']
fc = data['FLIGHT_COUNT']
sks = data['SEG_KM_SUM']
```

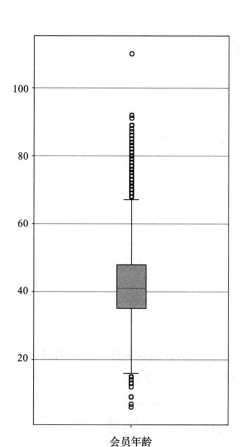

图 7-5　会员年龄分布箱型图

```
# 绘制最后乘机至结束时长箱型图
fig = plt.figure(figsize=(5 ,8))

plt.boxplot(lte,
            patch_artist=True,
            labels = ['时长'],                            # 设置x轴标题
            boxprops = {'facecolor':'lightblue'})        # 设置填充颜色
plt.title('会员最后乘机至结束时长分布箱型图')
# 显示y坐标轴的底线
plt.grid(axis='y')
plt.show()
plt.close

# 绘制客户飞行次数箱型图
fig = plt.figure(figsize=(5 ,8))
plt.boxplot(fc,
            patch_artist=True,
            labels = ['飞行次数'],                        # 设置x轴标题
```

```
                  boxprops = {'facecolor':'lightblue'})        # 设置填充颜色
plt.title('会员飞行次数分布箱型图')
# 显示y坐标轴的底线
plt.grid(axis='y')
plt.show()
plt.close


# 绘制客户总飞行公里数箱型图
fig = plt.figure(figsize=(5 ,10))
plt.boxplot(sks,
            patch_artist=True,
            labels = ['总飞行公里数'],                        # 设置x轴标题
            boxprops = {'facecolor':'lightblue'})            # 设置填充颜色
plt.title('客户总飞行公里数箱型图')
# 显示y坐标轴的底线
plt.grid(axis='y')
plt.show()
plt.close
```

＊代码详见：demo/code/data_distribution.py。

通过代码清单 7-3 得到客户最后一次乘机至结束的时长、客户乘机信息中的飞行次数、总飞行公里数的箱型图如图 7-6、图 7-7 所示。

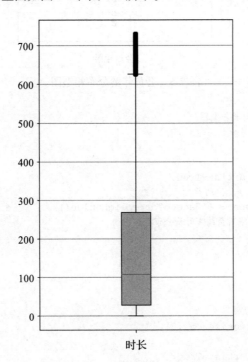

图 7-6　客户最后一次乘机至结束的时长箱型图

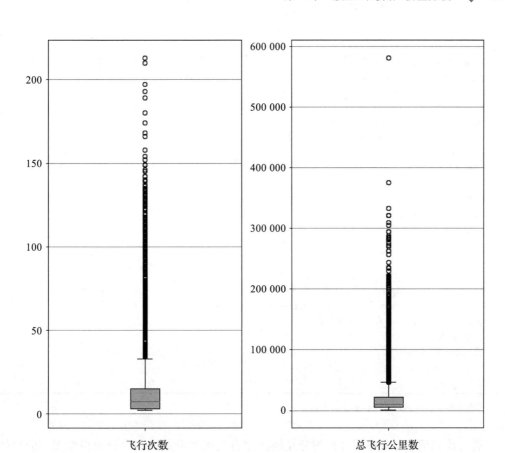

图 7-7　客户飞行次数与总飞行公里数箱型图

　　根据图 7-6，客户的入会时长主要分布在 50～300 区间内，另外有一部分客户群体的入会时长分布在 600 以上的区间，可分为两个群体。根据图 7-7，客户的飞行次数与总飞行公里数也明显地分为两个群体，大部分客户集中在箱型图下方的箱体中，少数客户分散分布在箱体上界的上方，这部分客户很可能是高价值客户，因为其飞行次数和总飞行公里数明显超过箱体内的其他客户。

　　（3）客户积分信息分布分析

　　选取积分兑换次数、总累计积分进行探索分析，探索客户的积分信息分布情况，如代码清单 7-4 所示。

代码清单 7-4　探索客户的积分信息分布情况

```
# 积分信息类别
# 提取会员积分兑换次数
```

```
ec = data['EXCHANGE_COUNT']
# 绘制会员兑换积分次数直方图
fig = plt.figure(figsize=(8 ,5))                          # 设置画布大小
plt.hist(ec, bins=5, color='#0504aa')
plt.xlabel('兑换次数')
plt.ylabel('会员人数')
plt.title('会员兑换积分次数分布直方图')
plt.show()
plt.close

# 提取会员总累计积分
ps = data['Points_Sum']
# 绘制会员总累计积分箱型图
fig = plt.figure(figsize=(5 ,8))
plt.boxplot(ps,
            patch_artist=True,
            labels = ['总累计积分'],                       # 设置x轴标题
            boxprops = {'facecolor':'lightblue'})         # 设置填充颜色
plt.title('客户总累计积分箱型图')
# 显示y坐标轴的底线
plt.grid(axis='y')
plt.show()
plt.close
```

* 代码详见：demo/code/data_distribution.py。

通过代码清单 7-4 得到客户积分兑换次数直方图和总累计积分分布箱型图，分别如图 7-8、图 7-9 所示。

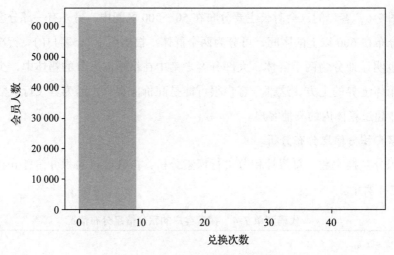

图 7-8　客户积分兑换次数直方图

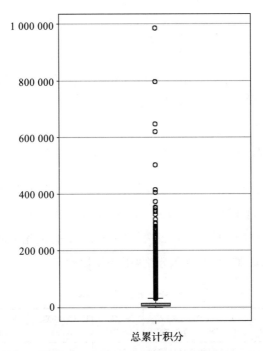

图 7-9　客户总累计积分分布箱型图

通过图 7-8 可以看出，绝大部分客户的兑换次数在 0～10 的区间内，这表示大部分客户都很少进行积分兑换。通过图 7-9 可以看出，一部分客户集中在箱体中，少部分客户分散分布在箱体上方，这部分客户的积分要明显高于箱体内的客户的积分。

3. 相关性分析

客户信息属性之间存在相关性，选取入会时间、会员卡级别、客户年龄、飞行次数、总飞行公里数、最近一次乘机至结束时长、积分兑换次数、总累计积分属性，通过相关系数矩阵与热力图分析各属性间的相关性，如代码清单 7-5 所示。

代码清单 7-5　相关系数矩阵与热力图

```
# 提取属性并合并为新数据集
data_corr = data[['FFP_TIER','FLIGHT_COUNT','LAST_TO_END',
                  'SEG_KM_SUM','EXCHANGE_COUNT','Points_Sum']]
age1 = data['AGE'].fillna(0)
data_corr['AGE'] = age1.astype('int64')
data_corr['ffp_year'] = ffp_year

# 计算相关性矩阵
dt_corr = data_corr.corr(method='pearson')
```

```
print('相关性矩阵为: \n',dt_corr)

# 绘制热力图
import seaborn as sns
plt.subplots(figsize=(10, 10))     # 设置画面大小
sns.heatmap(dt_corr, annot=True, vmax=1, square=True, cmap='Blues')
plt.show()
plt.close
```

* 代码详见: demo/code/data_distribution.py。

通过代码清单 7-5 得到相关系数矩阵如表 7-3 所示,得到热力图,如图 7-10 所示,可以看出部分属性间具有较强的相关性,如 FLIGHT_COUNT(飞行次数)属性与 SEG_KM_SUM(飞行总公里数)属性;也有部分属性与其他属性的相关性都较弱,如 AGE(年龄)属性与 EXCHANGE_COUNT(积分兑换次数)属性。

表 7-3 相关系数矩阵

相 关 系 数	FFP_TIER	FLIGHT_COUNT	LAST_TO_END	SEG_KM_SUM	EXCHANGE_COUNT	Points_Sum	AGE	ffp_year
FFP_TIER	1.000 000	0.582 447	-0.206 313	0.522 350	0.342 355	0.559 249	0.076 245	-0.116 510
FLIGHT_COUNT	0.582 447	1.000 000	-0.404 999	0.850 411	0.502 501	0.747 092	0.075 309	-0.188 181
LAST_TO_END	-0.206 313	-0.404 999	1.000 000	-0.369 509	-0.169 717	-0.292 027	-0.027 654	0.117 913
SEG_KM_SUM	0.522 350	0.850 411	-0.369 509	1.000 000	0.507 819	0.853 014	0.087 285	-0.171 508
EXCHANGE_COUNT	0.342 355	0.502 501	-0.169 717	0.507 819	1.000 000	0.578 581	0.032 760	-0.216 610
Points_Sum	0.559 249	0.747 092	-0.292 027	0.853 014	0.578 581	1.000 000	0.074 887	-0.163 431
AGE	0.076 245	0.075 309	-0.027 654	0.087 285	0.032 760	0.074 887	1.000 000	-0.242 579
ffp_year	-0.116 510	-0.188 181	0.117 913	-0.171 508	-0.216 610	-0.163 431	-0.242 579	1.000 000

7.2.3 数据预处理

本案例主要采用数据清洗、属性归约与数据变换的预处理方法。

1. 数据清洗

观察数据发现,原始数据中存在票价为空值、票价最小值为 0、折扣率最小值为 0、总飞行公里数大于 0 的记录。票价为空值的数据可能是客户不存在乘机记录造成的。其他的数据可能是客户乘坐 0 折机票或者积分兑换造成的。由于原始数据量大,这类数据所占比例较小,对于问题影响不大,因此对其进行丢弃处理。同时,在进行数据探索时,发现部分年龄大于 100 的记录,也进行丢弃处理,具体处理方法如下:

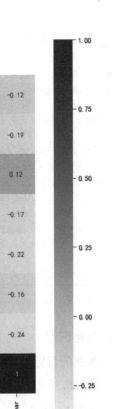

图 7-10　热力图

1）丢弃票价为空的记录。

2）保留票价不为 0 的，或者平均折扣率不为 0 且总飞行公里数大于 0 的记录。

3）丢弃年龄大于 100 的记录。

使用 pandas 对满足清洗条件的数据进行丢弃，处理方法为满足清洗条件的一行数据全部丢弃，如代码清单 7-6 所示。

代码清单 7-6　清洗空值与异常值

```
import numpy as np
import pandas as pd

datafile = '../data/air_data.csv'           # 原始数据路径
cleanedfile = '../tmp/data_cleaned.csv'     # 数据清洗后保存的文件路径

# 读取数据
airline_data = pd.read_csv(datafile,encoding = 'utf-8')
```

```
print('原始数据的形状为: ', airline_data.shape)

# 去除票价为空的记录
airline_notnull = airline_data.loc[airline_data['SUM_YR_1'].notnull() &
                                   airline_data['SUM_YR_2'].notnull(),:]
print('删除缺失记录后数据的形状为: ', airline_notnull.shape)

# 只保留票价非零的, 或者平均折扣率不为0且总飞行公里数大于0的记录
index1 = airline_notnull['SUM_YR_1'] != 0
index2 = airline_notnull['SUM_YR_2'] != 0
index3 = (airline_notnull['SEG_KM_SUM']> 0) & (airline_notnull['avg_discount'] != 0)
index4 = airline_notnull['AGE'] > 100      # 去除年龄大于100的记录
airline = airline_notnull[(index1 | index2) & index3 & ~index4]
print('数据清洗后数据的形状为: ',airline.shape)

airline.to_csv(cleanedfile)              # 保存清洗后的数据
```

* 代码详见: demo/code/data_clean.py。

2. 属性归约

本案例的目标是客户价值分析,即通过航空公司客户数据识别不同价值的客户。识别客户价值应用最广泛的模型是 RFM 模型。

（1）RFM 模型

R（Recency）

R（Recency）指的是最近一次消费时间与截止时间的间隔。通常情况下,客户最近一次消费时间与截止时间的间隔越短,对即时提供的商品或是服务也最有可能感兴趣。这也是为什么消费时间间隔 0~6 个月的顾客收到的沟通信息多于 1 年以上的顾客的原因。

最近一次消费时间与截止时间的间隔不仅能够为确定促销客户群体提供依据,还能够从中得出企业发展的趋势。如果分析报告显示最近一次消费时间很近的客户在增加,则表示该公司是个稳步上升的公司。反之,最近一次消费时间很近的客户越来越少,则说明该公司需要找到问题所在,及时调整营销策略。

F（Frequency）

F（Frequency）指客户在某段时间内所消费的次数。可以说消费频率越高的客户,其满意度越高,其忠诚度也就越高,客户价值也就越大。增加客户购买的次数意味着从竞争对手处"偷取"市场占有率,赚取营业额。商家需要做的是通过各种营销方式,不断地去刺激客户消费,提高他们的消费频率,提升店铺的复购率。

M（Monetary）

M（Monetary）指客户在某段时间内所消费的金额。消费金额越大的顾客其消费能力自然也就越大，这就是所谓的"20% 的客户贡献了80% 的销售额"的二八法则。而这批客户也必然是商家在进行营销活动时需要特别照顾的群体，尤其是在商家前期资源不足的时候。不过需要注意一点：不论采用哪种营销方式，以不对客户造成骚扰为大前提，否则营销只会产生负面效果。

在 RFM 模型理论中，最近一次消费时间与截止时间的间隔、消费频率、消费金额是测算客户价值最重要的特征，这 3 个特征对营销活动具有十分重要的意义。其中，近一次消费时间与截止时间的间隔是最有力的特征。

（2）RFM 模型结果解读

RFM 模型包括 3 个特征，但无法用平面坐标系来展示，所以这里使用三维坐标系进行展示，如图 7-11 所示，x 轴表示 R 特征（Recency），y 轴表示 F 特征（Frequency），z 轴表示 M 指标（Monetary）。每个坐标轴一般会用 5 级表示程度，1 为最小，5 为最大。需要特别说明的是 R 特征。在 x 轴上，R 值越大，代表该类客户最近一次消费与截止时间的消费间隔越短，客户 R 维度上的质量越好。在每个轴上划分 5 个等级，等同于将客户划分成 5×5×5=125 种类型。这里划分为 5 级并不是严格的要求，一般是根据实际研究需求和客户的总量进行划分的，对于是否等分的问题取决于该维度上客户的分布规律。

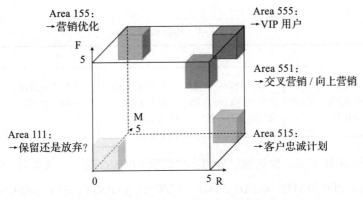

图 7-11　RFM 客户价值模型

在图 7-11 中，左上角方框的客户 RFM 特征取值为 155。R 值是比较小的，说明该类客户最近都没有来店消费，原因可能是最近比较忙，或者对现有的产品或服务不满意，或者是找到了更好的商家。R 特征数值变小就需要企业管理人员引起重视，说明该类客户可能流失，会对企业造成损失。消费频率 F 很高，说明客户很活跃，经常到商家店里消费。消费金额 M 值很高，说明该类客户具备一定的消费能力，为店里贡献了很多的营业额。这类客户总体分析比较优质，但是 R 特征时间近度值较小，其往往是需要营销优化的客户群体。

同理，若客户 RFM 特征取值为 555。则可以判定该客户为最优质客户，即这类客户最近到商家消费过，消费频率很高，消费金额很大。这类客户往往是企业利益的主要贡献者，需要重点关注与维护。

（3）航空公司客户价值分析的 LRFMC 模型

在 RFM 模型中，消费金额表示在一段时间内客户购买该企业产品的金额的总和。由于航空票价受到运输距离、舱位等级等多种因素的影响，同样消费金额的不同旅客对航空公司的价值是不同的，例如，一位购买长航线、低等级舱位票的旅客与一位购买短航线、高等级舱位票的旅客相比，后者对于航空公司而言更有价值。因此这个特征并不适用于航空公司的客户价值分析⊖。本案例选择客户在一定时间内累积的飞行里程 M 和客户在一定时间内乘坐舱位所对应的折扣系数的平均值 C 两个特征代替消费金额。此外，航空公司会员入会时间的长短在一定程度上能够影响客户价值，所以在模型中增加客户关系长度 L，作为区分客户的另一特征。

本案例将客户关系长度 L、消费时间间隔 R、消费频率 F、飞行里程 M 和折扣系数的平均值 C 这 5 个特征作为航空公司识别客户价值的特征（如表 7-4 所示），记为 LRFMC 模型。

表 7-4 特征含义

模型	L	R	F	M	C
航空公司 LRFMC 模型	会员入会时间距观测窗口结束的月数	客户最近一次乘坐公司飞机距观测窗口结束的月数	客户在观测窗口内乘坐公司飞机的次数	客户在观测窗口内累计的飞行里程	客户在观测窗口内乘坐舱位所对应的折扣系数的平均值

原始数据中属性太多，根据航空公司客户价值 LRFMC 模型，选择与 LRFMC 指标相关的 6 个属性：FFP_DATE、LOAD_TIME、FLIGHT_COUNT、AVG_DISCOUNT、SEG_KM_SUM、LAST_TO_END。删除与其不相关、弱相关或冗余的属性，如会员卡号、性别、工作地城市、工作地所在省份、工作地所在国家、年龄等属性。属性选择的代码如代码清单 7-7 所示。

⊖ 罗亮生，张文欣. 基于常旅客数据库的航空公司客户细分方法研究 [J]. 现代商业，2008(23).

代码清单 7-7　属性选择

```
import pandas as pd
import numpy as np

# 读取数据清洗后的数据
cleanedfile = '../tmp/data_cleaned.csv'  # 数据清洗后保存的文件路径
airline = pd.read_csv(cleanedfile, encoding='utf-8')
# 选取需求属性
airline_selection = airline[['FFP_DATE','LOAD_TIME','LAST_TO_END',
                             'FLIGHT_COUNT','SEG_KM_SUM','avg_discount']]
print('筛选的属性前5行为: \n',airline_selection.head())
```

* 代码详见：demo/code/zscore_data.py。

通过代码清单 7-7 得到的数据集如表 7-5 所示。

表 7-5　属性选择后的数据集

FFP_DATE	LOAD_TIME	LAST_TO_END	FLIGHT_COUNT	SEG_KM_SUM	AVG_DISCOUNT
2006/11/2	2014/3/31	1	210	580 717	0.961 639
2007/2/19	2014/3/31	7	140	293 678	1.252 314
2007/2/1	2014/3/31	11	135	283 712	1.254 676
2008/8/22	2014/3/31	97	23	281 336	1.090 870
2009/4/10	2014/3/31	5	152	309 928	0.970 658
...	...	...	...	...	...

3. 数据变换

数据变换是将数据转换成"适当的"格式，以适应挖掘任务及算法的需要。本案例中主要采用的数据变换方式有属性构造和数据标准化。

由于原始数据中并没有直接给出 LRFMC 5 个指标，所以需要通过原始数据提取这 5 个指标具体如下：

1）会员入会时间距观测窗口结束的月数 L= 会员入会时长，如式（7-1）所示。

$$L = FFP\_LENGTH = LOAD\_TIME - FFP\_DATE \tag{7-1}$$

2）客户最近一次乘坐公司飞机距观测窗口结束的月数 R= 最后一次乘机时间至观测窗口末端时长（单位：月），如式（7-2）所示。

$$R = LAST\_TO\_END \tag{7-2}$$

3）客户在观测窗口内乘坐公司飞机的次数 F= 观测窗口的飞行次数（单位：次），如式（7-3）所示。

$$F = FLIGHT\_COUNT \qquad (7-3)$$

4）客户在观测时间内在公司累计的飞行里程 M= 观测窗口总飞行公里数（单位：公里），如（7-4）所示。

$$M = SEG\_KM\_SUM \qquad (7-4)$$

5）客户在观测时间内乘坐舱位所对应的折扣系数的平均值 C= 平均折扣率（单位：无），如式（7-5）所示。

$$C = AVG\_DISCOUNT \qquad (7-5)$$

在完成 5 个指标的数据提取后，对每个指标数据的分布情况进行分析，其数据的取值范围如表 7-6 所示。从表中数据可以发现，5 个指标的取值范围数据差异较大，为了消除数量级数据带来的影响，需要对数据进行标准化处理。

表 7-6　LRFMC 指标取值范围

属性名称	L	R	F	M	C
最小值	12.23	0.03	2	368	0.14
最大值	114.63	24.37	213	580 717	1.5

属性构造与数据标准化的代码如代码清单 7-8 所示。

代码清单 7-8　属性构造与数据标准化

```
# 构造属性L
L = pd.to_datetime(airline_selection['LOAD_TIME']) - \
    pd.to_datetime(airline_selection['FFP_DATE'])
L = L.astype('str').str.split().str[0]
L = L.astype('int')/30

# 合并属性
airline_features = pd.concat([L,airline_selection.iloc[:,2:]],axis=1)
print('构建的LRFMC属性前5行为: \n',airline_features.head())

# 数据标准化
from sklearn.preprocessing import StandardScaler
data = StandardScaler().fit_transform(airline_features)
np.savez('../tmp/airline_scale.npz',data)
print('标准化后LRFMC 5个属性为: \n',data[:5,:])
```

* 代码详见：demo/code/zscore_data.py。

标准差标准化处理后，形成 ZL、ZR、ZF、ZM、ZC 5 个属性的数据集，如表 7-7 所示。

表 7-7　标准化处理后的数据集

ZL	ZR	ZF	ZM	ZC
1.435 718 97	−0.944 955 16	14.034 128 75	26.761 369 96	1.295 550 58
1.307 162 14	−0.911 901 8	9.073 285 67	13.126 970 1	2.868 199 02
1.328 391 71	−0.889 866 23	8.718 939 74	12.653 583 45	2.880 973 21
0.658 480 92	−0.416 101 51	0.781 590 82	12.540 723 06	1.994 729 74
0.386 034 81	−0.922 919 59	9.923 715 91	13.898 847 78	1.344 345 5
…	…	…	…	…

7.2.4　模型构建

客户价值分析模型构建主要由两个部分构成：第一部分，根据航空公司客户 5 个指标的数据，对客户作聚类分群。第二部分，结合业务对每个客户群进行特征分析，分析其客户价值，并对每个客户群进行排名。

1. 客户聚类

采用 K-Means 聚类算法对客户数据进行客户分群，聚成 5 类（需要结合业务的理解与分析来确定客户的类别数量）。

使用 scikit-learn 库下的聚类子库（sklearn.cluster）可以实现 K-Means 聚类算法。使用标准化后的数据进行聚类，如代码清单 7-9 所示。

代码清单 7-9　K-Meas 聚类标准化后的数据

```
import pandas as pd
import numpy as np
from sklearn.cluster import KMeans                       # 导入K-Mmeans算法

# 读取标准化后的数据
airline_scale = np.load('../tmp/airline_scale.npz')['arr_0']
k = 5                                                    # 确定聚类中心数

# 构建模型，随机种子设为123
kmeans_model = KMeans(n_clusters=k, n_jobs=4, random_state=123)
fit_kmeans = kmeans_model.fit(airline_scale)             # 模型训练

# 查看聚类结果
kmeans_cc = kmeans_model.cluster_centers_                # 聚类中心
print('各类聚类中心为：\n',kmeans_cc)
kmeans_labels = kmeans_model.labels_                     # 样本的类别标签
```

```
print('各样本的类别标签为: \n',kmeans_labels)
r1 = pd.Series(kmeans_model.labels_).value_counts()      # 统计不同类别样本的数目
print('最终每个类别的数目为: \n',r1)
# 输出聚类分群的结果
cluster_center = pd.DataFrame(kmeans_model.cluster_centers_,\
            columns = ['ZL','ZR','ZF','ZM','ZC'])        # 将聚类中心放在数据框中
cluster_center.index = pd.DataFrame(kmeans_model.labels_ ).\
                    drop_duplicates().iloc[:,0]     # 将样本类别作为数据框索引
print(cluster_center)
```

* 代码详见: demo/code/KMeans_cluster.py。

对数据进行聚类分群的结果如表 7-8 所示。

表 7-8　客户聚类分群的结果

聚类 类别	聚类 个数	聚类中心				
		ZL	ZR	ZF	ZM	ZC
客户群 1	15 739	0.052 191	−0.002 647	−0.226 745	−0.231 168	0.052 191
客户群 2	12 125	0.483 380	−0.799 373	2.483 198	2.424 722	0.308 632
客户群 3	4 182	−0.313 656	1.686 290	−0.574 022	−0.536 823	−0.173 324
客户群 4	24 661	−0.700 220	−0.414 859	−0.161 162	−0.160 978	−0.255 071
客户群 5	5 336	1.160 682	−0.377 298	−0.086 907	−0.094 843	−0.155 919

* 由于 K-Means 聚类是随机选择类标号，因此重复此实验得到的结果中的类标号可能与此不同；另外由
　于算法的精度问题，重复实验得到的聚类中心也可能略有不同。

2. 客户价值分析

针对聚类结果进行特征分析，绘制客户分群雷达图，如代码清单 7-10 所示。

代码清单 7-10　绘制客户分群雷达图

```
%matplotlib inline
import matplotlib.pyplot as plt
# 客户分群雷达图
labels = ['ZL','ZR','ZF','ZM','ZC']
legen = ['客户群' + str(i + 1) for i in cluster_center.index]  # 客户群命名
lstype = ['-','--',(0, (3, 5, 1, 5, 1, 5)),':','-.']
kinds = list(cluster_center.iloc[:, 0])
# 由于雷达图要保证数据闭合，因此再添加L列，并转换为np.ndarray
cluster_center = pd.concat([cluster_center, cluster_center[['ZL']]], axis=1)
centers = np.array(cluster_center.iloc[:, 0:])

# 分割圆周长，并让其闭合
n = len(labels)
```

```
angle = np.linspace(0, 2 * np.pi, n, endpoint=False)
angle = np.concatenate((angle, [angle[0]]))

# 绘图
fig = plt.figure(figsize=(8,6))
ax = fig.add_subplot(111, polar=True)                    # 以极坐标的形式绘制图形
plt.rcParams['font.sans-serif'] = ['SimHei']             # 用来正常显示中文标签
plt.rcParams['axes.unicode_minus'] = False               # 用来正常显示负号
# 画线
for i in range(len(kinds)):
    ax.plot(angle, centers[i], linestyle=lstype[i], linewidth=2, label=kinds[i])
# 添加属性标签
ax.set_thetagrids(angle * 180 / np.pi, labels)
plt.title('客户特征分析雷达图')
plt.legend(legen)
plt.show()
plt.close
```

* 代码详见：demo/code/ KMeans_cluster.py。

通过代码清单 7-10 得到客户分群雷达图，如图 7-12 所示。

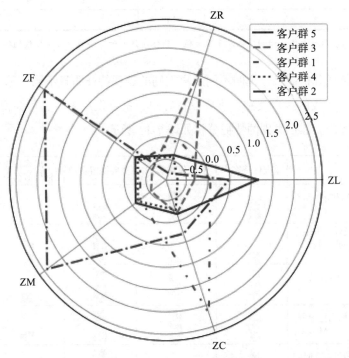

图 7-12　客户分群雷达图

结合业务分析，通过比较各个特征在群间的大小来对某一个群的特征进行评价分析。

其中，客户群 1 在特征 C 处的值最大，在特征 F、M 处的值较小，说明客户群 1 是偏好乘坐高级舱位的客户群；客户群 2 在特征 F 和 M 上的值最大，且在特征 R 上的值最小，说明客户群 2 的会员频繁乘机且近期都有乘机记录；客户群 3 在特征 R 处的值最大，在特征 L、F、M 和 C 处的值都较小，说明客户群 3 已经很久没有乘机，是入会时间较短的低价值的客户群；客户群 4 在所有特征上的值都很小，且在特征 L 处的值最小，说明客户群 4 属于新入会员较多的客户群；客户群 5 在特征 L 处的值最大，在特征 R 处的值较小，其他特征值都比较适中，说明客户群 5 入会时间较长，飞行频率也较高，是有较高价值的客户群。

总结出每个客户群的优势和弱势特征，具体结果如表 7-9 所示。

表 7-9　客户群特征描述表

群类别	优 势 特 征					弱 势 特 征				
客户群 1			C			R		*F*		**M**
客户群 2	L	*R*	F	M	C					
客户群 3						<u>L</u>	R	*F*	*M*	<u>C</u>
客户群 4			R				*L*		C	
客户群 5	L		F		M					

注：正常字体表示最大值，加粗字体表示次大值，斜体字体表示最小值，带下划线的字体表示次小值。

根据以上特征分析图表，说明不同用户类别的表现特征明显不同。基于该特征描述，本案例定义 5 个等级的客户类别：重要保持客户、重要发展客户、重要挽留客户、一般客户与低价值客户。客户类别的特征分析如图 7-13 所示。

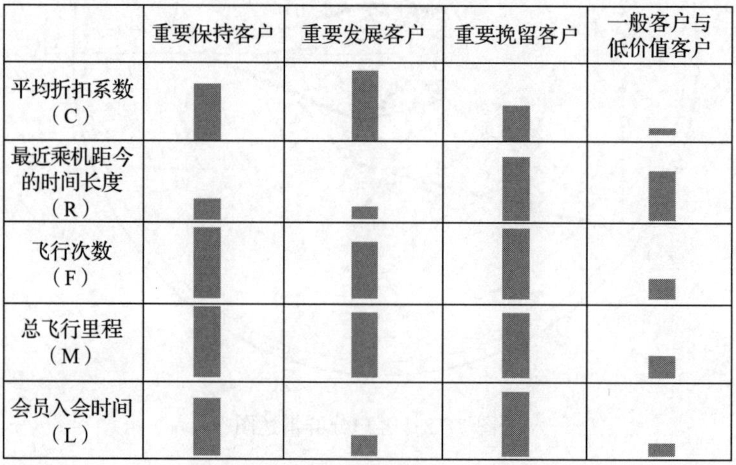

图 7-13　客户类别的特征分析

（1）重要保持客户

这类客户的平均折扣系数（C）较高（一般所乘航班的舱位等级较高），最近乘机距今的时间长度（R）低，飞行次数（F）或总飞行里程（M）较高。他们是航空公司的高价值客户，是最为理想的客户类型，对航空公司的贡献最大，所占比例却较小。航空公司应该优先将资源投放到他们身上，对他们进行差异化管理和一对一营销，提高这类客户的忠诚度与满意度，尽可能延长这类客户的高水平消费。

（2）重要发展客户

这类客户的平均折扣系数（C）较高，最近乘机距今的时间长度（R）低，且飞行次数（F）或总飞行里程（M）较低。这类客户入会时间（L）短，他们是航空公司的潜在价值客户。虽然这类客户的当前价值并不是很高，但却有很大的发展潜力。航空公司要努力促使这类客户增加在本公司的乘机消费和合作伙伴处的消费，也就是增加客户的钱包份额。通过客户价值的提升，加强这类客户的满意度，提高他们转向竞争对手的转移成本，使他们逐渐成为公司的忠诚客户。

（3）重要挽留客户

这类客户过去所乘航班的平均折扣系数（C）、飞行次数（F）或者总飞行里程（M）较高，但是最近乘机距今的时间长度（R）高或者说乘坐频率变小，客户价值变化的不确定性很高。由于这些客户价值衰退的原因各不相同，所以掌握客户的最新信息、维持与客户的互动就显得尤为重要。航空公司应该根据这些客户的最近消费时间以及消费次数的变化情况推测客户消费的异动状况，并列出客户名单，对其重点联系，采取一定的营销手段，延长客户的生命周期。

（4）一般客户与低价值客户

这类客户所乘航班的平均折扣系数（C）很低，最近乘机距今的时间长度（R）高，飞行次数（F）或总飞行里程（M）较低，入会时间（L）短。他们是航空公司的一般客户与低价值客户，可能是在航空公司机票打折促销时，才会乘坐本公司航班。

其中，重要发展客户、重要保持客户、重要挽留客户这 3 类重要客户分别可以归入客户生命周期管理的发展期、稳定期、衰退期 3 个阶段。

根据每种客户类型的特征，对各类客户群进行客户价值排名，其结果如表 7-10 所示。针对不同类型的客户群提供不同的产品和服务，提升重要发展客户的价值，稳定和延长重要保持客户的高水平消费，防范重要挽留客户的流失并积极进行关系恢复。

表 7-10　客户群价值排名

客户群	排名	排名含义
客户群 2	1	重要保持客户
客户群 1	2	重要发展客户
客户群 5	3	重要挽留用户
客户群 4	4	一般客户
客户群 3	5	低价值客户

本模型采用历史数据进行建模，随着时间的变化，分析数据的观测窗口也在变化。因此，对于新增客户的详细信息，考虑业务的实际情况，对于该模型建议每个月运行一次，对新增客户信息通过聚类中心进行判断，同时对本次新增客户的特征进行分析。如果增量数据的实际情况与判断结果差异大，需要业务部门重点关注，查看变化大的原因并确认模型的稳定性。如果模型稳定性变化大，需要重新训练模型进行调整。目前模型进行重新训练的时间没有统一标准，大部分情况都是根据经验来决定。根据经验，建议每隔半年训练一次模型比较合适。

7.2.5　模型应用

根据对各个客户群进行特征分析，可以采取下面的一些营销手段和策略，为航空公司的价值客户群管理提供参考。

1. 会员的升级与保级

航空公司的会员可以分为白金卡会员、金卡会员、银卡会员、普通卡会员等，其中非普通卡会员可以统称为航空公司的精英会员。虽然各个航空公司都有自己的特点和规定，但会员制的管理方法大同小异。成为精英会员一般都要求在一定时间内（如一年）积累一定的飞行里程或航段，达到这种要求后就会在有效期内（通常为两年）成为精英会员，并享受相应的高级别服务。有效期快结束时，根据相关评价方法确定客户是否有资格继续作为精英会员，然后对该客户进行相应的升级或降级。

然而，由于许多客户并没有意识到或根本不了解会员升级或保级的时间与要求（相关的文件说明往往复杂且不易理解），经常在评价期过后才发现自己其实只差一点就可以实现升级或保级，却错过了机会，使之前的里程积累白白损失。同时，这种认知还可能导致客户的不满，甚至放弃在本公司的消费。

因此，航空公司可以在对会员升级或保级进行评价的时间点之前，对那些接近但尚未达到要求的高价值客户进行适当提醒甚至采取一些促销活动，刺激他们通过消费达到相应标准。这样既可以使航空公司获得收益，又提高了客户的满意度，增加了航空公司的精英会员。

2. 首次兑换

航空公司常旅客计划中最吸引客户的内容就是客户可以通过消费积累的里程来兑换免票或免费升舱等。每个航空公司都有一个首次兑换标准，当客户的里程或航段积累到一定程度时才可以实现第一次兑换，这个标准会高于正常的里程兑换标准。但是很多航空公司的里程积累随着时间的推移进行一定的削减，例如，有的航空公司会在年末对该年积累的里程进行折半处理。这样会导致许多不了解情况的会员白白损失自己好不容易积累的里程，甚至总是难以实现首次兑换。同时，这也会引起客户的不满或流失。对此可以采取的措施是：从数据库中提取出接近但尚未达到首次兑换标准的会员信息，对他们进行适当提醒或采取一些促销活动，使他们通过消费达到兑换标准。一旦实现了首次兑换，客户在本公司进行再次消费兑换就比在其他公司进行首次兑换要容易许多，等于在一定程度上提高了转移的成本。另外，在一些特殊的时间点（如里程折半的时间点）之前可以给客户一些提醒，这样可以增加客户的满意度。

3. 交叉销售

通过发行"联名卡"等与非航空类企业的合作，使客户在其他企业的消费过程中获得本公司的积分，增强与公司的联系，提高他们的忠诚度。例如，可以查看重要客户在非航空类合作伙伴处的里程积累情况，找出他们习惯的里程积累方式（是否经常在合作伙伴处消费、更喜欢消费哪些类型的合作伙伴的产品），为他们制定相应的促销策略。

在客户识别期和发展期可以为客户关系打下基石，但是这两个时期带来的客户关系是短暂的、不稳定的。企业要获取长期的利润，必须具有稳定的、高质量的客户。留住客户对于企业来说是至关重要的，不仅是因为争取一个新客户的成本远远高于维持老客户的成本，更重要的是客户流失会造成公司收益的直接损失。因此，在这一时期，航空公司应该努力维系客户关系水平，使之处于较高的水准，使生命周期内公司与客户的互动价值最大化，并使这样的高水平尽可能保持下去。对于这一阶段的客户，主要应该通过提供优质的服务产品和提高服务水平来提高客户的满意度。通过对常旅客数据库的数据分析，进行客户细分，可以获得重要保持客户的名单。航空公司应该优先将资源投放到他们身上，对他们进行差异化管理和一对一营销，提高这类客户的忠诚度与满意度，尽可能延长这类客户的高水平消费。

7.3 上机实验

1. 实验目的

本上机实验有以下两个目的：

1）了解 K-Means 聚类算法在客户价值分析实例中的应用。

2）利用 pandas 快速实现数据 z-score（标准差）标准化以及用 scikit-learn 的聚类库实现 K-Means 聚类。

2. 实验内容

本上机实验的内容包括以下两个方面：

依据航空公司客户价值分析的 LRFMC 模型提取客户信息的 LRFMC 指标。对其进行标准差标准化并保存后，采用 K-Means 算法完成客户的聚类，分析每类客户的特征，从而获得每类客户的价值。

1）利用 pandas 库读入 LRFMC 指标文件，分别计算各个指标的均值与其标准差，使用标准差标准化公式完成 LRFMC 指标的标准化，并将标准化后的数据进行保存。

2）编写 Python 程序，完成客户的 K-Means 聚类，获得聚类中心与类标号。输出聚类中心的特征图，并统计每个类别的客户数。

3. 实验方法与步骤

本上机实验的具体方法与步骤如下：

（1）实验一

对 L、R、F、M、C 这 5 个指标进行 Z-score（标准差）标准化。

①导入 pandas，使用 read_excel() 函数将待标准差标准化的数据"上机实验 /data/zscoredata.xls"读入到 Python 中。

②使用 mean() 与 std() 方法，获得 L、R、F、M、C 这 5 个指标的平均值与标准差。

③根据 z-score（标准差）标准化公式 $z_{ij} = (x_{ij} - x_i) / s_i$ 进行标准差标准化，其中，z_{ij} 是标准化后的变量值，x_{ij} 是实际变量值，x_i 为变量的算术平均值，s_i 是变量的标准差。

（2）实验二

①使用 read_excel 函数将航空数据预处理后的数据读入 Python 工作空间，截取最后 5 列数据作为 K-Means 算法的输入数据。

②调用 K-Means 函数对步骤①中的数据进行聚类，得到聚类标号和聚类中心点。

③根据聚类标号统计计算得到每个类别的客户数，同时根据聚类中心点向量画出客户聚类中心向量图并保存。

4. 思考与实验总结

通过本上机实验，我们可以对以下问题进行思考与总结：

1）Scikit-learn 中 K-Means 函数中的初始聚类中心可以使用什么算法得到？默认的算法是什么？

2）使用不同的预处理对原始数据进行变换，再使用 K-Means 算法进行聚类，对比聚类结果，分析不同数据预处理对 K-Means 算法的影响。

7.4　拓展思考

本章主要针对客户价值进行分析，但对客户流失并没有提出具体的分析。由于在航空客户关系管理中客户流失的问题未被重视，故使航空公司造成了巨大的损失。客户流失对利润增长造成的负面影响非常大，仅次于公司规模、市场占有率、单位成本等因素的影响。客户与航空公司之间的关系越长久，给公司带来的利润就会越高。所以，流失一个客户比获得一个新客户对公司的损失更大。因为要获得新客户，需要在销售、市场、广告和人员工资等方面花费很多的费用，并且大多数新客户产生的利润并不如那些流失的老客户高。

因此，在国内航空市场竞争日益激烈的背景下，航空公司在客户流失方面应该引起足够的重视。如何改善流失问题继而提高客户满意度、忠诚度是航空公司维护自身市场并面对激烈竞争的一件大事，客户流失分析将成为帮助航空公司开展持续改进活动的指南。

客户流失分析可以针对目前老客户进行分类预测。针对航空公司客户信息数据（见 demo/data/air_data.csv），可以进行老客户以及客户类型的定义（其中，将飞行次数大于 6 次的客户定义为老客户，将第二年飞行次数与第一年飞行次数比例小于 50% 的客户定义为已流失客户；将第二年飞行次数与第一年飞行次数比例在区间 [50%,90%) 内的客户定义为准流失客户；将第二年飞行次数与第一年飞行次数比例大于 90% 的客户定义为未流失客户）。同时，需要选取客户信息中的关键属性，如会员卡级别、客户类型（流失、准流失、未流失）、平均乘机时间间隔、平均折扣系数、积分兑换次数、非乘机积分总和、单位里程票价、单位里程积分等。随机选取数据的 80% 作为分类的训练样本，剩余的 20% 作为测试样本。构建客户的流失模型，运用模型预测未来客户的类别归属（未流失、准流失，或已流失）。

7.5 小结

本章结合航空公司客户价值分析的案例，介绍了原始数据的探索性分析、数据清洗、属性规约和数据变换，重点介绍了数据挖掘算法中 K-Means 聚类算法在实际案例中的应用。通过案例，本章详细地描述了数据挖掘的整个过程，并针对客户价值识别传统的 RFM 模型的不足，对 RFM 模型进行改进，构造 LRFMC 模型并采用 K-Means 算法进行分析，对聚类得出的客户群进行特征分析，划分客户类别，给出一定的策略建议。

第 8 章 *Chapter 8*

商品零售购物篮分析

购物篮分析是商业领域最前沿、最具挑战性的问题之一，也是许多企业重点研究的问题。购物篮分析是通过发现顾客在一次购买行为中放入购物篮中不同商品之间的关联，研究顾客的购买行为，从而辅助零售企业制定营销策略的一种数据分析方法。

本章使用 Apriori 关联规则算法实现购物篮分析，发现超市不同商品之间的关联关系，并根据商品之间的关联规则制定销售策略。

8.1 背景与挖掘目标

现代商品种类繁多，顾客往往会因此而变得疲于选择，且顾客并不会因为商品选择丰富而购买更多的商品。繁杂的选购过程往往会给顾客带来疲惫的购物体验。对于某些商品，顾客会选择同时购买，如面包与牛奶、薯片与可乐等，但是如果当面包与牛奶或者薯片与可乐分布在商场的两侧，且距离十分遥远时，顾客的购买欲望就会减弱，在时间紧迫的情况下，顾客甚至会放弃购买某些计划购买的商品。相反，如果把牛奶与面包摆放在相邻的位置，既能给顾客提供便利，提升购物体验，又能提高顾客购买的概率，达到促销的目的。许多商场以打折方式作为主要促销手段，以较少的利润为代价获得更高的销量。打折往往会使顾客增加原计划购买商品的数量，而对于原计划不打算购买且不必要的商品，打折的吸引力远远不足。而正确的商品摆放却能提醒顾客购买某些必需品，甚至吸引他们购买感兴趣的商品。

因此，为了获得最大的销售利润，清楚知晓销售什么样的商品、采用什么样的促销策略、商品在货架上如何摆放以及了解顾客的购买习惯和偏好等对销售商尤其重要。通过对商场销售数据进行分析，得到顾客的购买行为特征，并根据发现的规律而采取有效的行动，制定商品摆放、商品定价、新商品采购计划，对增加销量并获取最大利润有重要意义。

请根据提供的数据实现以下目标：

1）构建零售商品的 Apriori 关联规则模型，分析商品之间的关联性。

2）根据模型结果给出销售策略。

8.2 分析方法与过程

本次数据挖掘建模的总体流程如图 8-1 所示。

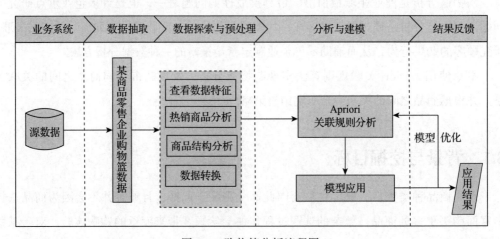

图 8-1 购物篮分析流程图

购物篮关联规则挖掘的主要步骤如下：

1）对原始数据进行数据探索性分析，分析商品的热销情况与商品结构。

2）对原始数据进行数据预处理，转换数据形式，使之符合 Apriori 关联规则算法要求。

3）在步骤 2 得到的建模数据基础上，采用 Apriori 关联规则算法调整模型输入参数，完成商品关联性分析。

4）结合实际业务，对模型结果进行分析，根据分析结果给出销售建议，最后输出关联规则结果。

8.2.1　数据探索分析

本案例的探索分析是查看数据特征以及对商品热销情况和商品结构进行分析。

探索数据特征是了解数据的第一步。分析商品热销情况和商品结构，是为了更好地实现企业的经营目标。商品管理应坚持商品齐全和商品优选的原则，产品销售应基本满足"二八定律"，即 80% 的销售额是由 20% 的商品创造的，这些商品是企业的主要盈利商品，要作为商品管理的重中之重。商品热销情况分析和商品结构分析也是商品管理中不可或缺的一部分，其中商品结构分析能够保证商品的齐全性，热销情况分析可以助力商品优选。

某商品零售企业共收集了 9835 个购物篮数据，它主要包括 3 个属性：id、Goods 和 Types。属性的具体说明如表 8-1 所示。

表 8-1　购物篮属性说明

表　　名	属性名称	属性说明
Goods Order	id	商品所属类别的编号
	Goods	具体的商品名称
Goods Types	Goods	具体的商品名称
	Types	商品类别

* 数据详见：demo/data/GoodsOrder.csv、GoodsTypes.csv。

1. 数据特征

探索数据的特征，查看每列属性、最大值、最小值是了解数据的第一步。查看数据特征，如代码清单 8-1 所示。

代码清单 8-1　查看数据特征

```
import numpy as np
import pandas as pd

inputfile = '../data/GoodsOrder.csv'          # 输入的数据文件
data = pd.read_csv(inputfile,encoding='gbk')  # 读取数据
data.info()                                    # 查看数据属性

data = data['id']
```

```
description = [data.count(),data.min(), data.max()]        # 依次计算总数、最小值、最大值
description = pd.DataFrame(description, index=['Count','Min', 'Max']).T
print('描述性统计结果: \n',np.round(description))             # 输出结果
```

* 代码详见: demo/code/data_explore.py。

根据代码清单 8-1 可得, 每列属性共有 43 367 个观测值, 并不存在缺失值。查看 "id" 属性的最大值和最小值, 可知某商品零售企业共收集了 9835 个购物篮数据, 其中包含 169 个不同的商品类别, 售出商品总数为 43 367 件。

2. 分析热销商品

商品热销情况分析是商品管理中不可或缺的一部分, 热销情况分析可以助力商品优选。计算销量排行前 10 的商品销量及占比, 并绘制条形图显示销量前 10 的商品销量情况, 如代码清单 8-2 所示。

代码清单 8-2 分析热销商品

```
# 销量排行前10的商品销量及其占比
import pandas as pd
inputfile = '../data/GoodsOrder.csv'                        # 输入的数据文件
data = pd.read_csv(inputfile,encoding='gbk')                # 读取数据
group = data.groupby(['Goods']).count().reset_index()       # 对商品进行分类汇总
sorted=group.sort_values('id',ascending=False)
print('销量排行前10商品的销量:\n', sorted[:10])               # 排序并查看前10位热销商品


# 画条形图展示销量排行前10的商品销量
import matplotlib.pyplot as plt
x = sorted[:10]['Goods']
y = sorted[:10]['id']
plt.figure(figsize=(8, 4))                                  # 设置画布大小
plt.barh(x,y)
plt.rcParams['font.sans-serif'] = 'SimHei'
plt.xlabel('销量')                                          # 设置x轴标题
plt.ylabel('商品类别')                                      # 设置y轴标题
plt.title('商品的销量TOP10')                                # 设置标题
plt.savefig('../tmp/top10.png')                             # 把图片以.png格式保存
plt.show()                                                  # 展示图片


# 销量排行前10的商品销量占比
data_nums = data.shape[0]
for idnex, row in sorted[:10].iterrows():
    print(row['Goods'],row['id'],row['id']/data_nums)
```

* 代码详见: demo/code/data_explore.py。

根据代码清单 8-2 可得销量排行前 10 的商品销量及其占比情况，如表 8-2 和图 8-2 所示。

表 8-2　销量排行前 10 的商品销量及其占比

商品名称	销量	销量占比	商品名称	销量	销量占比
全脂牛奶	2513	5.795%	瓶装水	1087	2.507%
其他蔬菜	1903	4.388%	根茎类蔬菜	1072	2.472%
面包卷	1809	4.171%	热带水果	1032	2.380%
苏打	1715	3.955%	购物袋	969	2.234%
酸奶	1372	3.164%	香肠	924	2.131%

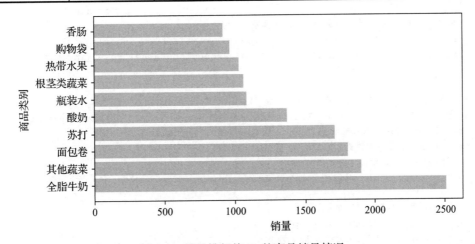

图 8-2　销量排行前 10 的商品销量情况

通过分析热销商品的结果可知，全脂牛奶的销售量最高，为 2513 件，占比 5.795%；其次是其他蔬菜、面包卷和苏打，占比分别为 4.388%、4.171%、3.955%。

3.分析商品结构

对每一类商品的热销程度进行分析，有利于商家制定商品在货架上的摆放策略和位置，若是某类商品较为热销，商场可以把此类商品摆放到商场的中心位置，以方便顾客选购；或者是放在商场深处的位置，使顾客在购买热销商品前经过非热销商品所在位置，增加在非热销商品处的停留时间，以促进非热销商品的销量。

原始数据中的商品本身已经经过归类处理，但是部分商品还是存在一定的重叠，故需要再次对其进行归类处理。分析归类后各类别商品的销量及其占比后，绘制饼图来显示各类商品的销量占比情况，如代码清单 8-3 所示。

代码清单 8-3 各类别商品的销量及其占比

```
import pandas as pd
inputfile1 = '../data/GoodsOrder.csv'
inputfile2 = '../data/GoodsTypes.csv'
data = pd.read_csv(inputfile1,encoding='gbk')
types = pd.read_csv(inputfile2,encoding='gbk')            # 读入数据

group = data.groupby(['Goods']).count().reset_index()
sort = group.sort_values('id',ascending=False).reset_index()
data_nums = data.shape[0]                                 # 总量
del sort['index']

sort_links = pd.merge(sort,types)                         # 根据type合并两个data-
                                                          # freame
# 根据类别求和，每个商品类别的总量，并排序
sort_link = sort_links.groupby(['Types']).sum().reset_index()
sort_link = sort_link.sort_values('id',ascending=False).reset_index()
del sort_link['index']                                    # 删除 "index" 列

# 求百分比，然后更换列名，最后输出到文件
sort_link['count'] = sort_link.apply(lambda line: line['id']/data_nums,axis=1)
sort_link.rename(columns={'count':'percent'}, inplace=True)
print('各类别商品的销量及其占比:\n',sort_link)
outfile1 = '../tmp/percent.csv'
sort_link.to_csv(outfile1, index=False, header=True, encoding='gbk')

# 画饼图展示每类商品的销量占比
import matplotlib.pyplot as plt
data = sort_link['percent']
labels = sort_link['Types']
plt.figure(figsize=(8, 6))                                # 设置画布大小
plt.pie(data, labels=labels, autopct='%1.2f%%')
plt.rcParams['font.sans-serif'] = 'SimHei'
plt.title('每类商品销量占比')                              # 设置标题
plt.savefig('../tmp/persent.png')                         # 把图片以 .png格式保存
plt.show()
```

* 代码详见：demo/code/data_explore.py。

根据代码清单 8-3 可得各类别商品的销量及其占比情况，结果如表 8-3、图 8-3 所示。

通过分析各类别商品的销量及其占比情况可知，非酒精饮料、西点、果蔬 3 类商品的销量差距不大，占总销量的 50% 左右，同时，根据大类划分发现，和食品类的销量总和接近 90%，说明顾客倾向于购买此类商品，而其余商品仅是商场为满足顾客的其他需求而设定的，并非销售的主力军。

表 8-3　各类别商品的销量及其占比

商品类别	销量	销量占比	商品类别	销量	销量占比
非酒精饮料	7594	17.51%	肉类	4870	11.23%
西点	7192	16.58%	酒精饮料	2287	5.27%
果蔬	7146	16.48%	食品类	1870	4.31%
米粮调料	5185	11.96%	零食	1459	3.36%
百货	5141	11.85%	熟食	541	1.25%

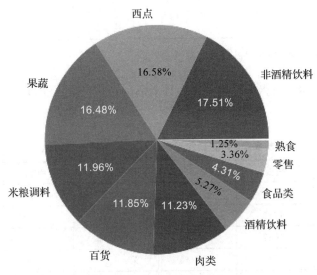

图 8-3　各类别商品的销量占比情况

进一步查看销量第一的非酒精饮料类商品的内部商品结构，并绘制饼图显示其销量占比情况，如代码清单 8-4 所示。

代码清单 8-4　非酒精饮料内部商品的销量及其占比

```
# 先筛选"非酒精饮料"类型的商品，然后求百分比，然后输出结果到文件
selected = sort_links.loc[sort_links['Types'] == '非酒精饮料']    # 排序
child_nums = selected['id'].sum() # 对所有的"非酒精饮料"求和
selected['child_percent'] = selected.apply(lambda line: line['id']/child_nums,
    axis=1)                        # 求百分比
selected.rename(columns={'id':'count'}, inplace=True)
print('非酒精饮料内部商品的销量及其占比:\n', selected)
outfile2 = '../tmp/child_percent.csv'
sort_link.to_csv(outfile2, index=False, header=True, encoding='gbk')  # 输出结果

# 画饼图展示非酒精饮品内部各商品的销量占比
```

```
import matplotlib.pyplot as plt
data = selected['child_percent']
labels = selected['Goods']
plt.figure(figsize=(8,6))                          # 设置画布大小
explode = (0.02,0.03,0.04,0.05,0.06,0.07,0.08,0.08,0.3,0.1,0.3)
                                                   # 设置每一块分割出的间隙大小
plt.pie(data,explode=explode,labels=labels,autopct='%1.2f%%',pctdistance=1.1,
    labeldistance=1.2)
plt.rcParams['font.sans-serif'] = 'SimHei'
plt.title("非酒精饮料内部各商品的销量占比")        # 设置标题
plt.axis('equal')
plt.savefig('../tmp/child_persent.png')            # 保存图形
plt.show()                                         # 展示图形
```

* 代码详见：demo/code/data_explore.py。

根据代码清单 8-4 可得非酒精饮料内部商品的销量及其占比情况，如表 8-4、图 8-4 所示。

表 8-4　非酒精饮料内部商品的销量及其占比

商品类别	销量	销量占比	商品类别	销量	销量占比
全脂牛奶	2513	33.09%	其他饮料	279	3.67%
苏打	1715	22.58%	一般饮料	256	3.37%
瓶装水	1087	14.31%	速溶咖啡	73	0.96%
水果/蔬菜汁	711	9.36%	茶	38	0.50%
咖啡	571	7.52%	可可饮料	22	0.29%
超高温杀菌的牛奶	329	4.33%			

通过分析非酒精饮料内部商品的销量及其占比情况可知，全脂牛奶的销量在非酒精饮料的总销量中占比超过 33%，前 3 种非酒精饮料的销量在非酒精饮料的总销量中的占比接近 70%，这就说明大部分顾客到店购买的饮料为这 3 种，而商场就需要时常注意货物的库存，定期补货。

8.2.2　数据预处理

通过对数据探索分析发现数据完整，并不存在缺失值。建模之前需要转变数据的格式，才能使用 Apriori 函数进行关联分析。对数据进行转换，如代码清单 8-5 所示。

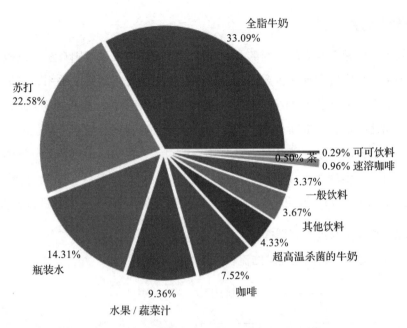

图 8-4　非酒精饮料内部商品的销量占比情况

代码清单 8-5　数据转换

```
import pandas as pd
inputfile='../data/GoodsOrder.csv'
data = pd.read_csv(inputfile,encoding='gbk')

# 根据id对 "Goods" 列合并，并使用 "，" 将各商品隔开
data['Goods'] = data['Goods'].apply(lambda x:','+x)
data = data.groupby('id').sum().reset_index()

# 对合并的商品列转换数据格式
data['Goods'] = data['Goods'].apply(lambda x :[x[1:]])
data_list = list(data['Goods'])

# 分割商品名为每个元素
data_translation = []
for i in data_list:
    p = i[0].split(',')
    data_translation.append(p)
print('数据转换结果的前5个元素：\n', data_translation[0:5])
```

* 代码详见：demo/code/data_clean.py。

8.2.3 模型构建

本案例的目标是探索商品之间的关联关系，因此采用关联规则算法，以挖掘它们之间的关联关系。关联规则算法主要用于寻找数据中项集之间的关联关系，它揭示了数据项间的未知关系。基于样本的统计规律，进行关联规则分析。根据所分析的关联关系，可通过一个属性的信息来推断另一个属性的信息。当置信度达到某一阈值时，就可以认为规则成立。Apriori 算法是常用的关联规则算法之一，也是最为经典的分析频繁项集的算法，它是第一次实现在大数据集上可行的关联规则提取的算法。除此之外，还有 FP-Tree 算法，Eclat 算法和灰色关联算法等。本案例主要使用 Apriori 算法进行分析。

1. 商品购物篮关联规则模型构建

本次商品购物篮关联规则建模的流程如图 8-5 所示。

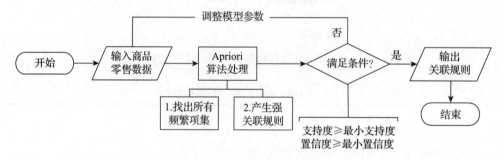

图 8-5 商品购物篮关联规则模型建模流程图

由图 8-5 可知，模型主要由输入、算法处理、输出 3 个部分组成。输入部分包括建模样本数据的输入和建模参数的输入。算法处理部分是采用 Apriori 关联规则算法进行处理。输出部分为采用 Apriori 关联规则算法进行处理后的结果。

模型具体实现步骤：首先设置建模参数最小支持度、最小置信度，输入建模样本数据；然后采用 Apriori 关联规则算法对建模的样本数据进行分析，以模型参数设置的最小支持度、最小置信度以及分析目标作为条件，如果所有的规则都不满足条件，则需要重新调整模型参数，否则输出关联规则结果。

目前，如何设置最小支持度与最小置信度并没有统一的标准。大部分都是根据业务经验设置初始值，然后经过多次调整，获取与业务相符的关联规则结果。本案例经过多次调整并结合实际业务分析，选取模型的输入参数为：最小支持度 0.02、最小置信度 0.35。其关联规则代码如代码清单 8-6 所示。

代码清单 8-6 构建关联规则模型

```python
from numpy import *

def loadDataSet():
    return [['a', 'c', 'e'], ['b', 'd'], ['b', 'c'], ['a', 'b', 'c', 'd'], ['a',
        'b'], ['b', 'c'], ['a', 'b'],
            ['a', 'b', 'c', 'e'], ['a', 'b', 'c'], ['a', 'c', 'e']]

def createC1(dataSet):
    C1 = []
    for transaction in dataSet:
        for item in transaction:
            if not [item] in C1:
                C1.append([item])
    C1.sort()
    # 映射为frozenset唯一性的，可使用其构造字典
    return list(map(frozenset, C1))

# 从候选K项集到频繁K项集（支持度计算）
def scanD(D, Ck, minSupport):
    ssCnt = {}
    for tid in D:                            # 遍历数据集
        for can in Ck:                       # 遍历候选项
            if can.issubset(tid):            # 判断候选项中是否含数据集的各项
                if not can in ssCnt:
                    ssCnt[can] = 1           # 不含设为1
                else:
                    ssCnt[can] += 1          # 有则计数加1
    numItems = float(len(D))                 # 数据集大小
    retList = []                             # L1初始化
    supportData = {}                         # 记录候选项中各个数据的支持度
    for key in ssCnt:
        support = ssCnt[key] / numItems      # 计算支持度
        if support >= minSupport:
            retList.insert(0, key)           # 满足条件加入L1中
            supportData[key] = support
    return retList, supportData

def calSupport(D, Ck, min_support):
    dict_sup = {}
    for i in D:
        for j in Ck:
            if j.issubset(i):
                if not j in dict_sup:
                    dict_sup[j] = 1
                else:
                    dict_sup[j] += 1
```

```
        sumCount = float(len(D))
        supportData = {}
        relist = []
        for i in dict_sup:
            temp_sup = dict_sup[i] / sumCount
            if temp_sup >= min_support:
                relist.append(i)
                # 此处可设置返回全部的支持度数据（或者频繁项集的支持度数据）
                supportData[i] = temp_sup
        return relist, supportData


# 改进剪枝算法
def aprioriGen(Lk, k):
    retList = []
    lenLk = len(Lk)
    for i in range(lenLk):
        for j in range(i + 1, lenLk):      # 两两组合遍历
            L1 = list(Lk[i])[:k - 2]
            L2 = list(Lk[j])[:k - 2]
            L1.sort()
            L2.sort()
            if L1 == L2:                    # 前k-1项相等，则可相乘，这样可防止重复项出现
                # 进行剪枝（a1为k项集中的一个元素，b为它的所有k-1项子集）
                a = Lk[i] | Lk[j]           # a为frozenset()集合
                a1 = list(a)
                b = []
                # 遍历取出每一个元素，转换为set，依次从a1中剔除该元素，并加入到b中
                for q in range(len(a1)):
                    t = [a1[q]]
                    tt = frozenset(set(a1) - set(t))
                    b.append(tt)
                t = 0
                for w in b:
                    # 当b（即所有k-1项子集）都是Lk（频繁的）的子集，则保留，否则删除
                    if w in Lk:
                        t += 1
                if t == len(b):
                    retList.append(b[0] | b[1])
    return retList


def apriori(dataSet, minSupport=0.2):
    # 前3条语句是对计算查找单个元素中的频繁项集
    C1 = createC1(dataSet)
    D = list(map(set, dataSet))             # 使用list()转换为列表
    L1, supportData = calSupport(D, C1, minSupport)
    L = [L1]                                # 加列表框，使得1项集为一个单独元素
    k = 2
    while (len(L[k - 2]) > 0):              # 是否还有候选集
```

```
            Ck = aprioriGen(L[k - 2], k)
            Lk, supK = scanD(D, Ck, minSupport)    # scan DB to get Lk
            supportData.update(supK)               # 把supk的键值对添加到supportData里
            L.append(Lk)                           # L最后一个值为空集
            k += 1
        del L[-1]                                  # 删除最后一个空集
        return L, supportData                      # L为频繁项集，为一个列表，1，2，3项集分别为
                                                   #   一个元素


# 生成集合的所有子集
def getSubset(fromList, toList):
    for i in range(len(fromList)):
        t = [fromList[i]]
        tt = frozenset(set(fromList) - set(t))
        if not tt in toList:
            toList.append(tt)
            tt = list(tt)
            if len(tt) > 1:
                getSubset(tt, toList)


def calcConf(freqSet, H, supportData, ruleList, minConf=0.7):
    for conseq in H:                               # 遍历H中的所有项集并计算它们的可信度值
        conf = supportData[freqSet] / supportData[freqSet - conseq]
                                                   # 可信度计算，结合支持度数据
        # 提升度lift计算lift = p(a & b) / p(a)*p(b)
        lift = supportData[freqSet] / (supportData[conseq] * supportData [freq-
            Set - conseq])

        if conf >= minConf and lift > 1:
            print(freqSet - conseq, '-->', conseq, '支持度', round(supportData
                [freqSet], 6), '置信度: ', round(conf, 6),
                    'lift值为: ', round(lift, 6))
            ruleList.append((freqSet - conseq, conseq, conf))


# 生成规则
def gen_rule(L, supportData, minConf=0.7):
    bigRuleList = []
    for i in range(1, len(L)):                     # 从二项集开始计算
        for freqSet in L[i]:                       # freqSet为所有的k项集
            # 求该三项集的所有非空子集，1项集，2项集，直到k-1项集，用H1表示，为list类型，
                里面为frozenset类型，
            H1 = list(freqSet)
            all_subset = []
            getSubset(H1, all_subset)              # 生成所有的子集
            calcConf(freqSet, all_subset, supportData, bigRuleList, minConf)
    return bigRuleList


if __name__ == '__main__':
```

```
dataSet = data_translation
L, supportData = apriori(dataSet, minSupport=0.02)
rule = gen_rule(L, supportData, minConf=0.35)
```

* 代码详见：demo/code/Apriori.py。

运行代码清单 8-6 得到的结果如下：

```
frozenset({'水果/蔬菜汁'}) --> frozenset({'全脂牛奶'}) 支持度 0.02664 置信度：
    0.368495 lift值为：1.44216
frozenset({'人造黄油'}) --> frozenset({'全脂牛奶'}) 支持度 0.024199 置信度：
    0.413194 lift值为：1.617098
...    ...    ...
frozenset({'根茎类蔬菜', '其他蔬菜'}) --> frozenset({'全脂牛奶'}) 支持度 0.023183 置信度：
    0.48927 lift值为：1.914833
```

2. 模型分析

根据代码清单 8-6 的运行结果，我们得出了 26 个关联规则。根据规则结果，可整理出购物篮关联规则模型结果，如表 8-5 所示。

表 8-5　购物篮关联规则模型结果

lhs		rhs	支持度	置信度	lift
{'水果/蔬菜汁'}	=>	{'全脂牛奶'}	0.026 64	0.368 495	1.442 16
{'人造黄油'}	=>	{'全脂牛奶'}	0.024 199	0.413 194	1.617 098
{'仁果类水果'}	=>	{'全脂牛奶'}	0.030 097	0.397 849	1.557 043
{'牛肉'}	=>	{'全脂牛奶'}	0.021 251	0.405 039	1.585 18
{'冷冻蔬菜'}	=>	{'全脂牛奶'}	0.020 437	0.424 947	1.663 094
{'本地蛋类'}	=>	{'其他蔬菜'}	0.022 267	0.350 962	1.813 824
{'黄油'}	=>	{'其他蔬菜'}	0.020 031	0.361 468	1.868 122
{'本地蛋类'}	=>	{'全脂牛奶'}	0.029 995	0.472 756	1.850 203
{'黑面包'}	=>	{'全脂牛奶'}	0.025 216	0.388 715	1.521 293
{'糕点'}	=>	{'全脂牛奶'}	0.033 249	0.373 714	1.462 587
{'酸奶油'}	=>	{'其他蔬菜'}	0.028 876	0.402 837	2.081 924
{'猪肉'}	=>	{'其他蔬菜'}	0.021 657	0.375 661	1.941 476
{'酸奶油'}	=>	{'全脂牛奶'}	0.032 232	0.449 645	1.759 754
{'猪肉'}	=>	{'全脂牛奶'}	0.022 166	0.384 48	1.504 719
{'根茎类蔬菜'}	=>	{'全脂牛奶'}	0.048 907	0.448 694	1.756 031
{'根茎类蔬菜'}	=>	{'其他蔬菜'}	0.047 382	0.434 701	2.246 605

（续）

lhs		rhs	支持度	置信度	lift
{' 凝乳 '}	=>	{' 全脂牛奶 '}	0.026 131	0.490 458	1.919 481
{' 热带水果 '}	=>	{' 全脂牛奶 '}	0.042 298	0.403 101	1.577 595
{' 柑橘类水果 '}	=>	{' 全脂牛奶 '}	0.030 503	0.368 55	1.442 377
{' 黄油 '}	=>	{' 全脂牛奶 '}	0.027 555	0.497 248	1.946 053
{' 酸奶 '}	=>	{' 全脂牛奶 '}	0.056 024	0.401 603	1.571 735
{' 其他蔬菜 '}	=>	{' 全脂牛奶 '}	0.074 835	0.386 758	1.513 634
{' 其他蔬菜 ', ' 酸奶 '}	=>	{' 全脂牛奶 '}	0.022 267	0.512 881	2.007 235
{' 全脂牛奶 ', ' 酸奶 '}	=>	{' 其他蔬菜 '}	0.022 267	0.397 459	2.054 131
{' 根茎类蔬菜 ', ' 全脂牛奶 '}	=>	{' 其他蔬菜 '}	0.023 183	0.474 012	2.449 77
{' 根茎类蔬菜 ', ' 其他蔬菜 '}	=>	{' 全脂牛奶 '}	0.023 183	0.489 27	1.914 833

根据表 8-5 中的输出结果，对其中 4 条进行解释分析如下：

1）{' 其他蔬菜 ', ' 酸奶 '}=>{' 全脂牛奶 '} 支持度约为 2.23%，置信度约为 51.29%。说明同时购买酸奶、其他蔬菜和全脂牛奶这 3 种商品的概率达 51.29%，而这种情况发生的可能性约为 2.23%。

2）{' 其他蔬菜 '}=>{' 全脂牛奶 '} 支持度最大约为 7.48%，置信度约为 38.68%。说明同时购买其他蔬菜和全脂牛奶这两种商品的概率达 38.68%，而这种情况发生的可能性约为 7.48%。

3）{' 根茎类蔬菜 '}=>{' 全脂牛奶 '} 支持度约为 4.89%，置信度约为 44.87%。说明同时购买根茎类蔬菜和全脂牛奶这 3 种商品的概率达 44.87%，而这种情况发生的可能性约为 4.89%。

4）{' 根茎类蔬菜 '}=>{' 其他蔬菜 '} 支持度约为 4.74%，置信度约为 43.47%。说明同时购买根茎类蔬菜和其他蔬菜这两种商品的概率达 43.47%，而这种情况发生的可能性约为 4.74%。

综合表 8-5 以及输出结果分析，顾客购买酸奶和其他蔬菜的时候会同时购买全脂牛奶，其置信度最大达到 51.29%。因此，顾客同时购买其他蔬菜、根茎类蔬菜和全脂牛奶的概率较高。

对于模型结果，从购物者角度进行分析：现代生活中，大多数购物者为"家庭煮妇"，购买的商品大部分是食品，随着生活质量的提高和健康意识的增加，其他蔬菜、根茎类蔬菜和全脂牛奶均为现代家庭每日饮食的所需品。因此，其他蔬菜、根茎类蔬菜和全脂牛奶同时购买的概率较高，符合人们的现代生活健康意识。

3. 模型应用

以上的模型结果表明：顾客购买其他商品的时候会同时购买全脂牛奶。因此，商场应该根据实际情况将全脂牛奶放在顾客购买商品的必经之路上，或是放在商场显眼的位置，以方便顾客拿取。顾客同时购买其他蔬菜、根茎类蔬菜、酸奶油、猪肉、黄油、本地蛋类和多种水果的概率较高，因此商场可以考虑捆绑销售，或者适当调整商场布置，将这些商品的距离尽量拉近，从而提升顾客的购物体验。

8.3 上机实验

1. 实验目的

本上机实验有以下两个目的：

1）利用 pandas 快速实现数据的预处理分析，并实现关联算法的过程。

2）了解 Apriori 关联规则算法在购物篮分析实例中的应用。

2. 实验内容

本上机实验的内容包含以下两个方面：

1）利用 pandas 将数据转换成适合实现 Apriori 关联规则算法的数据格式。

2）对商品零售购物篮进行购物篮关联关系规则分析，并将规则进行保存。

3. 实验方法与步骤

本章上机实验的具体方法与步骤如下：

1）导入 pandas，使用 read_excel() 函数将 "GoodsOrder.csv" 数据读入 Python 中。

2）利用 pandas 根据每位顾客的 id 合并数据，并把这些数据转换成矩阵，以便规则的寻找与记录。

3）使用 Apriori 关联规则算法，输入算法的最小支持度与最小置信度，以此获得购物篮的关联关系规则，并将规则进行保存。

4. 思考与实验总结

通过上机实验，我们可以对以下问题进行思考与总结：

1）Python 的流行库中没有自带的关联规则函数，本书按照自己的思路编写了关联规则程序，该程序可以高效实现相关关联规则分析。

2）Apriori 算法的关键两步为找频繁项集和根据置信度筛选规则，明白这两步才能清晰地编写相应程序，读者可按照自己的思路编写与优化关联规则程序。

8.4　拓展思考

利用本章案例中的数据，使用 FP-Tree 算法、Eclat 算法和灰色关联算法等来探索商品之间的关联关系，从而建立商品零售购物篮关联规则模型，然后得出商品关联规则的结果，并结合实际使用关联规则提升商品销量。

8.5　小结

本案例主要结合商品零售购物篮的项目，重点介绍了关联规则算法中的 Apriori 算法在商品零售购物篮分析案例中的应用。在应用的过程中详细地分析了商品零售的现状与问题，同时给出了某商场的商品零售数据，分析了商品的热销程度，最后通过 Apriori 算法构建相应模型，并根据模型结果制定销售策略。

基于水色图像的水质评价

随着工业技术的日益提升，人类的生活变得越来越便利。但与此同时，环境污染问题也日趋严重，大气、土壤、水质污染是各个工业国家不得不面对的问题。污染需要治理，因此对于污染物的评价与监测十分重要。水产养殖业是我国国民经济的一个重要组成部分，在水产养殖的过程中，选择没有污染的水域进行养殖十分重要。

本章使用拍摄的池塘水样图片数据，结合图像切割和特征提取技术，使用决策树算法，对图样的水质进行预测，以辅助生产人员对水质状况进行判断。

9.1　背景与挖掘目标

有经验的渔业生产从业者可通过观察水色变化调控水质，以维持由浮游植物、微生物类、浮游动物等构成的养殖水体生态系统的动态平衡。大多数情况下，这些是根据经验或通过肉眼观察进行判断的，使得观察结果存在主观性引起的观察性偏倚，可比性、可重复性降低，不易推广应用。当前，数字图像处理技术为计算机监控技术在水产养殖业的应用提供了更大的空间。在水质在线监测方面，数字图像处理技术是基于计算机视觉，以专家经验为基础，来对池塘水色进行优劣分级，以实现对池塘水色的准确快速判别。

结合某地区的多个罗非鱼池塘水样的数据，实现以下目标：

1）对水样图片进行切割，提取水样图片中的特征。

2）基于提取的特征数据，构建水质评价模型。

3）对构建的模型进行评价，评价模型对于水色的识别效率。

9.2　分析方法与过程

我们通过拍摄水样采集得到水样图像，但图像数据的维度过大，不容易分析，这就需要我们从中提取水样图像的特征，即反映图像本质的一些关键指标，以达到自动进行图像识别或分类的目的。显然，图像特征提取是图像识别或分类的关键步骤，图像特征的提取效果将直接影响到图像识别和分类的好坏。

图像特征主要包括颜色特征、纹理特征、形状特征、空间关系特征等。与几何特征相比，颜色特征更为稳健，对于物体的大小和方向均不敏感，表现出较强的鲁棒性。本案例中，由于水色图像是均匀的，故主要关注颜色特征即可。颜色特征是一种全局特征，它描述了图像或图像区域所对应的景物的表面性质。一般颜色特征是基于像素点的特征，所有属于图像或图像区域的像素都有各自的贡献。在利用图像的颜色信息进行图像处理、识别、分类的研究实现方法上已有大量的研究成果，主要采用颜色处理常用的直方图法和颜色矩⊖方法等。

颜色直方图是最基本的颜色特征表示方法，它反映的是图像中颜色的组成分布，即出现了哪些颜色以及各种颜色出现的概率。其优点在于它能简单描述一幅图像中颜色的全局分布，即不同色彩在整幅图像中所占的比例，特别适用于描述那些难以自动分割的图像和不需要考虑物体空间位置的图像。其缺点在于它无法描述图像中颜色的局部分布及每种色彩所处的空间位置，即无法描述图像中的某一具体的对象或物体。

基于颜色矩提取图像特征的数学基础在于图像中任何的颜色分布均可以用它的矩来表示。根据概率论的理论，随机变量的概率分布可以由其各阶矩唯一地表示和描述。一副图像的色彩分布也可认为是一种概率分布，那么图像可以由其各阶矩来描述。颜色矩包含各个颜色通道的一阶距、二阶矩和三阶矩，对于一副 RGB 颜色空间的图像，具有 R、G 和 B 3 个颜色通道，则有 9 个分量。

颜色直方图产生的特征维数一般大于颜色矩的特征维数，为了避免过多变量影响后续的分类效果，在本案例中选择采用颜色矩来提取水样图像的特征，即建立水样图像与

⊖ Stricker M A, Orengo M. Similarity of color images[C]//IS&T/SPIE's Symposium on Electronic Imaging: Science & Technology. International Society for Optics and Photonics, 1995: 381-392.

反映该图像特征的数据信息关系，同时由有经验的专家对水样图像根据经验进行分类，建立水样数据信息与水质类别的专家样本库，进而构建分类模型，得到水样图像与水质类别的映射关系，并经过不断调整系数优化模型，最后再利用训练好的分类模型，用户就能方便地通过水样图像，自动判别出该水样的水质类别。

9.2.1　分析步骤与流程

基于水色图像特征提取的水质评价流程如图 9-1 所示。

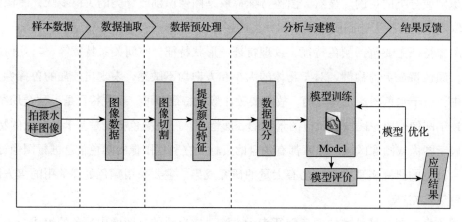

图 9-1　基于水色图像特征提取的水质评价流程

主要步骤如下：

1）从采集到的原始水样图像中进行选择性抽取形成建模数据。

2）对步骤 1 形成的数据集进行数据预处理，包括图像切割和颜色矩特征提取。

3）利用步骤 2 形成的已完成数据预处理的建模数据，划分为训练集与测试集。

4）利用步骤 3 的训练集构建分类模型。

5）利用步骤 4 构建好的分类模型进行水质评价。

9.2.2　数据预处理

附件在"demo/data/images/"目录下给出了某地区的多个罗非鱼池塘水样的数据，包含水产专家按水色判断水质分类的数据以及用数码相机按照标准进行水色采集的数据（如表 9-1，图 9-2 所示），每个水质图片命名规则为"类别 – 编号 .jpg"，如"1_1.jpg"说明当前图片属于第 1 类的样本。

表 9-1　水色分类

水色	浅绿色 （清水或浊水）	灰蓝色	黄褐色	茶褐色 （姜黄、茶褐、 红褐、褐中带绿等）	绿色 （黄绿、油绿、蓝绿、 墨绿、绿中带褐等）
水质类别	1	2	3	4	5

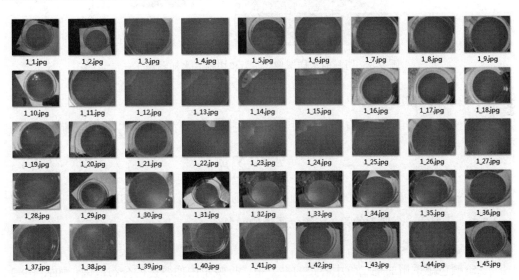

图 9-2　标准条件下拍摄的水样图像

* 数据详见：demo/data/images/。

1. 图像切割

一般情况下，采集到的水样图像包含盛水容器，且容器的颜色与水体颜色差异较大，同时水体位于图像中央，所以为了提取水色的特征，就需要提取水样图像中央部分具有代表意义的图像，具体实施方式是提取水样图像中央 101×101 像素的图像。设原始图像 I 的大小是 $M×N$，则截取宽从第 $\text{fix}\left(\dfrac{M}{2}\right)-50$ 个像素点到第 $\text{fix}\left(\dfrac{M}{2}\right)+50$ 个像素点，长从第 $\text{fix}\left(\dfrac{N}{2}\right)-50$ 个像素点到第 $\text{fix}\left(\dfrac{N}{2}\right)+50$ 个像素点的子图像。

使用 Python 编程软件进行编程，即可把图 9-3 左边的切割前的水样图像切割并保存到右边的切割后的水样图像。

2. 特征提取

在本案例中，选择采用颜色矩来提取水样图像的特征，下面给出各阶颜色矩的计算公式。

图 9-3 切割前水样图像（左）和切割后水样图像（右）

（1）一阶颜色矩

一阶颜色矩采用一阶原点矩，反映了图像的整体明暗程度，如式（9-1）所示。

$$E_i = \frac{1}{N}\sum_{j=1}^{N} p_{ij} \tag{9-1}$$

式（9-1）中，E_i 是在第 i 个颜色通道的一阶颜色矩，对于 RGB 颜色空间的图像，$i = 1,2,3$，p_{ij} 是第 j 个像素的第 i 个颜色通道的颜色值。

（2）二阶颜色矩

二阶颜色矩采用的是二阶中心距的平方根，反映了图像颜色的分布范围，如式（9-2）所示。

$$s_i = \sqrt{\frac{1}{N}\sum_{j=1}^{N}(p_{ij}-E_i)^2} \tag{9-2}$$

式（9-2）中，s_i 是在第 i 个颜色通道的二阶颜色矩，E_i 是在第 i 个颜色通道的一阶颜色矩。

（3）三阶颜色矩

三阶颜色矩采用的是三阶中心距的立方根，反映了图像颜色分布的对称性，如式（9-3）所示。

$$s_i = \sqrt[3]{\frac{1}{N}\sum_{j=1}^{N}(p_{ij}-E_i)^3} \tag{9-3}$$

式（9-3）中，s_i 是在第 i 个颜色通道的三阶颜色矩，E_i 是在第 i 个颜色通道的一阶颜色矩。

对切割后的图像提取其颜色矩，作为图像的颜色特征。对颜色矩的提取，需要提取每个文件名中的类别和序号，同时针对所有的图片进行同样的操作，因提取的特征的取值范围差别较大，如果直接输入模型，可能会导致模型精度下降，因此，在建模之前需要将数据进行标准化，如代码清单 9-1 所示。

代码清单 9-1　图像切割和特征提取

```python
import numpy as np
import os,re
from PIL import Image

# 图像切割及特征提取
path = './demo/data/images/'                          # 图片所在路径
# 自定义获取图片名称函数
def getImgNames(path=path):
    '''
    获取指定路径中所有图片的名称
    :param path: 指定的路径
    :return: 名称列表
    '''
    filenames = os.listdir(path)
    imgNames = []
    for i in filenames:
        if re.findall('^\d_\d+\.jpg$', i) != []:
            imgNames.append(i)
    return imgNames

# 自定义获取三阶颜色矩函数
def Var(data=None):
    '''
    获取给定像素值矩阵的三阶颜色矩
    :param data: 给定的像素值矩阵
    :return: 对应的三阶颜色矩
    '''
    x = np.mean((data-data.mean())**3)
    return np.sign(x)*abs(x)**(1/3)

# 批量处理图片数据
imgNames = getImgNames(path=path)                     # 获取所有图片名称
n = len(imgNames)                                     # 图片张数
data = np.zeros([n, 9])                               # 用来装样本自变量
labels = np.zeros([n])                                # 用来放样本标签

for i in range(n):
    img = Image.open(path+imgNames[i])                # 读取图片
    M,N = img.size                                    # 图片像素的尺寸
    img = img.crop((M/2-50,N/2-50,M/2+50,N/2+50))     # 图片切割
    r,g,b = img.split()                               # 将图片分割成三通道
    rd = np.asarray(r)/255                            # 转化成数组数据
```

```
gd = np.asarray(g)/255
bd = np.asarray(b)/255

data[i,0] = rd.mean()              # 一阶颜色矩
data[i,1] = gd.mean()
data[i,2] = bd.mean()

data[i,3] = rd.std()               # 二阶颜色矩
data[i,4] = gd.std()
data[i,5] = bd.std()

data[i,6] = Var(rd)                # 三阶颜色矩
data[i,7] = Var(gd)
data[i,8] = Var(bd)

labels[i] = imgNames[i][0]     # 样本标签
```

* 代码详见：demo/code/waterquality.py。

9.2.3 模型构建

本案例采用决策树作为水质评价分类模型。模型的输入包括两部分：一部分是训练样本的输入，另一部分是建模参数的输入。各参数说明如表 9-2 所示。

表 9-2　预测模型的参数

序号	参 数 名 称	参 数 描 述
1	R 通道一阶矩	水样图像在 R 颜色通道的一阶矩
2	G 通道一阶矩	水样图像在 G 颜色通道的一阶矩
3	B 通道一阶矩	水样图像在 B 颜色通道的一阶矩
4	R 通道二阶矩	水样图像在 R 颜色通道的二阶矩
5	G 通道二阶矩	水样图像在 G 颜色通道的二阶矩
6	B 通道二阶矩	水样图像在 B 颜色通道的二阶矩
7	R 通道三阶矩	水样图像在 R 颜色通道的三阶矩
8	G 通道三阶矩	水样图像在 G 颜色通道的三阶矩
9	B 通道三阶矩	水样图像在 B 颜色通道的三阶矩
10	水质类别	不同类别能表征水中浮游植物的种类和多少（取整数）

其中 1～9 均为输入的特征，对标准化后的样本进行抽样，抽取 80% 作为训练样本，剩下的 20% 作为测试样本，用于水质评价检验，使用决策树算法构建水质评价模型，如代码清单 9-2 所示。

代码清单 9-2　数据划分及模型构建

```
from sklearn.model_selection import train_test_split
# 数据拆分，训练集、测试集
data_tr,data_te,label_tr,label_te = train_test_split(data,labels,test_size=0.2,
                                                     random_state=10)


from sklearn.tree import DecisionTreeClassifier
# 模型训练
model = DecisionTreeClassifier(random_state=5).fit(data_tr, label_tr)
```

* 代码详见：demo/code/waterquality.py。

9.2.4　水质评价

取所有测试样本为输入样本，代入已构建好的决策树模型，得到输出结果，即预测的水质类型，如代码清单 9-3 所示。

代码清单 9-3　水质评价

```
# 水质评价
from sklearn.metrics import confusion_matrix
pre_te = model.predict(data_te)
# 混淆矩阵
cm_te = confusion_matrix(label_te,pre_te)
print(cm_te)
from sklearn.metrics import accuracy_score
# 准确率
print(accuracy_score(label_te,pre_te))
```

* 代码详见：demo/code/waterquality.py。

通过代码清单 9-3 得到水质评价的混淆矩阵见表 9-3，分类准确率为 70.73%，说明水质评价模型对于新增的水色图像的分类效果较好，可将模型应用到水质自动评价系统，实现水质评价。（注意，由于用随机函数来打乱数据，因此重复试验所得到的结果可能有所不同。）

表 9-3　水质评价的混淆矩阵

实际值 ＼ 预测值	1	2	3	4
1	5	1	5	0
2	3	8	0	0
3	2	0	12	0
4	0	0	1	4

9.3 上机实验

1. 实验目的

本上机实验的目的是：加深对决策树原理的理解及使用。

2. 实验内容

本上机实验的内容是：实验数据是截取后的图像的颜色矩特征，包括一阶矩、二阶矩、三阶矩，同时由于图像具有 R、G 和 B 3 个颜色通道，所以颜色矩特征具有 9 个分量。结合水质类别和颜色矩特征构成专家样本数据，以水质类别作为目标输出，构建决策树模型，并利用混淆矩阵评价模型优劣。

注意：数据中的 80% 作为训练样本，剩下的 20% 作为测试样本。

3. 实验方法与步骤

本上机实验的具体方法与步骤如下：

1）把经过预处理的专家样本数据"test/data/moment.csv"使用 pandas 中的 read_csv 函数读入当前工作空间。

2）把工作空间的建模数据随机分为两部分：一部分用于训练，一部分用于测试。

3）使用 scikit-learn 里的 DecisionTreeClassifier 函数以及训练数据构建决策树模型，使用 predict 函数和构建的决策树模型分别对训练数据进行分类，使用 scikit-learn 的子库 Metrics 的 confusion_matrix 函数求出混淆矩阵，如果仅仅是想知道准确率，可以用 Metrics 的 accuracy_score 函数返回。

4）使用 predict 函数和步骤 3 构建好的决策树模型分别对测试数据进行分类，参考步骤 3 得到模型分类正确率和混淆矩阵。

4. 思考与实验总结

通过上机实验，我们可以对以下问题进行思考与总结：

1）在 Python 环境下还有哪些方法可以处理图像数据？

2）决策树模型的参数有哪些？如何针对数据特征进行参数择优选择？

9.4 拓展思考

我国环境质量评价工作是 20 世纪 70 年代后才逐步发展起来的。发展至今，在评价指标体系及评价理论探索等方面均有较大进展。但目前在我国环境评价的实际工作中，所采用的方法通常是一些比较传统的评价方法，往往是从单个污染因子的角度对其进行简单评价。然而对某区域的环境质量（如水质、大气质量等）的综合评价一般涉及较多的评价因素，且各因素与区域环境整体质量关系复杂，因而采用单项污染指数评价法无法客观准确地反映各污染因子之间相互作用对环境质量的影响。

基于上述原因，要客观评价一个区域的环境质量状况，需要综合考虑各种因素之间以及影响因素与环境质量之间错综复杂的关系，采用传统的方法存在着一定的局限性和不合理性。因此，从学术研究的角度对环境评价的技术方法及其理论进行探讨，寻求更全面、客观、准确反映环境质量的新的理论方法具有重要的现实意义。

有人根据空气中 SO_2、NO、NO_2、NO_x、PM10 和 PM2.5 的含量，建立分类预测模型，以实现对空气质量的评价。在某地实际监测的部分，原始样本数据经预处理后如表 9-4 所示（完整数据见：/ 拓展思考 /environment_data.xls）。请采用支持向量机进行模型构建，并评价模型效果。

表 9-4　建模样本数据

SO$_2$	NO	NO$_2$	NOx	PM10	PM2.5	空气等级
0.031	0	0.046	0.047	0.085	0.058	I
0.022	0	0.053	0.053	0.07	0.048	II
0.017	0	0.029	0.029	0.057	0.04	I
0.026	0	0.026	0.026	0.049	0.034	I
0.018	0	0.027	0.027	0.051	0.035	I
0.019	0	0.052	0.053	0.06	0.04	II
0.022	0	0.059	0.06	0.064	0.042	II
0.023	0.01	0.085	0.099	0.07	0.044	II
0.022	0.012	0.066	0.084	0.073	0.042	II
0.017	0.007	0.037	0.048	0.069	0.04	I

* 数据详见：拓展思考 /environment_data.xls。

9.5　小结

本案例结合基于水色图像进行水质评价的案例，重点介绍了图像处理算法中的颜色矩提取和数据挖掘算法中决策树算法在实际案例中的应用。利用水色图像颜色矩的特征，采用决策树算法进行水质评价，并详细地描述了数据挖掘的整个过程，也对其相应的算法提供了 Python 语言上机实验。

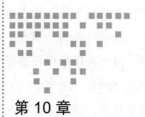

Chapter 10 | 第 10 章

家用热水器用户行为分析与事件识别

居民在使用家用热水器的过程中，会因为地区气候、不同区域和用户年龄性别差异等原因形成不同的使用习惯。家电企业若能深入了解其产品在不同用户群中的使用习惯，开发符合客户需求和使用习惯的功能，就能开拓新市场。

本案例将依据 BP 神经网络算法构建洗浴事件识别模型，进而对不同地区的用户的洗浴事件进行识别，然后根据识别结果比较不同客户群的客户使用习惯，以加深对客户需求的理解等。从而厂商便可以对不同的客户群提供最适合的个性化产品，改进新产品的智能化研发并制定相应的营销策略。

10.1 背景与挖掘目标

自 1988 年中国第一台真正意义上的热水器诞生至今，该行业经历了翻天覆地的变化。随着入场企业的增多，热水器行业竞争愈发激烈，如何在众多的企业中脱颖而出，成了热水器企业发展的重中之重。从用户的角度出发，分析用户的使用行为，改善热水器的产品功能，是企业在竞争中脱颖而出的重要方法之一。

随着我国国内大家电品牌的进入和国外品牌的涌入，电热水器相关技术在过去 20 年间得到了快速发展，屡创新高。从首次提出封闭式电热水器的概念到水电分离技术的研发，再到漏电保护技术的应用及出水断电技术和防电墙技术专利的申请突破，如今高效能技术颠覆了业内对电热水器"高能耗"的认知。然而，当下的热水器行业也并非一片

"太平盛世"，行业内正在上演一幕幕"弱肉强食"的"丛林法则"戏码，市场份额逐步向龙头企业集中，尤其是那些在资金、渠道和品牌影响力等方面拥有实力的综合家电品类巨头，它们正在不断"蚕食鲸吞"市场"蛋糕"。要想在该行业立足，只能走产品差异化路线，提升技术实力和产品质量，在功能卖点、外观等方面做出自身的特色。

　　国内某热水器生产厂商新研发的一种高端智能热水器，在状态发生改变或者有水流状态时，会采集各监控指标数据。本案例基于热水器采集的时间序列数据，根据水流量和停顿时间间隔，将顺序排列的离散的用水时间节点划分为不同大小的时间区间，每个区间都是一个可理解的一次完整的用水事件，并以热水器一次完整用水事件作为一个基本事件，将时间序列数据划分为独立的用水事件，并识别出其中属于洗浴的事件。基于以上工作，该厂商可从热水器智能操作和节能运行等方面对产品进行优化。

　　在热水器用户行为分析过程中，用水事件识别是最为关键的环节。根据该热水器生产厂商提供的数据，热水器用户用水事件划分与识别案例的整体目标如下：

　　1）根据热水器采集到的数据，划分一次完整用水事件。

　　2）在划分好的一次完整用水事件中，识别出洗浴事件。

10.2　分析方法与过程

　　热水器用户用水事件划分与识别案例的总体流程如图 10-1 所示。

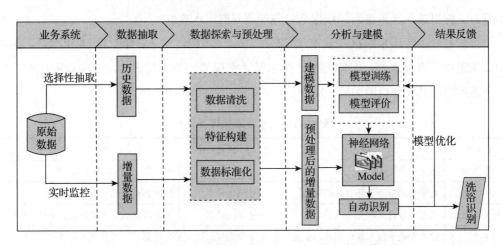

图 10-1　热水器用户用水事件划分与识别案例的总体流程

　　热水器用户用水事件划分与识别案例主要包括以下 5 个步骤：

1）对热水器用户的历史用水数据进行选择性抽取，构建专家样本。

2）对步骤1形成的数据集，进行数据探索分析与预处理，包括探索水流量的分布情况，删除冗余属性，识别用水数据的缺失值，并对缺失值进行处理，然后根据建模的需要进行属性构造等。最后根据以上处理，对热水器用户用水样本数据建立用水事件时间间隔识别模型和划分一次完整的用水事件模型，接着在一次完整用水事件划分结果的基础上，剔除短暂用水事件、缩小识别范围等。

3）在步骤2得到的建模样本数据基础上，建立洗浴事件识别模型，对洗浴事件识别模型进行模型分析评价。

4）应用步骤3形成的模型结果，并对洗浴事件划分进行优化。

5）调用洗浴事件识别模型，对实时监控的热水器流水数据进行洗浴事件自动识别。

10.2.1 数据探索分析

在热水器的使用过程中，热水器的状态会经常发生改变，如开机和关机、由加热转到保温、由无水流到有水流、水温由 50℃变为 49℃等。而智能热水器在状态发生改变或水流量非零时，每两秒就会采集一条状态数据。由于数据的采集频率较高，并且数据来自大量用户，因此数据总量非常大。本案例对原始数据采用无放回随机抽样法，抽取 200 家热水器用户自 2014 年 1 月 1 日至 2014 年 12 月 31 日的用水记录作为原始建模数据。由于热水器用户不仅使用热水器来洗浴，还有洗手、洗脸、刷牙、洗菜、做饭等用水行为，所以热水器采集到的数据来自各种不同的用水事件。

热水器采集的用水数据包含 12 个属性：热水器编码、发生时间、开关机状态、加热中、保温中、有无水流、实际温度、热水量、水流量、节能模式、加热剩余时间和当前设置温度等。其解释说明如表 10-1 所示。

表 10-1 热水器数据属性说明

属性名称	说　　明	属性名称	说　　明
热水器编码	热水器出厂编号	实际温度	热水器中热水的实际温度
发生时间	记录热水器处于某状态的时刻	热水量	热水器热水的含量
开关机状态	热水器是否开机	水流量	热水器热水的水流速度，单位：L/min
加热中	热水器处于对水进行加热的状态	节能模式	热水器的一种节能工作模式
保温中	热水器处于对水进行保温的状态	加热剩余时间	加热到设定温度还需多长时间
有无水流	热水水流量≥10L/min 为有水，否则为无	当前设置温度	热水器加热时热水能够达到的最大温度

　　探索分析热水器的水流量状况，其中"有无水流"和"水流量"属性最能直观体现热水器的水流量情况，对这两个属性进行探索分析，如代码清单 10-1 所示。

代码清单 10-1　探索分析热水器的水流量状况

```
import pandas as pd
import matplotlib.pyplot as plt

inputfile = './demo/data/original_data.xls'    # 输入的数据文件
data = pd.read_excel(inputfile)                 # 读取数据

# 查看有无水流的分布
# 数据提取
lv_non = pd.value_counts(data['有无水流'])['无']
lv_move = pd.value_counts(data['有无水流'])['有']
# 绘制条形图

fig = plt.figure(figsize=(6 ,5))                 # 设置画布大小
plt.rcParams['font.sans-serif'] = 'SimHei'       # 设置中文显示
plt.rcParams['axes.unicode_minus'] = False
plt.bar(left=range(2), height=[lv_non,lv_move], width=0.4, alpha=0.8,
    color= 'skyblue')
plt.xticks([index for index in range(2)], ['无','有'])
plt.xlabel('水流状态')
plt.ylabel('记录数')
plt.title('不同水流状态记录数')
plt.show()
plt.close()

# 查看水流量分布
water = data['水流量']
# 绘制水流量分布箱型图
fig = plt.figure(figsize=(5 ,8))
plt.boxplot(water,
            patch_artist=True,
            labels = ['水流量'],                  # 设置x轴标题
            boxprops = {'facecolor':'lightblue'}) # 设置填充颜色
plt.title('水流量分布箱型图')
# 显示y坐标轴的底线
plt.grid(axis='y')
plt.show()
```

*代码详见：demo/code/data_explore.py。

　　通过代码清单 10-1 得到不同水流状态的记录条形图，如图 10-2 所示，无水流状态的记录明显比有水流状态的记录要多。

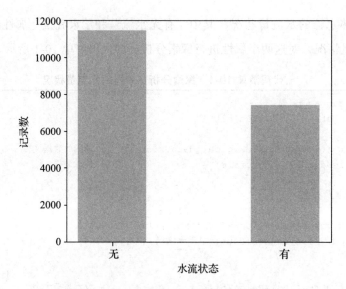

图 10-2　不同水流状态的记录条形图

通过代码清单 10-1 得到不同水流状态的记录条形图，如图 10-3 所示，箱体贴近 0，说明无水流量的记录较多，水流量的分布与水流状态的分布一致。

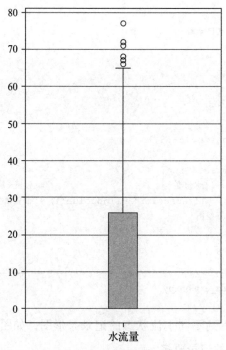

图 10-3　水流量分布箱型图

"用水停顿时间间隔"定义为一条水流量不为 0 的流水记录同下一条水流量不为 0 的流水记录之间的时间间隔。根据现场实验统计，两次用水过程的用水停顿间隔时长一般不大于 4 分钟。为了探究热水器用户真实用水停顿时间间隔的分布情况，统计用水停顿的时间间隔并做出频率分布表。通过频率分布表分析用户用水停顿时间间隔的规律性，具体的数据如表 10-2 所示。

表 10-2　用水停顿时间间隔频数分布表（单位：分钟）

间隔时长	0～0.1	0.1～0.2	0.2～0.3	0.3～0.5	0.5～1	1～2	2～3	3～4	4～5
停顿频率	78.71%	9.55%	2.52%	1.49%	1.46%	1.29%	0.74%	0.48%	0.26%
间隔时长	5～6	6～7	7～8	8～9	9～10	10～11	11～12	12～13	13 以上
停顿频率	0.27%	0.19%	0.17%	0.12%	0.09%	0.09%	0.10%	0.11%	2.36%

通过分析表 10-2 可知，停顿时间间隔为 0～0.3 分钟的频率很高，根据日常用水经验可以判断其为一次用水时间中的停顿；停顿时间间隔为 6～13 分钟的频率较低，分析其为两次用水事件之间的停顿。根据现场实验统计用水停顿的时间间隔可知，两次用水事件的停顿时间间隔分布在 3～7 分钟。

10.2.2　数据预处理

1. 属性归约

由于热水器采集的用水数据属性较多，本案例做以下处理。

因为分析的主要对象为热水器用户，分析的主要目标为热水器用户洗浴行为的一般规律，所以"热水器编号"属性可以去除；因为在热水器采集的数据中，"有无水流"属性可以通过"水流量"属性反映出来，"节能模式"属性取值相同均为"关"，对分析无作用，所以可以去除。

删除冗余属性"热水器编号""有无水流""节能模式"，如代码清单 10-2 所示。

代码清单 10-2　删除冗余属性

```python
import pandas as pd
import numpy as np
data = pd.read_excel('../data/original_data.xls')
print('初始状态的数据形状为: ', data.shape)
# 删除热水器编号、有无水流、节能模式属性
data.drop(labels=["热水器编号","有无水流","节能模式"], axis=1, inplace=True)
print('删除冗余属性后的数据形状为: ', data.shape)
data.to_csv('../tmp/water_heart.csv', index=False)
```

*代码详见：demo/code/data_preprocessed.py。

删除冗余属性后得到用来建模的属性如表 10-3 所示。

表 10-3　删除冗余属性后部分数据列表

发 生 时 间	开关机状态	加热中	保温中	实际温度	热水量	水流量	加热剩余时间	当前设置温度
20141019161042	开	开	关	48℃	25%	0	1分钟	50℃
20141019161106	开	开	关	49℃	25%	0	1分钟	50℃
20141019161147	开	开	关	49℃	25%	0	0分钟	50℃
20141019161149	开	关	开	50℃	100%	0	0分钟	50℃
20141019172319	开	关	开	50℃	50%	0	0分钟	50℃
20141019172321	关	关	关	50℃	50%	62	0分钟	50℃
20141019172323	关	关	关	50℃	50%	63	0分钟	50℃

2. 划分用水事件

热水器用户的用水数据存储在数据库中，记录了各种各样的用水事件，包括洗浴、洗手、刷牙、洗脸、洗衣、洗菜等，而且一次用水事件由数条甚至数千条的状态记录组成。所以本案例首先需要在大量的状态记录中划分出哪些连续的数据是一次完整的用水事件。

在用水状态记录中，水流量不为 0，表明热水器用户正在使用热水；而水流量为 0 时，则表明热水器用户用热水时发生停顿或者用热水结束。对于任何一个用水记录，如果它的向前时差超过阈值 T，则将它记为事件的开始编号；如果它的向后时差超过阈值 T，则将其记为事件的结束编号。划分模型的符号说明如表 10-4 所示。

表 10-4　一次完整用水事件模型构建符号说明表

符 号	释 义
t1	所有水流量不为 0 的用水行为的发生时间
时间间隔阈值	T

一次完整用水事件的划分步骤如下：

1）读取数据记录，识别所有水流量不为 0 的状态记录，将它们的发生时间记为序列 t1。

2）对序列 t1 构建其向前时差列和向后时差列，并分别与阈值进行比较。向前时差超过阈值 T，则将它记为新的用水事件的开始编号；如果向后时差超过阈值 T，则将其记为用水事件的结束编号。

循环执行步骤 2，直到向前时差列和向后时差列与均值比较完毕，则结束事件划分。

用水事件划分主要分为两个步骤，即确定单次用水时长间隔，计算两条相邻记录的时间，实现代码如代码清单 10-3 所示。

代码清单 10-3　划分用水事件

```
# 读取数据
data = pd.read_csv('../tmp/water_heart.csv')
# 划分用水事件
threshold = pd.Timedelta('4 min')          # 阈值为4分钟
data['发生时间'] = pd.to_datetime(data['发生时间'], format='%Y%m%d%H%M%S')
data = data[data['水流量'] > 0]            # 只要流量大于0的记录
sjKs = data['发生时间'].diff() > threshold # 相邻时间向前差分，比较是否大于阈值
sjKs.iloc[0] = True                        # 令第一个时间为第一个用水事件的开始事件
sjJs = sjKs.iloc[1:]                       # 向后差分的结果
sjJs = pd.concat([sjJs,pd.Series(True)])   # 令最后一个时间作为最后一个用水事件的结束时间
# 创建数据框，并定义用水事件序列
sj = pd.DataFrame(np.arange(1, sum(sjKs)+1), columns=["事件序号"])
sj["事件起始编号"] = data.index[sjKs == 1]+1# 定义用水事件的起始编号
sj["事件终止编号"] = data.index[sjJs == 1]+1# 定义用水事件的终止编号
print('当阈值为4分钟的时候事件数目为: ',sj.shape[0])
sj.to_csv('../tmp/sj.csv', index=False)
```

* 代码详见：demo/code/data_preprocessed.py。

对热水器用户的用水数据进行划分，结果如表 10-5 所示。

表 10-5　用水数据划分结果

	发生时间	……	事件编号
2	2014-10-19 07:01:56	……	1
56	2014-10-19 07:38:16	……	2
381	2014-10-19 09:46:38	……	3
382	2014-10-19 09:46:40	……	3
384	2014-10-19 09:47:15	……	3
404	2014-10-19 11:50:17	……	4
……	……	……	……

3. 确定单次用水事件时长阈值

对某热水器用户的数据，根据不同的阈值划分用水事件，得到相应的事件个数，阈值变化与划分得到事件个数如表 10-6 所示，阈值与划分事件个数关系如图 10-4 所示。

表 10-6　某热水器用户家庭某时间段不同用水时间间隔阈值事件划分个数

阈值（分钟）	2.25	2.5	2.75	3	3.25	3.5	3.75	4	4.25	4.5	4.75	5
事件个数	650	644	626	602	588	565	533	530	530	530	522	520
阈值（分钟）	5.25	5.5	5.75	6	6.25	6.5	6.75	7	7.25	7.5	7.75	8
事件个数	510	506	503	500	480	472	466	462	460	460	460	460

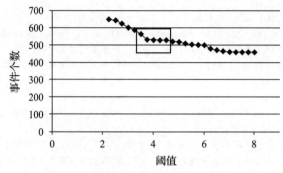

图 10-4　阈值与划分事件个数的关系

　　图 10-4 为阈值与划分事件个数的散点图。图中某段阈值范围内，下降趋势明显，说明在该段阈值范围内，热水器用户的停顿习惯比较集中。如果趋势比较平缓，则说明热水器用户停顿热水的习惯趋于稳定，所以取该段时间开始的时间点作为阈值，既不会将短的用水事件合并，又不会将长的用水事件拆开。在图 10-4 中，热水器用户停顿热水的习惯在方框中的位置趋于稳定，说明该热水器用户的用水停顿习惯用方框开始的时间点作为划分阈值会有好的效果。

　　曲线在图 10-4 中，方框趋于稳定时，其方框开始的点的斜率趋于一个较小的值。为了用程序来识别这一特征，将这一特征提取为规则。图 10-5 可以说明如何识别上图方框中起始的时间。

　　每个阈值对应一个点，给每个阈值计算得到一个斜率指标，如图 10-5 所示。其中，A 点是要计算的斜率指标点。为了直观展示，用表 10-7 所示的符号来进行说明。

　　根据式（10-1），计算出 k_{AB}、k_{AC}、k_{AD}、k_{AE} 四个斜率。于是可以根据式（10-2）计算出 4 个斜率之和的平均值 K。

$$k = \frac{y_1 - y_2}{x_1 - x_2} \qquad (10\text{-}1)$$

$$K = \frac{k_{AB} + k_{AC} + k_{AD} + k_{AE}}{4} \qquad (10\text{-}2)$$

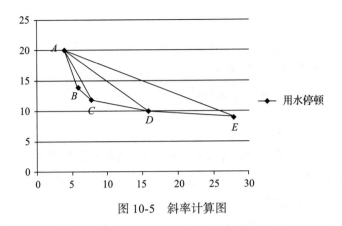

图 10-5　斜率计算图

表 10-7　阈值寻优模型符号说明

符号名称	符号说明	符号名称	符号说明
k_{Ai}	A 与 i 点的斜率的绝对值 $i \in \{B,C,D,E\}$	K	5 个点的斜率之和的平均值
k	任意两点 (x_1,y_1)，(x_2,y_2) 的斜率的绝对值	(x_i,y_i)	i 点的坐标 $i \in \{B,C,D,E\}$

将 K 作为 A 点的斜率指标，特别指出横坐标上的最后 4 个点没有斜率指标，因为找不出在它以后的 4 个更长的阈值。但这不影响对最优阈值的寻找，因为可以提高阈值的上限，以使最后的 4 个阈值不在考虑范围内。

先统计出各个阈值下的用水事件的个数，再通过阈值寻优的方式找出最优的阈值，具体实现方式如代码清单 10-4 所示。

代码清单 10-4　确定单次用水事件时长阈值

```
# 确定单次用水事件时长阈值
n = 4                                    # 使用以后4个点的平均斜率
threshold = pd.Timedelta(minutes=5)       # 专家阈值
data['发生时间'] = pd.to_datetime(data['发生时间'], format='%Y%m%d%H%M%S')
data = data[data['水流量'] > 0]           # 只要流量大于0的记录
# 自定义函数：输入划分时间的时间阈值，得到划分的事件数
def event_num(ts):
    d = data['发生时间'].diff() > ts      # 相邻时间作差分，比较是否大于阈值
    return d.sum() + 1                    # 这样直接返回事件数
dt = [pd.Timedelta(minutes=i) for i in np.arange(1, 9, 0.25)]
h = pd.DataFrame(dt, columns=['阈值'])    # 转换数据框，定义阈值列
h['事件数'] = h['阈值'].apply(event_num)  # 计算每个阈值对应的事件数
h['斜率'] = h['事件数'].diff()/0.25       # 计算每两个相邻点对应的斜率
h['斜率指标']= h['斜率'].abs().rolling(4).mean()    # 往前取n个斜率绝对值平均作为斜率指标
ts = h['阈值'][h['斜率指标'].idxmin() - n]
# 用idxmin返回最小值的Index，由于rolling_mean()计算的是前n个斜率的绝对值平均
```

```
# 所以结果要进行平移（-n）
if ts > threshold:
    ts = pd.Timedelta(minutes=4)
print('计算出的单次用水时长的阈值为：',ts)
```

* 代码详见：demo/code/data_preprocessed.py。

得到阈值优化的结果如下：

1）当存在一个阈值的斜率指标 $K<1$ 时，则取阈值最小的点 A（可能存在多个阈值的斜率指标小于 1）的横坐标 x_A 作为用水事件划分的阈值，其中 $K<1$ 中的 "1" 是经过实际数据验证的一个专家阈值。

2）当不存在一个阈值的斜率指标 $K<1$ 时，则找所有阈值中斜率指标最小的阈值；如果该阈值的斜率指标小于 5，则取该阈值作为用水事件划分的阈值；如果该阈值的斜率指标不小于 5，则阈值取默认值的阈值——4 分钟。其中，"斜率指标小于 5" 中的 "5" 是经过实际数据验证的一个专家阈值。

4. 属性构造

（1）构建用水时长与频率属性

不同用水事件的用水时长是基础属性之一。例如，单次洗漱事件一般总时长在 5 分钟左右，而一次手洗衣物事件的时长则根据衣物多少而不同。根据用水时长这一属性可以构建如表 10-8 所示的事件开始时间、事件结束时间、洗浴时间点、用水时长、总用水时长和用水时长 / 总用水时长这 6 个属性。

表 10-8　主要用水时长类属性构建说明

属　　　性	构 建 方 法	说　　　明
事件开始时间	事件开始时间 = 起始数据的时间 $-\dfrac{发送阈值}{2}$	热水事件开始发生的时间
事件结束时间	事件结束时间 = 结束数据的时间 $+\dfrac{发送阈值}{2}$	热水事件结束发生的时间
洗浴时间点	洗浴时间点 = 事件开始时间的小时点，如时间为 "20:00:10"，则洗浴时间点为 "20"	开始用水的时间点
用水时长	用水时长 = 每条用水数据时长的和 = $\dfrac{和上条数据的相隔时间}{2}+\dfrac{和下条数据的相隔时间}{2}$	一次用水过程中有热水流出的时长
总用水时长	从划分出的用水事件，起始数据的时间到终止数据的时间间隔 + 发送阈值	记录整个用水阶段的时长
用水时长 / 总用水时长	用水时长 / 总用水时长	判断用水时长占总用水时长的比重

表 10-8 构建用水开始时间或结束时间两个特征时分别减去或加上了发送阈值（发送阈值是指热水器传输数据的频率的大小）。其原因以图 10-6 为例。在 20:00:10 时，热水器记录到的数据是数据还没有用水，而在 20:00:12 时，热水器记录的数据是有用水行为。所以用水开始时间在 20:00:10～20:00:12 之间，考虑到网络不稳定导致的网络数据传输延时数分钟或数小时之久等因素，取平均值会导致很大的偏差，综合分析构建"用水开始时间"为起始数据的时间减去"发送阈值"的一半。

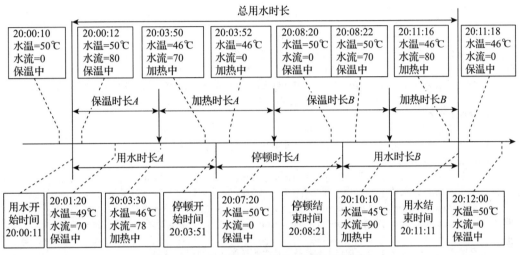

图 10-6　一次用水事件及相关属性说明

用水时长相关的属性只能区分出一部分用水事件，不同用水事件的用水停顿和频率也不同。例如，一次完整洗漱事件的停顿次数不多，停顿的时间长短不一，平均停顿时长较短；一次手洗衣物事件的停顿次数较多，停顿时间相差不大，平均停顿时长一般。根据这一属性，可以构建如表 10-9 所示的停顿时长、总停顿时长、平均停顿时长、停顿次数 4 个属性。

表 10-9　主要用水频率类属性构建说明

属　性	构　建　方　法	说　明
停顿时长	一次完整用水事件中，对水流量为 0 的数据做计算，停顿时长 = 每条用水停顿数据时长的和 = 和下条数据的间隔时间 /2+ 上条数据的间隔时间 /2	标记一次完整用水事件中的每次用水停顿的时长
总停顿时长	一次完整用水事件中的所有停顿时长之和	标记一次完整用水事件中的总停顿时长
平均停顿时长	一次完整用水事件中的所有停顿时长的平均值	标记一次完整用水事件中的停顿的平均时长
停顿次数	一次完整用水事件的中断用水的次数之和	帮助识别洗浴及连续洗浴事件

构建用水时长与用水频率属性，如代码清单 10-5 所示。

代码清单 10-5　构建用水时长与用水频率属性

```python
# 读取热水器使用数据记录
data = pd.read_excel('../data/water_hearter.xlsx',encoding='gbk')
sj = pd.read_csv('../tmp/sj.csv')                # 读取用水事件记录
# 转换时间格式
data["发生时间"] = pd.to_datetime(data["发生时间"], format="%Y%m%d%H%M%S")

# 构造属性：总用水时长
timeDel = pd.Timedelta("1 sec")
sj["事件开始时间"] = data.iloc[sj["事件起始编号"]-1,0].values- timeDel
sj["事件结束时间"] = data.iloc[sj["事件终止编号"]-1,0].values + timeDel
sj['洗浴时间点'] = [i.hour for i in sj["事件开始时间"]]
sj["总用水时长"] = np.int64(sj["事件结束时间"] - sj["事件开始时间"])/1000000000+1

# 构造用水停顿事件
# 构造属性“停顿开始时间”“停顿结束时间”
# 停顿开始时间指从有水流到无水流，停顿结束时间指从无水流到有水流
for i in range(len(data)-1):
    if (data.loc[i,"水流量"] != 0) & (data.loc[i + 1,"水流量"] == 0) :
        data.loc[i + 1,"停顿开始时间"] = data.loc[i +1, "发生时间"] - timeDel
    if (data.loc[i,"水流量"] == 0) & (data.loc[i + 1,"水流量"] != 0) :
        data.loc[i,"停顿结束时间"] = data.loc[i , "发生时间"] + timeDel

# 提取停顿开始时间与结束时间所对应行号，放在数据框stop中
indStopStart = data.index[data["停顿开始时间"].notnull()]+1
indStopEnd = data.index[data["停顿结束时间"].notnull()]+1
Stop = pd.DataFrame(data={"停顿开始编号":indStopStart[:-1],
                          "停顿结束编号":indStopEnd[1:]})
# 计算停顿时长，并放在数据框stop中，停顿时长=停顿结束时间–停顿开始时间
Stop["停顿时长"] = np.int64(data.loc[indStopEnd[1:]-1,"停顿结束时间"].values-
                   data.loc[indStopStart[:-1]-1,"停顿开始时间"].values)/1000000000
# 将每次停顿与事件匹配，停顿的开始时间要大于事件的开始时间，
# 且停顿的结束时间要小于事件的结束时间
for i in range(len(sj)):
    Stop.loc[(Stop["停顿开始编号"] > sj.loc[i,"事件起始编号"]) &
        (Stop["停顿结束编号"] < sj.loc[i,"事件终止编号"]),"停顿归属事件"]=i+1

# 删除停顿次数为0的事件
Stop = Stop[Stop["停顿归属事件"].notnull()]

# 构造属性 用水事件停顿总时长、停顿次数、停顿平均时长、
# 用水时长，用水/总时长
stopAgg =  Stop.groupby("停顿归属事件").agg({"停顿时长":sum,"停顿开始编号":len})
sj.loc[stopAgg.index - 1,"总停顿时长"] = stopAgg.loc[:,"停顿时长"].values
sj.loc[stopAgg.index-1,"停顿次数"] = stopAgg.loc[:,"停顿开始编号"].values
```

```
sj.fillna(0,inplace=True)    # 对缺失值用0插补
stopNo0 = sj["停顿次数"] != 0   # 判断用水事件是否存在停顿
sj.loc[stopNo0,"平均停顿时长"] = sj.loc[stopNo0,"总停顿时长"]/sj.loc[stopNo0,"停顿次数"]
sj.fillna(0,inplace=True)    # 对缺失值用0插补
sj["用水时长"] = sj["总用水时长"] - sj["总停顿时长"]    # 定义属性 用水时长
sj["用水/总时长"] = sj["用水时长"] / sj["总用水时长"]   # 定义属性 用水/总时长
print('用水事件用水时长与频率属性构造完成后数据的属性为：\n',sj.columns)
print('用水事件用水时长与频率属性构造完成后数据的前5行5列属性为：\n',
        sj.iloc[:5,:5])
```

* 代码详见：demo/code/data_preprocessed.py。

（2）构建用水量与波动属性

除了用水时长、停顿和频率外，用水量也是识别该事件是否为洗浴事件的重要属性。例如，用水事件中的洗漱事件相比洗浴事件有停顿次数多、用水总量少、平均用水少的特点；手洗衣物事件相比于洗浴事件则有停顿次数多、用水总量多、平均用水量多的特点。根据这一原因可以构建出表 10-10 所示的两个用水量属性。

表 10-10　用水量属性构建说明

属　　性	构　建　方　法	说　　明
总用水量	总用水量 = 每条有水流数据的用水量 = 持续时间 × 水流大小	一次用水过程中使用的总的水量，单位为 L
平均水流量	平均水流量 = $\dfrac{\text{总用水量}}{\text{有水流时间}}$	一次用水过程中，开花洒时平均水流量大小（为热水），单位为 L/min

同时用水波动也是区分不同用水事件的关键。一般来说，在一次洗漱事件中，刷牙和洗脸的用水量完全不同；而在一次手洗衣物事件中，每次用水的量和停顿时间相差却不大。根据不同用水事件的这一特征可以构建表 10-11 所示的水流量波动和停顿时长波动两个特征。

表 10-11　用水波动属性构建说明

属　性	构　建　方　法	说　　明
水流量波动	水流量波动 = $\sum \dfrac{(\text{单次水流的值} - \text{平均水流量})^2 \times \text{持续时间}}{\text{总的有水流量的时间}}$	一次用水过程中，开花洒时水流量的波动大小
停顿时长波动	停顿时长波动 = $\sum \dfrac{(\text{单次水流的值} - \text{平均水流量})^2 \times \text{持续时间}}{\text{总停顿时长}}$	一次用水过程中，用水停顿时长的波动情况

在用水时长和频率属性的基础之上构建用水量和用水波动属性，需要充分利用用水

时长和频率属性，如代码清单 10-6 所示。

代码清单 10-6　构建用水量和用水波动属性

```
data["水流量"] = data["水流量"] / 60 # 原单位L/min, 现转换为L/sec
sj["总用水量"] = 0 # 给总用水量赋一个初始值0
for i in range(len(sj)):
    Start = sj.loc[i,"事件起始编号"]-1
    End = sj.loc[i,"事件终止编号"]-1
    if Start != End:
        for j in range(Start,End):
            if data.loc[j,"水流量"] != 0:
                sj.loc[i,"总用水量"] = (data.loc[j + 1,"发生时间"] - \
                                       data.loc[j,"发生时间"]).seconds* \
                                       data.loc[j,"水流量"] + sj.loc[i,"总用水量"]
        sj.loc[i,"总用水量"] = sj.loc[i,"总用水量"] + data.loc[End,"水流量"] * 2
    else:
        sj.loc[i,"总用水量"] = data.loc[Start,"水流量"] * 2

sj["平均水流量"] = sj["总用水量"] / sj["用水时长"]    # 定义属性 平均水流量
# 构造属性: 水流量波动
# 水流量波动=∑((((单次水流的值-平均水流量)^2)*持续时间)/用水时长
sj["水流量波动"] = 0                              # 给水流量波动赋一个初始值0
for i in range(len(sj)):
    Start = sj.loc[i,"事件起始编号"] - 1
    End = sj.loc[i,"事件终止编号"] - 1
    for j in range(Start,End + 1):
        if data.loc[j,"水流量"] != 0:
            slbd = (data.loc[j,"水流量"] - sj.loc[i,"平均水流量"])**2
            slsj = (data.loc[j + 1,"发生时间"] - data.loc[j,"发生时间"]).seconds
            sj.loc[i,"水流量波动"] = slbd * slsj + sj.loc[i,"水流量波动"]
    sj.loc[i,"水流量波动"] = sj.loc[i,"水流量波动"] / sj.loc[i,"用水时长"]

# 构造属性: 停顿时长波动
# 停顿时长波动=∑((((单次停顿时长-平均停顿时长)^2)*持续时间)/总停顿时长
sj["停顿时长波动"] = 0                            # 给停顿时长波动赋一个初始值0
for i in range(len(sj)):
    if sj.loc[i,"停顿次数"] > 1:                   # 当停顿次数为0或1时，停顿时长波动
                                                  值为0，故排除
        for j in Stop.loc[Stop["停顿归属事件"] == (i+1),"停顿时长"].values:
            sj.loc[i,"停顿时长波动"] = ((j - sj.loc[i,"平均停顿时长"])**2) * j + \
                                      sj.loc[i,"停顿时长波动"]
        sj.loc[i,"停顿时长波动"] = sj.loc[i,"停顿时长波动"] / sj.loc[i,"总停顿时长"]

print('用水量和波动属性构造完成后数据的属性为: \n',sj.columns)
print('用水量和波动属性构造完成后数据的前5行5列属性为: \n',sj.iloc[:5,:5])
```

*代码详见: demo/code/data_preprocessed.py。

5. 筛选候选洗浴事件

洗浴事件的识别是建立在一次用水事件识别的基础上的，也就是从已经划分好的一次用水事件中识别出哪些一次用水事件是洗浴事件。

可以使用 3 个比较宽松的条件筛选掉那些非常短暂的用水事件，确定不可能为洗浴事件的数据就删除，剩余的事件称为"候选洗浴事件"。这 3 个条件是"或"的关系，也就是说，只要一次完整的用水事件满足任意一个条件，就被判定为短暂用水事件，即会被筛选掉。3 个筛选条件如下：

1）一次用水事件中总用水量小于 5 升。

2）用水时长小于 100 秒。

3）总用水时长小于 120 秒。

基于构建的用水时长、用水量属性，筛选候选洗浴事件，如代码清单 10-7 所示。

代码清单 10-7　筛选候选洗浴事件

```
sj_bool = (sj['用水时长'] >100) & (sj['总用水时长'] > 120) & (sj['总用水量'] > 5)
sj_final = sj.loc[sj_bool,:]
sj_final.to_excel('../tmp/sj_final.xlsx', index=False)
print('筛选出候选洗浴事件前的数据形状为: ',sj.shape)
print('筛选出候选洗浴事件后的数据形状为: ',sj_final.shape)
```

* 代码详见: demo/code/data_preprocessed.py。

筛选前，用水事件数目总共为 172 个，经过筛选，余下 75 个用水事件。结合日志，最终用于建模的属性的总数为 11 个，其基本情况如表 10-12 所示。

表 10-12　属性基本情况

属 性 名 称	均 　 值	中 位 数	标 准 差
洗浴时间点	19.000 000	20.000 000	3.263 227
总用水时长	529.506 667	503.000 000	261.902 621
总停顿时长	57.893 333	4.000 000	95.050 566
停顿次数	1.213 333	1.000 000	1.544 767
平均停顿时长	34.167 302	2.000 000	51.083 390
用水时长	471.613 333	461.000 000	206.411 416
用水时长 / 总用水时长	0.921 799	0.989 899	0.116 112
总用水量	241.015 556	235.116 667	127.539 757
平均水流量	0.497 794	0.498 853	0.118 436
水流量波动	0.155 609	0.019 534	0.728 971
停顿时长波动	619.675 823	0.000 000	1999.449 248

10.2.3 模型构建

根据建模样本数据建立 BP 神经网络模型识别洗浴事件。由于洗浴事件与普通用水事件在特征上存在不同，而且这些不同的特征要被体现出来。于是，根据热水器用户提供的用水日志，将其中洗浴事件的数据状态记录作为训练样本训练 BP 神经网络。然后根据训练好的 BP 神经网络来检验新采集的数据，具体过程如图 10-7 所示。

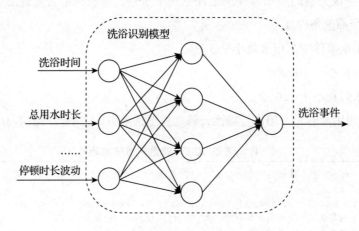

图 10-7　BP 神经模型识别洗浴事件

在训练 BP 神经网络的时候，选取了"候选洗浴事件"的 11 个属性作为 BP 神经网络的输入，分别为：洗浴时间点、总用水时长、总停顿时长、平均停顿时长、停顿次数、用水时长、用水时长 / 总用水时长、总用水量、平均水流量、水流量波动和停顿时长波动。训练 BP 神经网络时给定的输出为 1 与 0，其中 1 代表该次事件为洗浴事件，0 表示该次事件不是洗浴事件。是否为洗浴事件的标签的依据是热水器的用水记录日志。

构建 BP 神经网络模型需要注意数据本身属性之间存在的量级差异，因此需要进行标准化，消除量级差异。另外，为了便于后续应用模型，可以用 joblib.dump 函数保存模型，如代码清单 10-8 所示。

代码清单 10-8　构建 BP 神经网络模型

```
import pandas as pd
from sklearn.preprocessing import StandardScaler
from sklearn.neural_network import MLPClassifier
from sklearn.externals import joblib

# 读取数据
Xtrain = pd.read_excel('../tmp/sj_final.xlsx')
```

```
ytrain = pd.read_excel('../data/water_heater_log.xlsx')
test = pd.read_excel('../data/test_data.xlsx')
# 训练集测试集区分
x_train, x_test, y_train, y_test = Xtrain.iloc[:,5:],test.iloc[:,4:-1],\
                                   ytrain.iloc[:,-1],test.iloc[:,-1]
# 标准化
stdScaler = StandardScaler().fit(x_train)
x_stdtrain = stdScaler.transform(x_train)
x_stdtest = stdScaler.transform(x_test)
# 建立模型
bpnn = MLPClassifier(hidden_layer_sizes=(17,10), max_iter=200, solver='lbfgs',
    random_state=50)
bpnn.fit(x_stdtrain, y_train)
# 保存模型
joblib.dump(bpnn,'water_heater_nnet.m')
print('构建的模型为: \n',bpnn)
```

* 代码详见：demo/code/model_train.py。

在训练 BP 神经网络时，对神经网络的参数进行了寻优，发现含有两个隐层的神经网络训练效果较好，其中两个隐层的隐节点数分别为 17 和 10 时训练的效果较好。

根据样本，得到训练好的神经网络后，就可以用来识别对应的热水器用户的洗浴事件，其中待检测的样本的 11 个属性作为输入，输出层输出一个在 [−1,1] 范围内的值，如果该值小于 0，则该事件不是洗浴事件，如果该值大于 0，则该事件是洗浴事件。某热水器用户记录了两周的热水器用水日志，将前一周的数据作为训练数据，将后一周的数据作为测试数据，代入上述模型进行测试。

10.2.4　模型检验

结合模型评价的相关知识，使用精确率（precision）、召回率（recall）和 F1 值来衡量模型评价的效果较为客观、准确。同时结合 ROC 曲线，可以更加直观地评价模型的效果，如代码清单 10-9 所示。

代码清单 10-9　BP 神经网络模型评价

```
# 模型评价
from sklearn.metrics import classification_report
from sklearn.metrics import roc_curve
import matplotlib.pyplot as plt

bpnn = joblib.load('water_heater_nnet.m')            # 加载模型
y_pred = bpnn.predict(x_stdtest)                     # 返回预测结果
```

```
print('神经网络预测结果评价报告：\n',classification_report(y_test,y_pred))
# 绘制ROC曲线图
plt.rcParams['font.sans-serif'] = 'SimHei'          # 显示中文
plt.rcParams['axes.unicode_minus'] = False          # 显示负号
fpr, tpr, thresholds = roc_curve(y_pred,y_test)     # 求出TPR和FPR
plt.figure(figsize=(6,4))                           # 创建画布
plt.plot(fpr,tpr)                                   # 绘制曲线
plt.title('用户用水事件识别ROC曲线')                  # 标题
plt.xlabel('FPR')                                   # x轴标签
plt.ylabel('TPR')                                   # y轴标签
plt.savefig('用户用水事件识别ROC曲线.png')            # 保存图片
plt.show()                                          # 显示图形
```

* 代码详见：demo/code/model_evaluate.py。

根据该热水器用户提供的用水日志判断事件是否为洗浴事件，多层神经网络模型识别结果报告如表 10-13 所示。

表 10-13　模型评估报告

	precision	recall	F1-score	support
0	0.52	0.92	0.67	12
1	0.96	0.73	0.83	37
avg/total	0.86	0.78	0.79	49

根据模型评估报告表 10-13 可以看出，在洗浴事件的识别上精确率（precision）非常高，达到了 96%，同时召回率（recall）也达到了 70% 以上。综合上述结果，可以确定此次创建的模型是有效且效果良好的，能够用于实际的洗浴事件的识别中。

10.3　上机实验

1. 实验目的
本上机实验有以下两个目的：

1）使用 Python 对数据进行预处理，掌握使用 Python 进行数据预处理的方法。

2）掌握数据转换及属性提取过程。

2. 实验内容
本上机实验的内容包含以下两个方面：

1）对采集到的热水器用户数据以 4 分钟为阈值进行用水事件划分。

2）对划分得到的用水事件提取用水事件时长、一次用水事件中开关机切换次数、一次用水事件的总用水量、平均水流量这 4 个属性。

3. 实验方法与步骤

本上机实验的具体方法与步骤如下：

（1）实验一

①打开 Python 载入 pandas，使用 read_excel() 函数将"test/data/water_heater.xls"数据读入 Python 中，water_heater.xls 文件中的数据形式如表 10-4 所示，数据为热水器用户一个月左右的用水数据，数据量为 2 万行左右。

②利用 pandas 方便的函数和方法，得到用水事件的序号、事件起始数据编号和事件终止数据编号，其中用水事件的序号为一个连续编号（1,2,3,…）。根据水流量的值是否为 0，明确地确定用户是否在用热水。再根据各条数据的发生时间，如果停顿时间超过阈值 4 分钟，则认为是二次用水事件。算法具体步骤可参考 10.2.3 节的数据变换中一次完整用水事件的划分模型，也可以根据自己的理解编写。

③使用 to_excel() 函数将得到的用水事件序号、事件起始数据编号、事件终止数据编号等划分结果保存到 Excel 文件中。

（2）实验二

①打开 Python 载入 pandas，使用 read_excel 函数将"test/data/water_heater.xls"数据读入 Python 中，并将实验一中得到的划分结果读入 Python 中。

②数据转换、属性提取。用水事件时长由事件终止数据时间点减去事件起始数据时间点得到。然后再得到一次用水事件中开关机切换次数、一次用水事件的总用水量、平均水流量等属性。这些属性的提取方法见表 10-8 至表 10-13。

③用 to_excel() 函数将每个用水事件的基本信息与提取得到的属性保存到 Excel 文件中。

4. 思考与实验总结

通过上机实验，我们可以对以下问题进行思考与总结：

1）在划分用水事件中采用的阈值为 4 分钟，而案例中有阈值寻优的模型，可用阈值寻优模型对每家热水器用户、每个时间段寻找最优的阈值。

2）试着自行用循环语句（for 或者 while）实现相同的功能，对比案例提供的代码（即用内置的广播式的函数），运行效率会下降多少？

10.4 拓展思考

根据模型划分的结果，发现有时候会将两次（或多次）洗浴事件划分为一次洗浴事件，因为在实际情况中，存在着一个人洗完澡后，另一个人马上洗的情况，这中间过渡期间的停顿间隔小于阈值。针对两次（或多次）洗浴事件被合并为一次洗浴事件的情况，需要进行优化，对连续洗浴事件作识别，提高模型识别精确度。

本案例给出的连续洗浴识别法如下：

对每次用水事件，建立一个连续洗浴判别指标。连续洗浴判别指标初始值为0，每当有一个属性超过设定的阈值，就给该指标加上相应的值，最后判别连续洗浴指标是否超过给定的阈值，如果超过给定的阈值，则认为该次用水事件为连续洗浴事件。

选取5个前面章节提取得到的属性作为判别连续洗浴事件的特征属性，5个属性分别为总用水时长、停顿次数、用水时长/总用水时长、总用水量、停顿时长波动。详细说明如下。

1）总用水时长的阈值为900秒，如果超过900秒，就认为可能是连续洗浴，对于每超出的一秒，就在该事件的连续洗浴判别指标上加上0.005，详情见表10-14。

2）停顿次数的阈值为10次，如果超过10次，就认为可能是连续洗浴，对于每超出的一次，就在该事件的连续洗浴判别指标上加上0.5，详情见表10-14。

3）用水时长/总用水时长的阈值为0.5，如果小于0.5，就认为可能是连续洗浴，对于每少一个单位，就在该事件的连续洗浴判别指标上加上0.2，详情见表10-14。

4）总用水量的阈值为30L/次，如果超过30L，就认为可能是连续洗浴，对于每超出的1L，就在该事件的连续洗浴判别指标上加上0.2，详情见表10-14。

5）停顿时长波动的阈值为1000，如果超过1000，就认为可能是连续洗浴，对于每超出一个单位，就在该事件的连续洗浴判别指标上加上0.002，详情见表10-14。

表 10-14 连续洗浴事件划分模型符号说明

属性名称	符号	阈值	单位	权重
停顿次数	P	10	每超1次	0.5
总用水量	A	30	每超1L	0.2
用水时长/总用水时长	D	0.5	每少1个单位	0.2
总用水时长	T	900	每超1秒	0.005
停顿时长波动	W	1000	每超1个单位	0.002

根据以上信息建立优化模型，其中 S 是连续洗浴判别指标。

$$P = \begin{cases} 0.5(p-10), p>10 \\ 0, p \in [0,10] \end{cases} \tag{10-3}$$

$$A = \begin{cases} 0.2(a-30), a>30 \\ 0, a \in [0,30] \end{cases} \tag{10-4}$$

$$D = \begin{cases} 0.2(0.5-d), d<0.5 \\ 0, d \in [0.5,1] \end{cases} \tag{10-5}$$

$$T = \begin{cases} 0.005(t-900), t>900 \\ 0, t \in [0,900] \end{cases} \tag{10-6}$$

$$W = \begin{cases} 0.002(t-1000), w>1000 \\ 0, \ w \in [0,1000] \end{cases} \tag{10-7}$$

$$S = P + A + D + T + W \tag{10-8}$$

所以，连续洗浴事件的划分模型如下：

1）当用水事件的连续洗浴判别指标 S 大于 5 时，确定为连续洗浴事件或一次洗浴事件加一次短暂用水事件，取中间停顿时间最长的停顿，划分为两次事件。

2）如果 S 不大于 5，确定为一次洗浴事件。

10.5　小结

本案例以基于实时监控的智能热水器的用户使用数据，构建了 BP 神经网络洗浴事件识别模型，重点介绍了根据用水停顿时间间隔的阈值划分一次用水事件的过程以及用水行为属性的构建，最后根据热水器用户用水日志判断模型结果的好坏。

第 11 章

电子商务网站用户行为分析及服务推荐

智能推荐服务是提高电子商务网站销售转化率的重要技术手段之一。它与传统的搜索技术有着重要的区别,智能推荐服务能够更加精准地提供信息,节省用户找寻信息的时间,提高找寻信息的准确度。通过建立智能推荐系统提高服务效率,帮助消费者节约时间成本,帮助企业制定有针对性的营销战略方案,促进企业长期、稳定、高速发展。

本章通过对用户访问的网页日志数据进行分析与处理,采用基于物品的协同过滤算法对处理后的数据进行建模分析,并应用模型实现智能推荐,进行个性化推荐,帮助用户更加便捷地获取信息。

11.1 背景与挖掘目标

某法律网站是北京一家电子商务类的大型法律资讯网站,致力于为用户提供丰富的法律信息与专业咨询服务,本案例主要是为律师与律师事务所提供互联网整合营销解决方案。

随着企业经营水平的提高,其网站访问量逐步增加,随之而来的数据信息量也在大幅增长。带来的问题是用户在面对大量信息时无法快速获取需要的信息,使得信息使用效率降低。用户在浏览、搜寻想要的信息的过程中需要花费大量的时间,这种情况的出现造成了用户的不断流失,对企业造成巨大的损失。

　　为了节省用户时间并帮助用户快速找到感兴趣的信息，利用网站海量的用户访问数据研究用户的兴趣偏好，分析用户的需求和行为，引导用户发现需求信息，将长尾网页准确地推荐给所需用户，帮助用户发现他们感兴趣但很难发现的网页信息。总而言之，智能推荐服务可以为用户提供个性化的服务、改善用户浏览体验、增加用户黏性、从而使用户与企业之间建立稳定的交互关系，实现客户链式反应增值。

11.2　分析方法与过程

　　随着互联网领域的电子商务、线上服务、线上交易等网络业务的普及，大量的信息聚集起来形成海量信息。用户想要从海量信息中快速准确地找到感兴趣的信息变得越来越困难，尤其在电子商务领域问题更加突出。信息过载的问题已经成为互联网技术中的一个重要难题，同时也催生出许多新技术。搜索引擎的诞生就是为了解决这个问题，如Google、百度等。搜索引擎在一定程度上缓解了信息过载问题，用户输入关键词，搜索引擎就会返回给用户与输入的关键词相关的信息。但是在用户无法准确描述需求时，搜索引擎就无能为力了。

　　与搜索引擎不同，推荐系统并不需要用户提供明确的需求，它是通过分析用户的历史行为，从而主动推荐给用户能够满足他们兴趣和需求的信息。因此，对于用户而言，推荐系统和搜索引擎是两个互补的工具。搜索引擎满足有明确需求的用户，而推荐系统能够帮助用户发现其感兴趣的内容。在电子商务领域中，推荐技术可以起到以下作用：

　　1）帮助用户发现其感兴趣的物品，节省用户时间、提升用户体验。

　　2）提高用户对电子商务网站的忠诚度。推荐系统能够准确地发现用户的兴趣点，并将合适的资源推荐给用户，用户容易对该电子商务网站产生依赖，从而提升用户与网站之间的黏性。

　　为了解决上述问题，结合本案例提供的原始数据情况，可以分析如下内容：

　　1）按地域分析用户访问网站的时间、访问内容、访问次数等主题，了解用户的浏览行为和感兴趣的网页内容。

　　2）根据用户的访问记录对用户进行个性化推荐服务。

11.2.1　分析步骤与流程

　　为了帮助用户从海量的信息中快速发现感兴趣的网页，本案例主要采用协同过滤算法进行推荐，其推荐原理如图 11-1 所示。

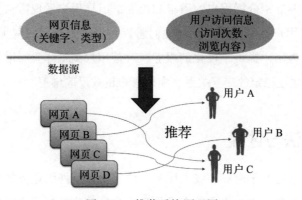

图 11-1　推荐系统原理图

由于用户访问网站的数据记录较多，若不进行分类处理直接采用协同过滤算法进行推荐，会存在以下问题：

1）数据量大说明物品数与用户数较多，在模型构建用户与物品的稀疏矩阵时，模型计算需要消耗大量的时间，并且会造成设备内存空间不足的问题。

2）不同的用户关注的信息不同，其推荐结果不能满足用户的个性化需求。

为了避免上述问题，需要对用户访问记录进行分类处理与分析，如图 11-2 所示。在用户访问记录日志中，没有用户访问网页时间长短的记录，不能根据用户在网页的停留时间判断用户是否对浏览网页感兴趣。本案例采用基于用户浏览网页的类型的方法进行分类，然后对每个类型中的内容进行智能推荐。

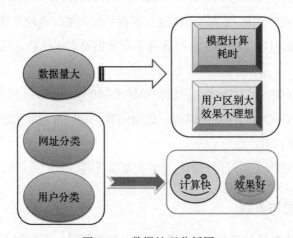

图 11-2　数据处理分析图

采用上述分析方法与思路，结合原始数据及分析目标，整理的网站智能推荐流程如图 11-3 所示，主要步骤如下：

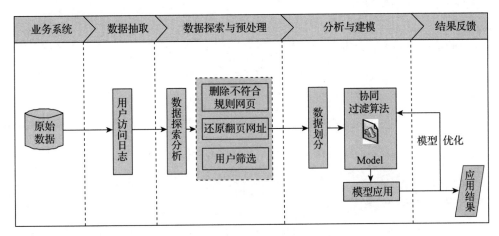

图 11-3　智能推荐系统流程图

1）从系统中获取用户访问网站的原始记录。

2）分析用户访问内容、用户流失等。

3）对数据进行预处理，包含数据去重、数据变换等过程。

4）以用户访问 html 后缀的网页为关键条件，对数据进行处理。

5）对比多种推荐算法的效果，选择效果较好的模型。通过模型预测，获得推荐结果。

11.2.2　数据抽取

以用户的访问时间为条件，选取 3 个月内（2015 年 2 月 1 日至 2015 年 4 月 29 日）用户的访问数据作为原始数据集。由于每个地区的用户访问习惯以及兴趣爱好存在差异性，因此抽取广州地区的用户访问数据进行分析，其数据量总共有 837 450 条，其中包括用户号、访问时间、来源网站、访问页面、页面标题、来源网页、标签、网页类别、关键词等。

在数据抽取过程中，由于数据量较大且存储在数据库中，为了提高数据处理的效率，采取用 Python 读取数据库的操作方式。本案例用到的数据库为开源数据库（MySQL-community-5.6.39.0）。安装数据库后导入本案例的数据原始文件 7law.sql，然后可以利用 Python 对 MySQL 数据库进行连接以及其他相关操作，如代码清单 11-1 所示。

首先在 MySQL 中创建 test 数据库，然后把表数据导入数据库，最后连接数据库并选取 3 个月内用户的访问数据，如代码清单 11-1 所示。

代码清单 11-1　Python 访问数据库

```
import os
import pandas as pd

# 修改工作路径到指定文件夹
os.chdir("E:/chapter11/demo")

# 第一种连接方式
from sqlalchemy import create_engine

engine = create_engine('mysql+pymysql://root:123@192.168.31.140:3306/test?charset=
    utf8')
sql = pd.read_sql('all_gzdata', engine, chunksize=10000)

# 第二种连接方式
import pymysql as pm

con = pm.connect('localhost','root','123456','test',charset='utf8')
data = pd.read_sql('select * from all_gzdata',con=con)
con.close()  # 关闭连接

# 保存读取的数据
data.to_csv('./tmp/all_gzdata.csv', index=False, encoding='utf-8')
```

* 代码详见：demo/code/mysql_access.py。

11.2.3　数据探索分析

原始数据集中包括用户号、访问时间、来源网站、访问页面、页面标题、来源网页、标签、网页类别和关键词等信息，需要对原始数据进行网页类型、点击次数、网页排名等各个维度的分布分析，了解用户浏览网页的行为及关注内容，获得数据内在的规律。

1. 分析网页类型

对原始数据中用户点击的网页类型进行统计分析，如代码清单 11-2 所示，结果如表 11-1 所示。

代码清单 11-2　网页类型统计

```
import pandas as pd
from sqlalchemy import create_engine

engine = create_engine('mysql+pymysql://root:123456@127.0.0.1:3306/test?charset=
    utf8')
sql = pd.read_sql('all_gzdata', engine, chunksize=10000)
```

```
counts = [i['fullURLId'].value_counts() for i in sql]     # 逐块统计
counts = counts.copy()
# 合并统计结果，即按index分组并求和
counts = pd.concat(counts).groupby(level=0).sum()
# 重新设置index，将原来的index作为counts的一列。
counts = counts.reset_index()
# 重新设置列名，主要是第二列，默认为0
counts.columns = ['index', 'num']
counts['type'] = counts['index'].str.extract('(\d{3})')  # 提取前3个数字作为类别id
counts_ = counts[['type', 'num']].groupby('type').sum()  # 按类别合并
counts_.sort_values(by='num', ascending=False, inplace=True)  # 降序排列
counts_['ratio'] = counts_.iloc[:,0] / counts_.iloc[:,0].sum()
print(counts_)
```

*代码详见：demo/code/pageviews_statistics.py。

表 11-1　网页类型统计

网页类型	记录数	占　比	网页类型	记录数	占　比
101	411 665	49.16%	102	17 357	2.07%
199	201 426	24.05%	106	3957	0.47%
107	182 900	21.84%	103	1715	0.21%
301	18 430	2.20%			

通过表 11-1 可以发现，点击与咨询相关（网页类型为 101，http://www.****.com/ask/）的记录占了 49.16%，其他类型（网页类型为 199）占比 24% 左右，知识相关（网页类型为 107，http://www.****.com/info/）占比 22% 左右。

根据统计结果对用户点击的页面类型进行排名，依次为咨询相关、其他方面的网页、知识相关、法规（类型为 301）、律师相关（类型为 102）等。然后进一步对知识类型内部进行统计分析，如代码清单 11-3 所示，其结果如表 11-2 所示。

代码清单 11-3　知识类型内部统计

```
# 因为只有107001一类，所以可继续细分成3类：知识内容页、知识列表页、知识首页
def count107(i):                                          # 自定义统计函数
    j = i[['fullURL']][i['fullURLId'].str.contains('107')].copy()
                                                          # 找出类别包含107的网址
    j['type'] = None                                      # 添加空列
    j['type'][j['fullURL'].str.contains('info/.+?/')]= u'知识首页'
    j['type'][j['fullURL'].str.contains('info/.+?/.+?')]= u'知识列表页'
    j['type'][j['fullURL'].str.contains('/\d+?_*\d+?\.html')]= u'知识内容页'
```

```
       return j['type'].value_counts()

# 注意: 获取一次sql对象就需要重新访问一下数据库(!!!)
engine = create_engine('mysql+pymysql://root:123456@127.0.0.1:3306/test?charset=
    utf8')
sql = pd.read_sql('all_gzdata', engine, chunksize=10000)

counts2 = [count107(i) for i in sql]                         # 逐块统计
counts2 = pd.concat(counts2).groupby(level=0).sum()          # 合并统计结果
print(counts2)
# 计算各个部分的占比
res107 = pd.DataFrame(counts2)
# res107.reset_index(inplace=True)
res107.index.name= u'107类型'
res107.rename(columns={'type':'num'}, inplace=True)
res107[u'比例'] = res107['num'] / res107['num'].sum()
res107.reset_index(inplace=True)
print(res107)
```

* 代码详见: demo/code/pageviews_statistics.py。

表 11-2　知识类型内部统计

107 类型	记录数	占　比
知识内容页	164 243	89.80%
知识首页	9656	5.28%
知识列表页	9001	4.92%

通过分析其他（199）页面的情况可知，其中网址中带有"？"的占了 32% 左右，其他咨询相关与法规专题占比达到 41%，地区和律师占比为 20% 左右。同时，在进行网页分类过程中发现，律师、地区、咨询相关的网页还会在其他类别中存在，并且大部分是以以下网址的形式存在：

1）http://www.****.com/guangzhou/p2lawfirm，地区律师事务所。

2）http://www.****.com/guangzhou，地区网址。

3）http://www.****.com/ask/ask.php，咨询内容提交页。

4）http://www.****.com/ask/midques_10549897.html，中间类型网页。

5）http://www.****.com/ask/exp/4317.html，咨询经验。

6）http://www.****.com/ask/online/138.html，在线咨询页。

首先是网址中带有 lawfirm 关键字的对应律师事务所,其次是带有 ask/exp、ask/online 关键字的对应咨询经验和在线咨询页。大多数用户浏览网页的情况为咨询内容页、知识内容页、法规专题页、在线咨询页等,其中咨询内容页和知识内容页占比最高。

对原始数据的网址中带 "?" 的数据进行统计,如代码清单 11-4 所示,结果如表 11-3 所示。

代码清单 11-4　统计带 "?" 的数据

```python
def countquestion(i):        # 自定义统计函数
    # 找出类别包含107的网址
    j = i[['fullURLId']][i['fullURL'].str.contains('\?')].copy()
    return j

# 注意获取一次sql对象就需要重新访问一下数据库
engine = create_engine('mysql+pymysql://root:123456@127.0.0.1:3306/test?charset=
    utf8')
sql = pd.read_sql('all_gzdata', engine, chunksize=10000)

counts3 = [countquestion(i)['fullURLId'].value_counts() for i in sql]
counts3 = pd.concat(counts3).groupby(level=0).sum()
print(counts3)

# 求各个类型的占比并保存数据
df1 =  pd.DataFrame(counts3)
df1['perc'] = df1['fullURLId']/df1['fullURLId'].sum()*100
df1.sort_values(by='fullURLId',ascending=False,inplace=True)
print(df1.round(4))
```

* 代码详见:demo/code/pageviews_statistics.py。

表 11-3　带 "?" 字符网址类型统计表

网页 id	总数	占比	网页 id	总数	占比
1 999 001	64 718	98.82%	101 003	47	0.07%
301 001	356	0.54%	102 002	25	0.04%
107 001	346	0.53%			

通过表 11-3 可以看出,网址中带有 "?" 的记录一共有 65 492 条,且不仅仅出现在其他类别中,同时也会出现在咨询内容页和知识内容页中,但在其他类型(1999001)中占比最高,可达到 98.82%。因此需要进一步分析其类型内部的规律,如代码清单 11-5 所示,结果如表 11-4 所示。

代码清单 11-5 统计 199 类型中的具体类型占比

```
def page199(i):  # 自定义统计函数
    j = i[['fullURL','pageTitle']][(i['fullURLId'].str.contains('199')) &
        (i['fullURL'].str.contains('\?'))]
    j['pageTitle'].fillna(u'空',inplace=True)
    j['type'] = u'其他'                      # 添加空列
    j['type'][j['pageTitle'].str.contains(u'法律快车-律师助手')]= u'法律快车-律师助手'
    j['type'][j['pageTitle'].str.contains(u'咨询发布成功')]= u'咨询发布成功'
    j['type'][j['pageTitle'].str.contains(u'免费发布法律咨询' )] = u'免费发布法律咨询'
    j['type'][j['pageTitle'].str.contains(u'法律快搜')] = u'快搜'
    j['type'][j['pageTitle'].str.contains(u'法律快车法律经验')] = u'法律快车法律经验'
    j['type'][j['pageTitle'].str.contains(u'法律快车法律咨询')] = u'法律快车法律咨询'
    j['type'][(j['pageTitle'].str.contains(u'_法律快车')) |
            (j['pageTitle'].str.contains(u'-法律快车'))] = u'法律快车'
    j['type'][j['pageTitle'].str.contains(u'空')] = u'空'
    return j


# 注意：获取一次sql对象就需要重新访问一下数据库
engine = create_engine('mysql+pymysql://root:123456@127.0.0.1:3306/test?charset=
    utf8')
sql = pd.read_sql('all_gzdata', engine, chunksize=10000)   # 分块读取数据库信息

counts4 = [page199(i) for i in sql]        # 逐块统计
counts4 = pd.concat(counts4)
d1 = counts4['type'].value_counts()
print(d1)
d2 = counts4[counts4['type']==u'其他']
print(d2)
# 求各个部分的占比并保存数据
df1_ = pd.DataFrame(d1)
df1_['perc'] = df1_['type']/df1_['type'].sum()*100
df1_.sort_values(by='type',ascending=False,inplace=True)
print(df1_)
```

*代码详见：demo/code/pageviews_statistics.py。

表 11-4 其他类型统计表

网页标题	1999001 总数	占 比	网页标题	1999001 总数	占 比
快车—律师助手	49 894	77.09%	法律快车	818	1.26%
法律快车法律咨询	6421	9.92%	法律快车法律经验	59	0.091%
咨询发布成功	5220	8.07%	空	4	0.006%
快搜	1943	3.00%	其他	359	1.82%

通过表 11-4 可以看出，在 1999001 类型中，标题为"快车—律师助手"这类信息占比为 77.09%，这类页面是律师的登录页面。标题为"咨询发布成功"类信息占比为 8.07%，这类页面是自动跳转页面。其他类型的页面大部分为 http://www.****.com/ask/question_9152354.html?&from=androidqq 类型的网页。根据业务了解该类网页为被分享过的网页，这类网页需要对其进行处理，处理方式为截取网址中"？"前面的网址并还原网址类型。

在采取截取网址"？"前面网址的处理过程中发现，快搜网址中的类型混杂，不能直接处理。考虑其数据集占比较小，所以在数据处理环节对这部分数据进行删除。同时分析其他类型的网址得出，不包含主网址和关键字的网址有 359 条记录，如 http://www.baidu.com/link?url=O7iBD2KmoJdkHWTZHagDXrxfBFM0AwLmpid12j2d_aejNfq6bwSBeqT-1Ov2jWOFMpIt5XUpXGmNiLDlGg0rMCwstskhB5ftAYtO2_voEnu。

访问记录中有一部分用户并没有点击具体的网页，这类网页以".html"后缀结尾，且大部分是目录网页，这样的用户可以称为"瞎逛"，漫无目的，总共有 165 654 条记录，统计过程如代码清单 11-6 所示，统计结果如表 11-5 所示。

代码清单 11-6　统计无目的浏览用户中各个类型占比

```
def xiaguang(i):   # 自定义统计函数
    j = i.loc[(i['fullURL'].str.contains('\.html'))==False,
              ['fullURL','fullURLId','pageTitle']]      return j

# 注意获取一次sql对象就需要重新访问一下数据库
engine = create_engine('mysql+pymysql://root:123456@127.0.0.1:3306/test?charset=
    utf8')
sql = pd.read_sql('all_gzdata', engine, chunksize=10000)   # 分块读取数据库信息

counts5 = [xiaguang(i) for i in sql]
counts5 = pd.concat(counts5)

xg1 = counts5['fullURLId'].value_counts()
print(xg1)
# 求各个部分的占比
xg_ =  pd.DataFrame(xg1)
xg_.reset_index(inplace=True)
xg_.columns = ['index', 'num']
xg_['perc'] = xg_['num']/xg_['num'].sum()*100
xg_.sort_values(by='num',ascending=False,inplace=True)

xg_['type'] = xg_['index'].str.extract('(\d{3})')          # 提取前3个数字作为类别id
```

```
xgs_ = xg_[['type', 'num']].groupby('type').sum()        # 按类别合并
xgs_.sort_values(by='num', ascending=False,inplace=True)  # 降序排列
xgs_['percentage'] = xgs_['num']/xgs_['num'].sum()*100

print(xgs_.round(4))
```

* 代码详见：demo/code/pageviews_statistics.py。

表 11-5　无目的浏览用户点击分析

网页 id	总　数	占　比	网页 id	总　数	占　比
199	117 124	71.23%	101	7130	4.34%
107	17 843	10.85%	106	3957	2.41%
102	17 357	10.55%	301	1018	0.62%

通过表 11-5 可以看出，小部分网页类型是与知识、咨询相关的，大部分网页类型是与地区、律师和事物所相关的，这类用户可能是找律师服务的，也可能是"瞎逛"的。

综合以上分析，得到一些与分析目标无关数据的规则，记录这些规则有利于在数据清洗阶段对数据进行清洗操作。

1）咨询发布成功页面。

2）中间类型网页（带有 midques_ 关键字）。

3）网址中带有"?"类型，无法还原其本身类型的快搜网页。

4）重复数据（同一时间同一用户，访问相同网页）。

5）其他类别的数据（主网址不包含关键字）。

6）无点击".html"行为的用户记录。

7）律师的行为记录（通过快车—律师助手判断）。

2. 分析网页点击次数

统计原始数据中用户浏览网页次数的情况，如代码清单 11-7 所示。

代码清单 11-7　统计用户浏览网页次数的情况

```
# 统计点击次数

engine = create_engine('mysql+pymysql://root:123456@127.0.0.1:3306/test?charset=
    utf8')
sql = pd.read_sql('all_gzdata', engine, chunksize=10000)         # 分块读取数据库信息

# 分块统计各个IP的出现次数
counts1 = [i['realIP'].value_counts() for i in sql]
```

```
# 合并统计结果，level=0表示按照index分组
counts1 = pd.concat(counts1).groupby(level=0).sum()
print(counts1)

counts1_ = pd.DataFrame(counts1)
counts1_
counts1['realIP'] = counts1.index.tolist()

counts1_[1]=1                                       # 添加1列全为1
hit_count = counts1_.groupby('realIP').sum()        # 统计各个"不同点击次数"分别出现
                                                    #   的次数
# 也可以使用counts1_['realIP'].value_counts()功能
hit_count.columns=[u'用户数']
hit_count.index.name = u'点击次数'

# 统计1~7次、7次以上的用户人数
hit_count.sort_index(inplace=True)
hit_count_7 = hit_count.iloc[:7,:]
time = hit_count.iloc[7:,0].sum()                   # 统计点击次数7次以上的用户数
hit_count_7 = hit_count_7.append([{u'用户数':time}], ignore_index=True)
hit_count_7.index = ['1','2','3','4','5','6','7','7次以上']
hit_count_7[u'用户比例'] = hit_count_7[u'用户数'] / hit_count_7[u'用户数'].sum()
print(hit_count_7)
```

* 代码详见：demo/code/pageviews_statistics.py。

统计结果如表 11-6 所示，浏览一次的用户最多，占所有用户的 58% 左右。

表 11-6　用户点击次数统计表

点击次数	用户数	占　比	点击次数	用户数	占　比
1	132 131	57.41%	5	5952	2.59%
2	44 175	19.19%	6	4132	1.80%
3	17 573	7.63%	7	2632	1.14%
4	10 156	4.41%	7 次以上	13 410	5.83%

分析浏览次数为一次的用户，如代码清单 11-8 所示，结果如表 11-7 所示。

代码清单 11-8　分析浏览次数为一次的用户的行为

```
# 分析浏览一次的用户的行为

engine = create_engine('mysql+pymysql://root:123456@127.0.0.1:3306/test?charset=
    utf8')
all_gzdata = pd.read_sql_table('all_gzdata', con=engine) # 读取all_gzdata数据
```

```
# 对realIP进行统计
# 提取浏览一次网页的数据
real_count = pd.DataFrame(all_gzdata.groupby("realIP")["realIP"].count())
real_count.columns = ["count"]
real_count["realIP"] = real_count.index.tolist()
user_one = real_count[(real_count["count"] == 1)]          # 提取只登录一次的用户
# 通过realIP与原始数据合并
real_one = pd.merge(user_one, all_gzdata, left_on="realIP", right_on="realIP")

# 统计浏览一次的网页类型
URL_count = pd.DataFrame(real_one.groupby("fullURLId")["fullURLId"].count())
URL_count.columns = ["count"]
# 降序排列
URL_count.sort_values(by='count', ascending=False, inplace=True)
# 统计排名前4的网页类型和其他的网页类型
URL_count_4 = URL_count.iloc[:4,:]
time = hit_count.iloc[4:,0].sum()                          # 统计其他的
URLindex = URL_count_4.index.values
URL_count_4 = URL_count_4.append([{'count':time}], ignore_index=True)
URL_count_4.index = [URLindex[0], URLindex[1], URLindex[2], URLindex[3], '其他']
URL_count_4[u'比例'] = URL_count_4['count'] / URL_count_4['count'].sum()
print(URL_count_4)
```

* 代码详见：demo/code/pageviews_statistics.py。

表 11-7　浏览一次的用户的行为分析

网页类型 id	个　　数	百分比	网页类型 id	个　　数	百分比
101003	102 560	64.90%	301001	515	0.33%
107001	19 443	12.30%	其他	26 126	16.53%
1999001	9381	5.93%			

从表 11-7 可以看出，问题咨询页占比为 64.9%，知识页占比为 12.3%，这些记录均是通过搜索引擎进入的。由此分析得出两种可能：

1）用户为流失用户，在问题咨询与知识页面上没有找到相关的需要。

2）用户找到其需要的信息，因此直接退出。

综合这些情况，将点击一次的用户行为定义为网页的跳出率。为了降低网页的跳出率，就需要对这些网页进行针对用户的个性化推荐，以帮助用户发现其感兴趣的网页或者需要的网页。

统计浏览次数为一次的用户浏览的网页的总浏览次数，如代码清单 11-9 所示，结果

如表 11-8 所示。

代码清单 11-9　统计单用户浏览次数为一次的网页

```
# 在浏览一次的前提下，得到的网页被浏览的总次数
fullURL_count = pd.DataFrame(real_one.groupby("fullURL")["fullURL"].count())
fullURL_count.columns = ["count"]
fullURL_count["fullURL"] = fullURL_count.index.tolist()
fullURL_count.sort_values(by='count', ascending=False, inplace=True) # 降序排列
```

* 代码详见：demo/code/ pageviews_statistics.py

表 11-8　点击一次用户浏览网页统计

网　　页	点击数
http://www.****.com/info/shuifa/slb/2012111978933.html	1013
http://www.****.com/info/hunyin/lhlawlhxy/20110707137693.html	501
http://www.****.com/ask/question_925675.html	423
http://www.****.cn/info/shuifa/slb/2012111978933_2.html	367
http://www.****.com/ask/exp/13655.html	301
http://www.****.com/ask/exp/8495.html	241
http://www.****.com/ask/exp/13445.html	199
http://www.****.cn/guangzhou	177
http://www.****.cn/ask/exp/17357.html	171
……	……

从表 11-8 可以看出，排名靠前的都是知识与咨询页面，由此猜测大量用户的关注点在知识或咨询方面上。

11.2.4　数据预处理

本案例通过数据探索发现知识类网页的浏览次数在全部类型的网页中占比较高，仅次于咨询类和其他类。而知识类网页中的婚姻类网页是较为热门的网页，故本案例选取婚姻类网页进入模型进行推荐。

当对原始数据进行探索分析时，发现存在与分析目标无关的数据和不符合建模输入要求的数据，即构建模型需要预处理的数据，需要对此类数据进行数据清洗、数据去重、数据变换以及特征选取等操作，以使数据满足构建推荐系统模型的输入要求。

通过以下 4 个步骤对数据进行预处理，其流程如图 11-4 所示。

1）清除通过数据清洗将数据探索分析过程中发现的与目标无关的数据。

2）识别翻页的网址，并对其进行还原，然后对用户访问的页面进行去重操作。

3）筛选掉浏览网页次数不满两次的用户。

4）将数据集划分为训练集与测试集。

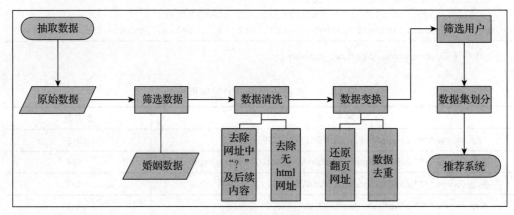

图 11-4　数据处理流程图

1. 删除不符合规则的网页

通过分析原始数据发现，不符合规则的网页包括中间页面的网址、咨询发布成功页面、律师登录助手页面等，需要对其进行删除处理，如代码清单 11-10 所示。

代码清单 11-10　删除不符合规则的网页

```python
import os
import re
import pandas as pd
import pymysql as pm
from random import sample

# 修改工作路径到指定文件夹
os.chdir("E:/chapter11/demo")

# 读取数据
con = pm.connect('localhost','root','123456','test',charset='utf8')
data = pd.read_sql('select * from all_gzdata',con=con)
con.close()  # 关闭连接

# 取出107类型数据
index107 = [re.search('107',str(i))!=None for i in data.loc[:,'fullURLId']]
data_107 = data.loc[index107,:]
```

```
# 在107类型中筛选出婚姻类数据
index = [re.search('hunyin',str(i))!=None for i in data_107.loc[:,'fullURL']]
data_hunyin = data_107.loc[index,:]

# 提取所需字段(realIP、fullURL)
info = data_hunyin.loc[:,['realIP','fullURL']]

# 去除网址中"?"及其后续内容
da = [re.sub('\?.*','',str(i)) for i in info.loc[:,'fullURL']]
info.loc[:,'fullURL'] = da                       # 将info中'fullURL'那列换成da
# 去除无html网址
index = [re.search('\.html',str(i))!=None for i in info.loc[:,'fullURL']]
index.count(True)                                # True 或者 1 , False 或者 0
info1 = info.loc[index,:]
```

* 代码详见：demo/code/web_pretreatment.py。

清洗后数据仍然存在大量的目录网页（可理解为用户浏览信息的路径），这类网页不但对构建推荐系统没有作用，反而会影响推荐结果的准确性，同样需要处理。

2. 还原翻页网址

本案例主要对知识相关的网页类型数据进行分析。处理翻页情况最直接的方法是将翻页的网址删掉，但是用户是通过搜索引擎进入网站的，访问入口不一定是原始页面，采取删除方法会损失大量有效数据，影响推荐结果。因此对该类网页的处理方式是：首先识别翻页的网址，然后对翻页的网址进行还原，最后针对每个用户访问的页面进行去重操作，如代码清单 11-11 所示。

代码清单 11-11　还原翻页网址

```
# 找出翻页和非翻页网址
index = [re.search('/\d+_\d+\.html',i)!=None for i in info1.loc[:,'fullURL']]
index1 = [i==False for i in index]
info1_1 = info1.loc[index,:]                     # 带翻页网址
info1_2 = info1.loc[index1,:]                    # 无翻页网址
# 将翻页网址还原
da = [re.sub('_\d+\.html','.html',str(i)) for i in info1_1.loc[:,'fullURL']]
info1_1.loc[:,'fullURL'] = da
# 翻页与非翻页网址合并
frames = [info1_1,info1_2]
info2 = pd.concat(frames)
# 或者
info2 = pd.concat([info1_1,info1_2], axis=0)     # 默认为0,即行合并
# 去重(realIP和fullURL两列相同)
info3 = info2.drop_duplicates()
```

```
# 将IP转换成字符型数据
info3.iloc[:,0] = [str(index) for index in info3.iloc[:,0]]
info3.iloc[:,1] = [str(index) for index in info3.iloc[:,1]]
len(info3)
```

* 代码详见：demo/code/web_pretreatment.py。

3. 筛去浏览次数不满两次的用户

根据数据探索的结果可知，数据中存在大量仅浏览一次就跳出的用户，浏览次数在两次及以上的用户的浏览记录更适于推荐，而浏览次数仅一次的用户的浏览记录进入推荐模型会影响推荐模型的效果，因此需要筛去浏览次数不满两次的用户，如代码清单 11-12 所示。

代码清单 11-12　筛选浏览次数不满两次的用户

```
# 筛选满足一定浏览次数的IP
IP_count = info3['realIP'].value_counts()
# 找出IP集合
IP = list(IP_count.index)
count = list(IP_count.values)
# 统计每个IP的浏览次数，并存放进IP_count数据框中，第一列为IP，第二列为浏览次数
IP_count = pd.DataFrame({'IP':IP,'count':count})
# 3.3筛选出浏览网址在n次以上的IP集合
n = 2
index = IP_count.loc[:,'count']>n
IP_index = IP_count.loc[index,'IP']
```

* 代码详见：demo/code/web_pretreatment.py。

4. 划分数据集

将数据集按 8:2 的比例划分为训练集和测试集，如代码清单 11-13 所示。

代码清单 11-13　划分数据集

```
# 划分IP集合为训练集和测试集
index_tr = sample(range(0,len(IP_index)),int(len(IP_index)*0.8))
index_te = [i for i in range(0,len(IP_index)) if i not in index_tr]
IP_tr = IP_index[index_tr]
IP_te = IP_index[index_te]
# 将对应数据集划分为训练集和测试集
index_tr = [i in list(IP_tr) for i in info3.loc[:,'realIP']]
index_te = [i in list(IP_te) for i in info3.loc[:,'realIP']]
data_tr = info3.loc[index_tr,:]
data_te = info3.loc[index_te,:]
print(len(data_tr))
```

```
IP_tr = data_tr.iloc[:,0]          # 训练集IP
url_tr = data_tr.iloc[:,1]         # 训练集网址
IP_tr = list(set(IP_tr))           # 去重处理
url_tr = list(set(url_tr))         # 去重处理
len(url_tr)
```

* 代码详见：demo/code/web_pretreatment.py。

11.2.5　构建智能推荐模型

推荐系统（Recommender System）是解决信息过载的有效手段，也是电子商务服务提供商提供个性化服务的重要信息工具。在实际构造推荐系统时，并不是采用单一的某种推荐方法进行推荐。大部分推荐系统都会结合多种推荐方法将推荐结果进行组合，最后得出最优的推荐结果。在组合推荐结果时，可以采用串行或者并行的方法。

1. 基于物品的协同过滤算法的基本概念

本案例基于物品的协同过滤系统的一般处理过程，分析用户与物品的数据集，通过用户对物品的浏览与否（喜好）找到相似的物品，然后根据用户的历史喜好，推荐相似的物品给目标用户。图 11-5 是基于物品的协同过滤推荐系统图，从图中可知用户 1 喜欢物品 A 和物品 C；用户 2 喜欢物品 A、物品 B 和物品 C；用户 3 喜欢物品 A。从这些用户的历史喜好可以得出物品 A 和物品 C 是比较类似的，喜欢物品 A 的人都喜欢物品 C，基于这个数据可以推断用户 3 很有可能也喜欢物品 C，所以系统会将物品 C 推荐给用户 3。

根据协同过滤的处理过程可知，基于物品的协同过滤算法（简称 ItemCF 算法）主要分为 2 个步骤：

1）计算物品之间的相似度。

2）根据物品的相似度和用户的历史行为给用户生成推荐列表。

其中，关于物品相似度计算的方法有夹角余弦、杰卡德（Jaccard）相似系数和相关系数等。

将用户对某一个物品的喜好或者评分作为一个向量，例如，所有用户对物品 1 的评分或者喜好程度表示为 $A_1 = (x_{11}, x_{21}, x_{31}, \cdots, x_{n1})$，所有用户对物品 M 的评分或者喜好程度表示为 $A_M = (x_{1m}, x_{2m}, x_{3m}, \cdots, x_{nm})$，其

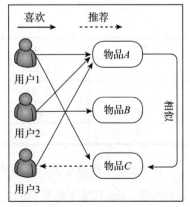

图 11-5　基于物品的推荐系统原理图

中 m 为物品，n 为用户数。采用上述几种方法计算两个物品之间的相似度，其计算公式如表 11-9 所示。由于用户的行为是二元选择（0-1 型），因此本案例在计算物品相似度的过程中采用杰卡德相似系数法。

表 11-9　相似度计算公式

方　法	公　式	说　明
夹角余弦	$\mathrm{sim}_{lm} = \dfrac{\sum\limits_{k=1}^{n} x_{k1} x_{km}}{\sqrt{\sum\limits_{k=1}^{n} x_{k1}^2}\sqrt{\sum\limits_{k=1}^{n} x_{km}^2}}$	取值范围为 [-1,1]，当余弦值接近 ±1 时，表明两个向量有较强的相似性。当余弦值为 0 时表示不相关
杰卡德相似系数	$J(A_1, A_M) = \dfrac{\left\| A_1 \cap A_M \right\|}{\left\| A_1 \cup A_M \right\|}$	分母 $A_1 \cup A_M$ 表示喜欢物品 1 与喜欢物品 M 的用户总数，分子 $A_1 \cap A_M$ 表示同时喜欢物品 1 和物品 M 的用户数
相关系数	$\mathrm{sim}_{lm} = \dfrac{\sum\limits_{k=1}^{n} (x_{k1} - \bar{A}_1)(x_{km} - \bar{A}_M)}{\sqrt{\sum\limits_{k=1}^{n} (x_{k1} - \bar{A}_1)^2}\sqrt{\sum\limits_{k=1}^{n} (x_{km} - \bar{A}_M)^2}}$	相关系数的取值范围是 [-1,1]。相关系数的绝对值越大，则表明两者相关度越高

在协同过滤系统中发现用户存在多种行为方式，如是否浏览网页，是否有购买、评论、评分、点赞等行为，若采用统一的方式表示所有行为是困难的，因此只对具体的分析目标进行具体表示。本案例原始数据只记录了用户访问网站的浏览行为，所以用户的行为是浏览网页与否，不存在购买、评分和评论等用户行为。

计算各个物品之间的相似度之后，即可构成一个物品之间的相似度矩阵，如表 11-10 所示。通过相似度矩阵，推荐算法会给用户推荐与其物品最相似的 K 个的物品。

表 11-10　相似度矩阵

物品	A	B	C	D
A	1	0.763	0.251	0
B	0.763	1	0.134	0.529
C	0.251	0.134	1	0.033
D	0	0.529	0.033	1

式（11-1）度量了推荐算法中用户对所有物品的感兴趣程度。其中 R 代表了用户对物品的兴趣，sim 代表了所有物品之间的相似度，P 为用户对物品感兴趣的程度。由于本案例中用户的浏览行为是二元选择（是与否），所以用户对物品的兴趣 R 矩阵中只存在 0 和 1。

$$P = \text{sim} \times R \tag{11-1}$$

推荐系统是根据物品的相似度以及用户的历史行为对用户的兴趣度进行预测并推荐的，在评价模型的时候一般是将数据集划分成训练集和测试集两部分。模型通过在训练集的数据上进行训练学习得到推荐模型，然后在测试集数据上进行模型预测，最终统计出相应的评测指标来评价模型预测效果的好与坏。

模型的评测采用的方法是交叉验证法。交叉验证法即将用户行为数据集按照均匀分布随机分成 M 份（本案例 M 取 10），挑选一份作为测试集，将剩下的 $M–1$ 份作为训练集。然后在训练集上建立模型，并在测试集上对用户行为进行预测，统计出相应的评测指标。为了保证评测指标并不是过拟合的结果，需要进行 M 次实验，并且每次都使用不同的测试集。最后将 M 次实验测出的评测指标的平均值作为最终的评测指标。

基于协同过滤推荐算法主要包括两个部分：基于用户的协同过滤推荐和基于物品的协同过滤推荐。结合实际的情况分析判断，选择基于物品的协同过滤推荐算法进行推荐，构建模型的流程如图 11-6 所示。

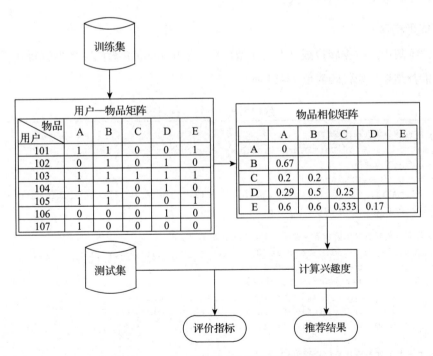

图 11-6　基于物品协同过滤建模流程图

其中训练集与测试集是通过交叉验证的方法划分后的数据集。通过协同过滤算法的原理可知，在建立推荐系统时，建模的数据量越大越能消除数据中的随机性，得到的推荐结果越好。其弊端在于数据量越大模型建立以及模型计算耗时越久。

2. 基于物品的协同过滤算法的优缺点

基于物品的协同过滤算法的优缺点如下所示：

（1）优点

可以离线完成相似性步骤，降低了在线计算量，提高了推荐效率；并利用用户的历史行为给用户做推荐解释，结果容易让客户信服。

（2）缺点

现有的协同过滤算法没有充分利用到用户间的差别，使计算得到的相似度不够准确，导致影响了推荐精度；此外，用户的兴趣是随着时间不断变化的，算法可能对用户新点击兴趣的敏感性较低，缺少一定的实时推荐，从而影响了推荐质量。

基于物品的协同过滤适用于物品数明显小于用户数的情形，如果物品数很多，会导致计算物品相似度矩阵代价巨大。

3. 模型构建

将训练集中的数据转换成 0-1 二元型数据，使用 ItemCF 算法对数据进行建模，并给出预测推荐结果，如代码清单 11-14 所示。

代码清单 11-14　构建模型

```
# 利用训练集数据构建模型
UI_matrix_tr = pd.DataFrame(0,index=IP_tr,columns=url_tr)
# 求用户—物品矩阵
for i in data_tr.index:
    UI_matrix_tr.loc[data_tr.loc[i,'realIP'],data_tr.loc[i,'fullURL']]=1
sum(UI_matrix_tr.sum(axis=1))

# 求物品相似度矩阵（因计算量较大，需要耗费的时间较久）
Item_matrix_tr = pd.DataFrame(0,index=url_tr,columns=url_tr)
for i in Item_matrix_tr.index:
    for j in Item_matrix_tr.index:
        a = sum(UI_matrix_tr.loc[:,[i,j]].sum(axis=1)==2)
        b = sum(UI_matrix_tr.loc[:,[i,j]].sum(axis=1)!=0)
        Item_matrix_tr.loc[i,j] = a/b

# 将物品相似度矩阵对角线处理为零
for i in Item_matrix_tr.index:
    Item_matrix_tr.loc[i,i]=0

# 利用测试集数据对模型评价
```

```
IP_te = data_te.iloc[:,0]
url_te = data_te.iloc[:,1]
IP_te = list(set(IP_te))
url_te = list(set(url_te))

# 测试集数据用户物品矩阵
UI_matrix_te = pd.DataFrame(0,index=IP_te,columns=url_te)
for i in data_te.index:
    UI_matrix_te.loc[data_te.loc[i,'realIP'],data_te.loc[i,'fullURL']] = 1

# 对测试集IP进行推荐
Res = pd.DataFrame('NaN',index=data_te.index,columns=['IP','已浏览网址','推荐网址',
    'T/F'])
Res.loc[:,'IP']=list(data_te.iloc[:,0])
Res.loc[:,'已浏览网址']=list(data_te.iloc[:,1])

# 开始推荐
for i in Res.index:
    if Res.loc[i,'已浏览网址'] in list(Item_matrix_tr.index):
        Res.loc[i,'推荐网址'] = Item_matrix_tr.loc[Res.loc[i,'已浏览网址'],:].argmax()
        if Res.loc[i,'推荐网址'] in url_te:
            Res.loc[i,'T/F']=UI_matrix_te.loc[Res.loc[i,'IP'],Res.loc[i,'推荐网址']]==1
        else:
            Res.loc[i,'T/F'] = False

# 保存推荐结果
Res.to_csv('./tmp/Res.csv',index=False,encoding='utf8')
```

* 代码详见：demo/code/model_train.py。

通过基于协同过滤算法构建的推荐系统，婚姻知识类网址得到了针对每个用户的推荐，部分结果如表 11-11 所示。

表 11-11　推荐结果

用　户	已浏览网址	推荐网址
2114220558	http://www.****.cn/info/hunyin/caichanfengexie-yi/20111118161114.html	http://www.****.cn/info/hunyin/fuqigong-tongcaichan/20110819144755.html
3628374030	http://www.****.cn/info/hunyin/hunyinfagui/201501303314122.html	http://www.****.cn/info/hunyin/hunfang/hunqiangoufang/201504093316358.html
1530355325	http://www.****.cn/info/hunyin/lhlawlhxy/201411103309100.html	http://www.****.cn/info/hunyin/lhlaw-lhxy/20111019158694.html
3938356179	http://www.****.cn/info/hunyin/lihunzhengju/2010111575246.html	NaN
……	……	……

从表 11-11 可知，根据用户访问的相关网址对用户进行推荐。但是其推荐结果存在
"NaN"的情况。这种情况是由于当前的数据集中，访问该网址的只有单独一个用户，因
此在协同过滤算法中计算它与其他物品的相似度为 0，所以就出现了无法推荐的情况。
一般出现这样的情况，在实际中可以考虑使用其他非个性化的推荐方法进行推荐，例如，
基于关键字、相似行为的用户进行推荐等。

4. 模型评价

推荐系统的评价一般可以从以下几个方面整体进行考虑。

1）用户、物品提供者、提供推荐系统网站[⊖]。

2）好的推荐系统能够满足用户的需求，推荐其感兴趣的物品。并且在推荐的物品
中，不能全部都是热门物品，同时也需要用户反馈意见以帮助完善其推荐系统。

因此，好的推荐系统不仅能预测用户的行为，而且能帮助用户发现可能会感兴趣但
却不易被发现的物品；同时，推荐系统还应该帮助商家将长尾中的好商品发掘出来，推
荐给可能会对它们感兴趣的用户。

在实际应用中，评测推荐系统对三方的影响是必不可少的。其评测指标主要来源于
如下 3 种评测推荐效果的实验方法，即离线测试、用户调查和在线实验。

（1）离线测试

离线测试是通过从实际系统中提取数据集，然后采用各种推荐算法对其进行测试，
以获取各个算法的评测指标。这种实验方法的好处是不需要真实用户参与。

注意：离线测试的指标和实际商业指标存在差距，比如预测准确率和用户满意度之
间就存在很大差别，高预测准确率不等于高用户满意度。所以当推荐系统投入实际应用
之前，需要利用测试的推荐系统进行用户调查。

（2）用户调查

用户调查是利用测试的推荐系统调查真实用户，观察并记录他们的行为，并让他
们回答一些相关的问题。通过分析用户的行为和他们反馈的结果，判断测试推荐系统的
好坏。

（3）在线测试

在线测试，顾名思义就是直接将系统投入到实际应用中，通过不同的评测指标比较
不同的推荐算法的结果，比如点击率、跳出率等。

⊖ 项亮 . 推荐系统实战 [M]. 北京：人民邮电出版社，2012.

由于本例中的模型是采用离线的数据集构建的，因此在模型评价阶段采用离线测试的方法获取评价指标。在电子商务网站中，用户只有二元选择，如喜欢与不喜欢、浏览与否等。针对这种类型的数据预测，就要使用分类准确度，其中，评测指标有准确率（P，precesion），它表示用户对一个被推荐产品感兴趣的可能性；召回率（R，recall）表示一个用户喜欢的产品被推荐的概率；F1 指标表示综合考虑准确率与召回率因素，以便更好地评价算法的优劣。准确率、召回率和 F1 指标的计算公式如表 11-12 所示。

表 11-12　分类准确度评测指标

准确率	召回率	F1 指标
$precesion = \dfrac{TP}{TP+FP}$	$recall = \dfrac{TP}{TP+FN}$	$F1 = \dfrac{2PR}{P+R}$

其中相关的指标说明如表 11-13 所示。

表 11-13　分类准确度指标说明表

		预测		合计
		推荐物品数（正）	未被推荐物品数（负）	
实际	用户喜欢物品数（正）	TP	FN	TP+FN
	用户不喜欢物品数（负）	FP	TN	FP+TN
合计		TP+FP	TN+FN	

计算推荐结果的准确率、召回率和 F1 指标，如代码清单 11-15 所示。

代码清单 11-15　计算推荐结果的准确率、召回率和 F1 指标

```
# 读取保存的推荐结果
Res = pd.read_csv('./tmp/Res.csv',keep_default_na=False, encoding='utf8')

# 计算推荐准确率
Pre = round(sum(Res.loc[:,'T/F']=='True') / (len(Res.index)-sum(Res.loc[:,'T/F'] ==
    'NaN')), 3)

print(Pre)

# 计算推荐召回率
Rec = round(sum(Res.loc[:,'T/F']=='True') / (sum(Res.loc[:,'T/F']=='True')+
    sum(Res.loc[:,'T/F']=='NaN')), 3)
```

```
print(Rec)

# 计算F1指标
F1 = round(2*Pre*Rec/(Pre+Rec),3)
print(F1)
```

得到的准确率、召回率和 F1 指标如表 11-14 所示。

表 11-14　分类评测指标结果

准确率	召回率	F1 指标
0.128	0.186	0.152

由于本案例采用的是最基本的协同过滤算法进行建模，因此得出的模型结果也是一个初步的效果，在实际应用的过程中要结合业务进行分析，对模型进行进一步改造。一般情况下，最热门的物品往往具有较高的"相似性"。比如热门的网址，访问各类网页的大部分人都会进行访问，在计算物品相似度的过程中，就可以知道各类网页都和某些热门的网址有关。因此处理热门网址的方法如下：

1）在计算相似度的过程中，可以加强对热门网址的惩罚，降低其权重，比如对相似度平均化或对数化等方法。

2）将推荐结果中的热门网址进行过滤，推荐其他网址，将热门网址以热门排行榜的形式进行推荐，如表 11-15 所示。

表 11-15　婚姻知识类热门排行榜

网　　　址	内　　　容	点击次数
http://www.****.com/info/hunyin/lhlawlhxy/20110707137693.html	离婚协议书范本（2015 年版）	4697
http://www.****.com/info/hunyin/jihuashengyu/20120215163891.html	最新产假规定 2015	574
http://www.****.com/info/hunyin/hunyinfagui/201411053308986.html	新婚姻法 2015 全文	531
http://www.****.com/info/hunyin/jiehun/hunjia/20110920152787.html	广州法定婚假多少天	222
http://www.****.com/info/hunyin/jihuashengyu/201411053308990.html	男人陪产假国家规定 2015	211

在协同过滤推荐过程中，两个物品相似是因为它们共同出现在很多用户的兴趣列表中，也可以说是每个用户的兴趣列表都对这两个物品的相似度产生贡献。但并不是每个用户的贡献度都相同。通常不活跃的用户要么是新用户，要么是只来过网站一两次的老用户。而在实际分析中，一般认为新用户倾向于浏览热门物品，因为他们对网站还不熟悉，只能点击首页的热门物品，而老用户则会逐渐开始浏览冷门物品。因此可以说，活

跃用户对物品相似度的贡献应该小于不活跃的用户。所以在改进相似度的过程中，取用户活跃度对数的倒数作为分子，即本案例中相似度的公式如下：

$$J(A_1, A_M) = \frac{\sum_{N \in |A_1 \cap A_M|} \dfrac{1}{\log 1 + A(N)}}{|A_1 \bigcup A_M|}$$

然而在实际应用中，为了尽量提高推荐的准确率，还会将基于物品的相似度矩阵按最大值归一化，不仅可以增加推荐的准确度，还可以提高推荐的覆盖率和多样性。由于本案例的推荐是针对某一类数据进行推荐的，因此不存在类间的多样性，所以本节就不进行讨论了。

当然，除了个性化推荐列表，还有另一个重要的推荐应用，就是相关推荐列表。有过网购经历的用户都知道，当你在电子商务平台上购买一件商品时，它会在商品信息下面展示相关的商品。一种是包含购买了这个商品的用户也经常购买的其他商品；另一种是包含浏览过这个商品的用户经常购买的其他商品。这两种相关推荐列表的区别是使用了不同用户行为计算物品的相似性。

11.3　上机实验

1. 实验目的

本上机实验有以下两个目的：

1）了解协同过滤算法在互联网电子商务中的应用以及实现过程。

2）了解 Python 连接数据库，并对其进行操作的过程。主要步骤有 PyMySQL、SQL-Alchemy 库的安装，以及 pandas 读取数据库等。

2. 实验内容

依据本案例的数据抽取以及数据处理方法，得到用户与物品（访问网页）的记录，通过用户与婚姻知识类型和婚姻咨询类型的数据，采用 Python 构建其推荐系统模型。本上机实验的内容有以下两点：

1）因数据量大，采用 Python 连接数据库的方式抽取数据，并且可以通过 Python 对数据库进行日常的数据操作。

2）用户点击网页体现了用户对某些网页的关注程度，利用协同过滤算法能计算出与某些网页相似的网页的相似程度。根据相似程度的高低，将用户未点击过的且有可能感兴趣的网页推荐给用户，实现智能推荐。

3. 实验方法与步骤

本上机实验的具体方法与步骤如下：

（1）实验一

利用 Python 连接 MariaDB（MySQL），实现对数据的查询、删除、增加等日常操作。

1）打开 Python，安装 PyMySQL、SQLAlchemy，然后就可以参考本章代码连接本地安装的数据库，当然，也可以不用 pandas，直接用 PyMySQL 或 SQLAlchemy 进行数据库操作，因为它们本身是一个完善的数据库操作工具（用 pandas 是为了更好地进行数据分析，就数据库操作而言，PyMySQL 或 SQLAlchemy 其中之一就可以了）。

2）由于数据库中含有中文内容，所以需要正确设置连接的编码格式。

3）通过 pandas 连接数据库后，将读取的数据保存至本地。

4）基于 pandas 的 SQL 操作简单直接，在读者熟悉后，可以查阅相关教程，尝试直接通过 PyMySQL 或 SQLAlchemy 进行数据库操作，以增加对这两个工具的了解。

（2）实验二

利用 Python 完成推荐系统的模型构建以及预测推荐结果，并完成模型的评价工作。

1）对读取的数据进行数据探索，分析数据中的网页类型和网页点击次数。

2）对读取的数据进行预处理，删除不合规则的网页，还原翻页网址并筛掉浏览次数不满两次的用户。

3）由于协同过滤算法并不复杂，因此，读者应该读懂该算法，并且参考本章提供的代码，自行编写出协同过滤算法的代码。

4）对输入数据进行建模，将数据划分为训练集与测试集，通过自行编写的协同过滤算法的代码，给出预测的推荐结果。

5）计算出推荐模型的准确率、召回率和 F1 指标。

4. 思考与实验总结

通过上机实验，我们可以对以下问题进行思考与总结：

1）如何通过 Python 操作数据库中存在中文编码的情况？

2）如何设置计算相似度的方法，例如，采用余弦方法计算其物品间的相似度？

11.4　拓展思考

本案例中，目前主要分析推荐的内容为婚姻知识类别与婚姻咨询类别的有关记录，其结果比目前网页上基于关键词的推荐发散性强，起到互补的效果。但由于公司目前主营业务侧重于咨询方面，且在探索分析的环节可以看出咨询记录占整个记录里的 50% 左右，因此对于咨询类别页面的推荐需要对其进行进一步改造，其数据可以从用户访问的原始数据中提取。

首先需要解决冷启动问题，当新的用户产生，如何对其进行推荐？然后在进行相似度设计的过程中未考虑到对热门网址的处理以及那些无法得到推荐结果的网页。由于在原始数据中，每个网页都存在一个标题，可以采用文本挖掘的分析方法。通过文本挖掘，找出每个网页文本中的隐含语义，然后通过文本中的隐含特征，将用户与物品联系在一起，相关的名称有 LSI、PLSA、LDA 和 Topic Model 等。当然也可以通过这种方法提取关键字，通过 TF-IDF 方法对其关键字定义权重，然后采用最近邻的方法求出那些无法得到推荐列表的结果。因此针对本案例的数据，可以采用隐语义模型实现推荐，同样采用离线的方法对其进行测试，然后对比各种推荐方法的评价指标，最后将各种推荐结果进行结合。

11.5　小结

本章主要介绍了协同过滤算法在电子商务领域中的应用，以实现对用户的个性化推荐。通过对用户访问日志的数据进行分析与处理，采用基于物品的协同过滤算法对处理好的数据进行建模分析，通过模型评价与结果分析，发现基于物品的协同过滤算法的优缺点，同时对于其缺点提出改进的方法，并结合上机实验，更好地理解协同过滤推荐算法的原理以及处理过程。

电商产品评论数据情感分析

网上购物已经成为大众生活的重要组成部分。人们在电商平台上浏览商品并购物，产生了海量的用户行为数据，用户对商品的评论数据对商家具有重要的意义。利用好这些碎片化、非结构化的数据，将有利于企业在电商平台上的持续发展，同时，对这部分数据进行分析，依据评论数据来优化现有产品也是大数据在企业经营中的实际应用。

本章将主要针对用户在电商平台上留下的评论数据，对其进行分词、词性标注和去除停用词等文本预处理。基于预处理后的数据进行情感分析，并使用 LDA 主题模型提取评论关键信息，以了解用户的需求、意见、购买原因及产品的优缺点等，最终提出改善产品的建议。

12.1　背景与挖掘目标

随着电子商务的迅速发展和网络购物的流行，人们对于网络购物的需求变得越来越高，并且也给电商企业带来巨大的发展机遇，与此同时，这种需求也推动了更多电商企业的崛起，引发了激烈的竞争。而在这种激烈竞争的大背景下，除了提高商品质量、压低价格外，了解更多消费者的心声对电商企业来说也变得越来越有必要。其中，一种非常重要的方式就是对消费者的评论文本数据进行内在信息的分析。

评论信息中蕴含着消费者对特定产品和服务的主观感受，反映了人们的态度、立场和意见，具有非常宝贵的研究价值。一方面，对企业来说，企业需要根据海量的评论文本数据去更好地了解用户的个人喜好，从而提高产品质量、改善服务，获取市场上的竞争优势。另一方面，消费者需要在没有看到真正的产品实体、做出购买决策之前，根据其他购物者的评论了解产品的质量、性价比等信息，为购物抉择提供参考依据。

请根据提供的数据实现以下目标：

1）对京东商城中某电热水器的评论进行情感分析。

2）从评论文本中挖掘用户的需求、意见、购买原因及产品的优缺点。

3）根据模型结果给出改善产品的建议。

12.2　分析方法与过程

图 12-1 为电商产品评论数据情感分析流程，主要步骤如下：

1）利用 Python 对京东商城中某电热水器的评论进行爬取。

2）利用 Python 爬取的京东商城中某电热水器的评论数据，对评论文本数据进行数据清洗、分词、停用词过滤等操作。

3）对预处理后的数据进行情感分析，将评论文本数据按照情感倾向分为正面评论数据（好评）和负面评论数据（差评）。

4）分别对正、负面评论数据进行 LDA 主题分析，从对应的结果分析文本评论数据中有价值的内容。

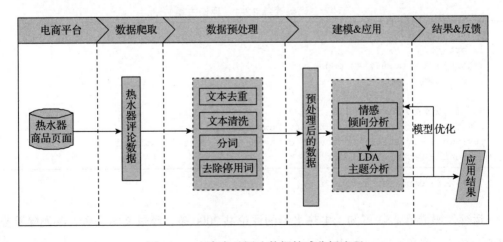

图 12-1　电商产品评论数据情感分析流程

12.2.1 评论预处理

对京东商城中某电热水器评论数据进行预处理前，需要先对评论数据进行采集。本案例是利用 Python 网络爬虫技术对京东商城中某电热水器评论数据进行采集的。由于本案例的重点是对电商产品评论数据进行情感分析，且网络数据的爬取具有时效性，因此，本案例将不再详细介绍数据的采集过程。以下分析所使用的数据与分析结果仅作为范例参考。

1. 评论去重

一些电商平台为了避免一些客户长时间不进行评论，往往会设置一道程序，如果用户超过规定的时间仍然没有做出评论，系统就会自动替客户做出评论，这类数据显然没有任何分析价值。

由语言的特点可知，在大多数情况下，不同购买者之间的有价值的评论是不会出现完全重复的，如果不同购物者的评论完全重复，那么这些评论一般都是毫无意义的。显然这种评论中只有最早的评论才有意义（即只有第一条有作用）。

有的部分评论相似程度极高，可是在某些词语的运用上存在差异。此类评论即可归为重复评论，若是删除文字相近评论，则会出现误删的情况。由于相近的评论也存在不少有用的信息，去除这类评论显然不合适。因此，为了存留更多的有用语料，本节针对完全重复的语料下手，仅删除完全重复部分，以确保保留有用的文本评论信息。评论去重的代码如代码清单 12-1 所示。

代码清单 12-1 评论去重

```python
import pandas as pd
import re
import jieba.posseg as psg
import numpy as np

# 去重，去除完全重复的数据
reviews = pd.read_csv("../tmp/reviews.csv")
reviews = reviews[['content', 'content_type']].drop_duplicates()
content = reviews['content']
```

* 代码详见：demo/code/ 数据预处理 .py。

运行代码清单 12-1 可知，电热水器的评论共 2000 条，经过文本去重，共删除重复评论 199 条，剩余评论 1801 条。

2. 数据清洗

通过人工观察数据发现，评论中夹杂着许多数字与字母，对于本案例的挖掘目标而言，这类数据本身并没有实质性帮助。另外，由于该评论文本数据主要是围绕京东商城中某电热水器进行评价的，其中"京东""京东商城""热水器""电热水器"等词出现的频数很大，但是对分析目标并没有什么作用，因此可以在分词之前将这些词去除，对数据进行清洗，如代码清单 12-2 所示。

代码清单 12-2　数据清洗

```
# 去除英文、数字等
# 由于评论主要为京东某电热水器的评论，因此去除这些词语
strinfo = re.compile('[0-9a-zA-Z]|京东|美的|电热水器|热水器|')
content = content.apply(lambda x: strinfo.sub('', x))
```

* 代码详见：demo/code/ 数据预处理 .py。

12.2.2　评论分词

1. 分词、词性标注、去除停用词

（1）对评论数据进行分词

分词是文本信息处理的基础环节，是将一个单词序列切分成单个单词的过程。准确地分词可以极大地提高计算机对文本信息的识别和理解能力。相反，不准确的分词将会产生大量的噪声，严重干扰计算机的识别理解能力，并对这些信息的后续处理工作产生较大的影响。

汉语的基本单位是字，由字可以组成词，由词可以组成句子，进而由一些句子组成段、节、章、篇。可见，如果需要处理一篇中文语料，从中正确地识别出词是一件非常基础且重要的工作。

然而，中文以字为基本书写单位，词与词之间没有明显的区分标记。中文分词的任务就是把中文的序列切分成有意义的词，即添加合适的词串使得所形成的词串反映句子的本意，中文分词案例如表 12-1 所示。

表 12-1　中文分词例子

操　作	内　　容
输入	我帮小明打饭
输出	我 帮 小明 打饭

当使用基于词典的中文分词方法进行中文信息处理时，不得不考虑未登录词的处理。未登录词是指词典中没有登录过的人名、地名、机构名、译名及新词语等。当采用匹配的办法来切分词语时，由于词典中没有登录这些词，会引起自动切分词语的困难。常见的未登陆词有命名实体，如"张三""北京""联想集团""酒井法子"等；专业术语，如"贝叶斯算法""模态""万维网"；新词语，如"卡拉OK""美刀""啃老族"等。

另外，中文分词还存在切分歧义问题，如"当结合成分子时"这个句子可以有以下切分方法："当/结合/成分/子时""当/结合/成/分子/时""当/结/合成/分子/时""当/结/合成分/子时"等。

可以说，中文分词的关键问题为切分歧义的消解和未登录词的识别。

词典匹配是分词最为传统也最为常见的一种办法。匹配方式可以为正向（从左到右）或逆向（从右到左）。对于匹配中遇到的多种分段可能性（Segmentation Ambiguity），通常会选取数目最少的词分隔出来。

很明显，这种方式对词表的依赖很大，一旦出现词表中不存在的新词，算法是无法做到正确切分的。但是词表匹配也有它的优势，比如简单易懂、不依赖训练数据、易于纠错等。

还有一类方法是通过语料数据中的一些统计特征（如互信息量）去估计相邻汉字之间的关联性，进而实现词的切分。这类方法不依赖词表，特别是在对生词的发掘方面具有较强的灵活性，但是也经常会有精度方面的问题。

分词最常用的工作包是 jieba 分词包，jieba 分词是 Python 写成的一个分词开源库，专门用于中文分词，其有 3 条基本原理，即实现所采用技术。

①基于 Trie 树结构实现高效的词图扫描，生成句子中汉字所有可能成词情况所构成的有向无环图（DAG）。jieba 分词自带了一个叫作 dict.txt 的词典，里面有 2 万多条词，包含了词条出现的次数（这个次数是作者自己基于人民日报语料等资源训练得出来的）和词性。Trie 树是有名的前缀树，若一个词语的前面几个字一样，表示该词语具有相同的前缀，可以使用 Trie 树来存储，Trie 树存储方式具有查找速度快的优势。后一句的"生成句子中汉字所有可能成词情况所构成的有向无环图"意思是给定一个待切分的句子，生成一个如图 12-2 所示的有向无环图。

②采用动态规划查找最大概率路径，找出基于词频的最大切分组合。先查找待分词句子中已经切分好的词语，再查找该词语出现的频率，然后根据动态规划查找最大概率路径的方法，对句子从右往左反向计算最大概率（反向是因为汉语句子的重心经常落在

右边，从右往左计算，正确率要高于从左往右计算，这个类似于逆向最大匹配），最后得到最大概率的切分组合。

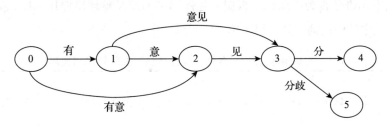

图 12-2　"有意见分歧"切分生成的有向无环图

③对于未登录词，采用 HMM 模型，使用了 Viterbi 算法，将中文词汇按照 BEMS 4 个状态来标记。其中 B 代表 begin，表示开始位置；E 代表 end，表示结束位置；M 代表 middle，表示中间位置；S 代表 single，表示单独成词的位置。HMM 模型采用 (B,E,M,S) 这 4 种状态来标记中文词语，比如北京可以标注为 BE，即北 /B 京 /E，表示北是开始位置，京是结束位置，中华民族可以标注为 BMME，就是开始、中间、中间和结束。

（2）去除停用词

停用词（Stop Words），词典译为"电脑检索中的虚字、非检索用字"。在 SEO 搜索引擎中，为节省存储空间和提高搜索效率，搜索引擎在索引页面或处理搜索请求时会自动忽略某些字或词，这些字或词即被称为停用词。

停用词一定程度上相当于过滤词（Filter Words），区别是过滤词的范围更大一些，包含色情、政治等敏感信息的关键词都会被视做过滤词加以处理，停用词本身则没有这个限制。通常意义上说，停用词大致可分为以下两类：

一类是使用十分广泛，甚至过于频繁的一些单词。比如，英文的"i""is""what"，中文的"我""就"等，这些词几乎在每个文档上都会出现，查询这样的词无法保证搜索引擎能够给出真正相关的搜索结果，因此无法通过缩小搜索范围来提高搜索结果的准确性，同时还会降低搜索的效率。因此，在搜索的时候，Google 和百度等搜索引擎会忽略特定的常用词，如果使用了太多的停用词，则有可能无法得到精确的结果，甚至可能得到大量毫不相关的搜索结果。

另一类是文本中出现频率很高，但实际意义不大的词。这一类词主要包括了语气助词、副词、介词、连词等，它们自身通常并无明确意义，只有将其放入一个完整的句子中才有一定作用。常见的有"的""在""和""接着"等，例如"泰迪教育研究院是最好的大数据知识传播机构之一", 这句话中的 "是""的" 就是两个停用词。

经过分词后, 评论由一个字符串的形式变为多个由文字或词语组成的字符串的形式, 可判断评论中词语是否为停用词。根据上述停用词的定义整理出停用词库, 并根据停用词库去除评论中的停用词, 如代码清单 12-3 所示。

代码清单 12-3 分词、词性标注、去除停用词代码

```
# 分词
worker = lambda s: [(x.word, x.flag) for x in psg.cut(s)]    # 自定义简单分词函数
seg_word = content.apply(worker)

# 将词语转为数据框形式, 一列是词, 一列是词语所在的句子id, 最后一列是词语在该句子中的位置
n_word = seg_word.apply(lambda x: len(x)) # 每一评论中词的个数

n_content = [[x+1]*y for x,y in zip(list(seg_word.index), list(n_word))]
index_content = sum(n_content, [])          # 将嵌套的列表展开, 作为词所在评论的id

seg_word = sum(seg_word, [])
word = [x[0] for x in seg_word]             # 词

nature = [x[1] for x in seg_word]           # 词性

content_type = [[x]*y for x,y in zip(list(reviews['content_type']), list(n_word))]
content_type = sum(content_type, [])        # 评论类型

result = pd.DataFrame({"index_content":index_content,
                       "word":word,
                       "nature":nature,
                       "content_type":content_type})

# 删除标点符号
result = result[result['nature'] != 'x'] # x表示标点符号

# 删除停用词
stop_path = open("../data/stoplist.txt", 'r',encoding='UTF-8')
stop = stop_path.readlines()
stop = [x.replace('\n', '') for x in stop]
word = list(set(word) - set(stop))
result = result[result['word'].isin(word)]

# 构造各词在对应评论的位置列
n_word = list(result.groupby(by = ['index_content'])['index_content'].count())
index_word = [list(np.arange(0, y)) for y in n_word]
index_word = sum(index_word, [])            # 表示词语在该评论中的位置
```

```
# 合并评论id，评论中词的id，词，词性，评论类型
result['index_word'] = index_word
```

*代码详见：demo/code/ 评论分词 .py。

2. 提取含名词的评论

由于本案例的目标是对产品特征的优缺点进行分析，类似"不错，很好的产品""很不错，继续支持"等评论虽然表达了对产品的情感倾向，但是实际上无法根据这些评论提取出哪些产品特征是用户满意的。评论中只有出现明确的名词，如机构团体及其他专有名词时，才有意义，因此需要对分词后的词语进行词性标注。之后再根据词性将含有名词类的评论提取出来。

jieba 关于词典词性标记，采用 ICTCLAS 的标记方法。ICTCLAS 汉语词性标注集如表 12-2 所示。

表 12-2　ICTCLAS 汉语词性标注集

代码	名称	帮助记忆的诠释	代码	名称	帮助记忆的诠释
Ag	形语素	形容词性语素。形容词代码为 a，语素代码 g 前面置以 A	h	前接成分	取英语 head 的第 1 个字母
a	形容词	取英语形容词 adjective 的第 1 个字母	i	成语	取英语成语 idiom 的第 1 个字母
ad	副形词	直接作状语的形容词。形容词代码 a 和副词代码 d 并在一起	j	简称略语	取汉字"简"的声母
an	名形词	具有名词功能的形容词。形容词代码 a 和名词代码 n 并在一起	k	后接成分	
b	区别词	取汉字"别"的声母	l	习用语	习用语尚未成为成语，具有"临时性"，取"临"的声母
c	连词	取英语连词 conjunction 的第 1 个字母	m	数词	取英语 numeral 的第 3 个字母，n、u 已有他用
Dg	副语素	副词性语素。副词代码为 d，语素代码 g 前面置以 D	Ng	名语素	名词性语素。名词代码为 n，语素代码 g 前面置以 N
d	副词	取 adverb 的第 2 个字母，因其第 1 个字母已用于形容词	n	名词	取英语名词 noun 的第 1 个字母
e	叹词	取英语叹词 exclamation 的第 1 个字母	nr	人名	名词代码 n 和"人（ren）"的声母并在一起
f	方位词	取汉字"方"的声母	ns	地名	名词代码 n 和处所词代码 s 并在一起
g	语素	绝大多数语素都能作为合成词的"词根"，取汉字"根"的声母	nt	机构团体	"团"的声母为 t，名词代码 n 和 t 并在一起

（续）

代码	名称	帮助记忆的诠释	代码	名称	帮助记忆的诠释
nz	其他专名	"专"的声母的第 1 个字母为 z，名词代码 n 和 z 并在一起	Vg	动语素	动词性语素。动词代码为 v。在语素的代码 g 前面置以 V
o	拟声词	取英语拟声词 onomatopoeia 的第 1 个字母	v	动词	取英语动词 verb 的第 1 个字母
p	介词	取英语介词 prepositional 的第 1 个字母	vd	副动词	直接作状语的动词。动词和副词的代码并在一起
q	量词	取英语 quantity 的第 1 个字母	vn	名动词	指具有名词功能的动词。动词和名词的代码并在一起
r	代词	取英语代词 pronoun 的第 2 个字母，因 p 已用于介词	w	标点符号	
s	处所词	取英语 space 的第 1 个字母	x	非语素字	非语素字只是一个符号，字母 x 通常用于代表未知数、符号
Tg	时语素	时间词性语素。时间词代码为 t，在语素的代码 g 前面置以 T	y	语气词	取汉字"语"的声母
t	时间词	取英语 time 的第 1 个字母	z	状态词	取汉字"状"的声母的前一个字母
u	助词	取英语助词 auxiliary 的第 2 个字母，因 a 已用于形容词			

根据得出的词性，提取评论中词性含有"n"的评论，如代码清单 12-4 所示。

代码清单 12-4 提取含有"n"的评论

```
# 提取含有名词类的评论
ind = result[['n' in x for x in result['nature']]]['index_content'].unique()
result = result[[x in ind for x in result['index_content']]]
```

* 代码详见：demo/code/ 评论分词 .py。

3. 绘制词云查看分词效果

进行数据预处理后，可绘制词云查看分词效果，词云会将文本中出现频率较高的"关键词"予以视觉上的突出。首先需要对词语进行词频统计，将词频按照降序排序，选择前 100 个词，使用 wordcloud 模块中的 WordCloud 绘制词云，查看分词效果，如代码清单 12-5 所示。

代码清单 12-5 绘制词云

```
import matplotlib.pyplot as plt
from wordcloud import WordCloud
```

```
frequencies = result.groupby(by=['word'])['word'].count()
frequencies = frequencies.sort_values(ascending=False)
backgroud_Image=plt.imread('../data/pl.jpg')
wordcloud = WordCloud(font_path="STZHONGS.ttf",
                      max_words=100,
                      background_color='white',
                      mask=backgroud_Image)
my_wordcloud = wordcloud.fit_words(frequencies)
plt.imshow(my_wordcloud)
plt.axis('off')
plt.show()

# 将结果写出
result.to_csv("../tmp/word.csv", index=False, encoding='utf-8')
```

*代码详见：demo/code/ 评论分词 .py。

运行代码清单 12-5 可得到分词后的词云图，如图 12-3 所示。

由图 12-3 可以看出，对评论数据进行预处理后，分词效果较为符合预期。其中"安装""师傅""售后""物流""服务"等词出现频率较高，因此可以初步判断用户对产品的这几个方面比较重视。

图 12-3　分词后的词云图

12.2.3　构建模型

1. 评论数据情感倾向分析

（1）匹配情感词

情感倾向也称为情感极性。在某商品评论中，可以理解为用户对该商品表达自身观点所持的态度是支持、反对还是中立，即通常所指的正面情感、负面情感、中性情感。由于本案例主要是对产品的优缺点进行分析，因此只要确定用户评论信息中的情感倾向方向分析即可，不需要分析每一评论的情感程度。

对评论情感倾向进行分析首先要对情感词进行匹配，主要采用词典匹配的方法，本案例使用的情感词表是 2007 年 10 月 22 日知网发布的"情感分析用词语集（beta 版）"，主要使用"中文正面评价"词表、"中文负面评价""中文正面情感""中文负面情感"词表等。将"中文正面评价""中文正面情感"两个词表合并，并给每个词语赋予初始权重

1，作为本案例的正面评论情感词表。将"中文负面评价""中文负面情感"两个词表合并，并给每个词语赋予初始权重 –1，作为本案例的负面评论情感词表。

一般基于词表的情感分析方法，分析的效果往往与情感词表内的词语有较强的相关性，如果情感词表内的词语足够全面，并且词语符合该案例场景下所表达的情感，那么情感分析的效果会更好。针对本案例场景，需要在知网提供的词表基础上进行优化，例如"好评""超值""差评""五分"等词只有在网络购物评论上出现，就可以根据词语的情感倾向添加至对应的情感词表内。将"满意""好评""很快""还好""还行""超值""给力""支持""超好""感谢""太棒了""厉害""挺舒服""辛苦""完美""喜欢""值得""省心"等词添加进正面情感词表。将"差评""贵""高""漏水"等词加入负面情感词表。

读入正负面评论情感词表，正面词语赋予初始权重 1，负面词语赋予初始权重 –1。使用 merge 函数按照词语情感词表与分词结果进行匹配，如代码清单 12-6 所示。

代码清单 12-6　匹配情感词

```python
import pandas as pd
import numpy as np
word = pd.read_csv("../tmp/word.csv")

# 读入正面、负面情感评价词
pos_comment = pd.read_csv("../data/正面评价词语（中文）.txt", header=None,sep="\n",
                          encoding = 'utf-8', engine='python')
neg_comment = pd.read_csv("../data/负面评价词语（中文）.txt", header=None,sep="\n",
                          encoding = 'utf-8', engine='python')
pos_emotion = pd.read_csv("../data/正面情感词语（中文）.txt", header=None,sep="\n",
                          encoding = 'utf-8', engine='python')
neg_emotion = pd.read_csv("../data/负面情感词语（中文）.txt", header=None,sep="\n",
                          encoding = 'utf-8', engine='python')

# 合并情感词与评价词
positive = set(pos_comment.iloc[:,0])|set(pos_emotion.iloc[:,0])
negative = set(neg_comment.iloc[:,0])|set(neg_emotion.iloc[:,0])
intersection = positive&negative   # 正负面情感词表中相同的词语
positive = list(positive - intersection)
negative = list(negative - intersection)
positive = pd.DataFrame({"word":positive,
                         "weight":[1]*len(positive)})
negative = pd.DataFrame({"word":negative,
                         "weight":[-1]*len(negative)})

posneg = positive.append(negative)
# 将分词结果与正负面情感词表合并，定位情感词
```

```
data_posneg = posneg.merge(word, left_on='word', right_on='word', how='right')
data_posneg = data_posneg.sort_values(by=['index_content','index_word'])
```

* 代码详见：demo/code/ 情感分析 .py。

（2）修正情感倾向

情感倾向修正主要根据情感词前面两个位置的词语是否存在否定词而去判断情感值的正确与否，由于汉语中存在多重否定现象，即当否定词出现奇数次时，表示否定意思；当否定词出现偶数次时，表示肯定意思。按照汉语习惯，搜索每个情感词前两个词语，若出现奇数否定词，则调整为相反的情感极性。

本案例使用的否定词表共有 19 个否定词，分别为：不、没、无、非、莫、弗、毋、未、否、别、無、休、不是、不能、不可、没有、不用、不要、从没、不太。

读入否定词表，对情感值的方向进行修正。计算每条评论的情感得分，将评论分为正面评论和负面评论，并计算情感分析的准确率，如代码清单 12-7 所示。

代码清单 12-7　修正情感倾向

```
# 根据情感词前是否有否定词或双层否定词对情感值进行修正
# 载入否定词表
notdict = pd.read_csv("../data/not.csv")

# 处理否定修饰词
# 构造新列，作为经过否定词修正后的情感值
data_posneg['amend_weight'] = data_posneg['weight']
data_posneg['id'] = np.arange(0, len(data_posneg))
only_inclination = data_posneg.dropna()              # 只保留有情感值的词语
only_inclination.index = np.arange(0, len(only_inclination))
index = only_inclination['id']

for i in np.arange(0, len(only_inclination)):
    review = data_posneg[data_posneg['index_content'] == only_inclination
        ['index_content'][i]]                       # 提取第i个情感词所在的评论
    review.index = np.arange(0, len(review))
    affective = only_inclination['index_word'][i]# 第i个情感值在该文档的位置
    if affective == 1:
        ne = sum([i in notdict['term'] for i in review['word'][affective - 1]])
        if ne == 1:
            data_posneg['amend_weight'][index[i]] = -\
            data_posneg['weight'][index[i]]
    elif affective > 1:
        ne = sum([i in notdict['term'] for i in review['word'][[affective - 1,
                affective - 2]]])
        if ne == 1:
```

```
                    data_posneg['amend_weight'][index[i]] = -\
                    data_posneg['weight'][index[i]]

# 更新只保留情感值的数据
only_inclination = only_inclination.dropna()

# 计算每条评论的情感值
emotional_value = only_inclination.groupby(['index_content'],
                                  as_index=False)['amend_weight'].sum()

# 去除情感值为0的评论
emotional_value = emotional_value[emotional_value['amend_weight'] != 0]
```

*代码详见：demo/code/ 情感分析 .py。

（3）查看情感分析效果

使用 wordcloud 包下的 WordCloud 函数分别对正面评论和负面评论绘制词云，以查看情感分析效果，如代码清单 12-8 所示。

代码清单 12-8　查看情感分析效果

```
# 给情感值大于0的赋予评论类型（content_type）为pos，小于0的为neg
emotional_value['a_type'] = ''
emotional_value['a_type'][emotional_value['amend_weight'] > 0] = 'pos'
emotional_value['a_type'][emotional_value['amend_weight'] < 0] = 'neg'

# 查看情感分析结果
result = emotional_value.merge(word,
                             left_on='index_content',
                             right_on='index_content',
                             how='left')

result = result[['index_content','content_type', 'a_type']].drop_duplicates()
confusion_matrix = pd.crosstab(result['content_type'], result['a_type'],
                             margins= True)    # 制作交叉表
(confusion_matrix.iat[0,0] + confusion_matrix.iat[1,1])/confusion_matrix.iat[2,2]

# 提取正面评论信息和负面评论信息
ind_pos = list(emotional_value[emotional_value['a_type'] == 'pos']['index_content'])
ind_neg = list(emotional_value[emotional_value['a_type'] == 'neg']['index_content'])
posdata = word[[i in ind_pos for i in word['index_content']]]
negdata = word[[i in ind_neg for i in word['index_content']]]

# 绘制词云
import matplotlib.pyplot as plt
from wordcloud import WordCloud
# 正面情感词词云
```

```
freq_pos = posdata.groupby(by=['word'])['word'].count()
freq_pos = freq_pos.sort_values(ascending=False)
backgroud_Image=plt.imread('../data/pl.jpg')
wordcloud = WordCloud(font_path="STZHONGS.ttf",
                      max_words=100,
                      background_color='white',
                      mask=backgroud_Image)
pos_wordcloud = wordcloud.fit_words(freq_pos)
plt.imshow(pos_wordcloud)
plt.axis('off')
plt.show()
# 负面情感词词云
freq_neg = negdata.groupby(by=['word'])['word'].count()
freq_neg = freq_neg.sort_values(ascending=False)
neg_wordcloud = wordcloud.fit_words(freq_neg)
plt.imshow(neg_wordcloud)
plt.axis('off')
plt.show()

# 将结果写出，每条评论作为一行
posdata.to_csv("../tmp/posdata.csv", index=False, encoding='utf-8')
negdata.to_csv("../tmp/negdata.csv", index=False, encoding='utf-8')
```

* 代码详见：demo/code/ 情感分析 .py。

运行代码清单 12-8，可得正面情感评论词云如图 12-4 所示，负面情感评论词云如图 12-5 所示。

图 12-4　正面情感评论词云　　　　　　图 12-5　负面情感评论词云

由图 12-4 正面情感评论词云可知，"不错""满意""好评"等正面情感词出现的频数较高，并且没有掺杂负面情感词语，可以看出情感分析能较好地将正面情感评论抽取出来。

由图 12-5 负面情感评论词云可知，"差评""垃圾""不好""太差"等负面情感词出现的频数较高，并且没有掺杂正面情感词语，可以看出情感分析能较好地将负面情感评论抽取出来。

为了进一步查看情感分析效果，假定用户在评论时不存在"选了好评的标签，而写了差评内容"的情况，比较原评论的评论类型与情感分析得出的评论类型，绘制情感倾向分析混淆矩阵，如表 12-3 所示，查看词表的情感分析的准确率。

表 12-3　情感倾向分析混淆矩阵

	neg	pos
neg	363	55
pos	40	443

由表 12-3 可知，通过比较原评论的评论类型与情感分析得出的评论类型，基于词表的情感分析的准确率达到了 89.46%，证明通过词表的情感分析去判断某文本的情感程度是有效的。

2. 使用 LDA 模型进行主题分析

（1）了解 LDA 主题模型

①主题模型介绍

主题模型在自然语言处理等领域是用来在一系列文档中发现抽象主题的一种统计模型。判断两个文档相似性的传统方法是通过查看两个文档共同出现的单词的多少，如 TF（词频）、TF-IDF（词频—逆向文档频率）等，这种方法没有考虑文字背后的语义关联，例如，两个文档共同出现的单词很少甚至没有，但两个文档是相似的，因此在判断文档相似性时，需要使用主题模型进行语义分析并判断文档相似性。

如果一篇文档有多个主题，则一些特定的可代表不同主题的词语就会反复出现，此时，运用主题模型，能够发现文本中使用词语的规律，并且把规律相似的文本联系到一起，以寻求非结构化的文本集中的有用信息。例如，在电热水器的商品评论文本数据中，代表电热水器特征的词语如"安装""出水量""服务"等会频繁地出现在评论中，运用主题模型，把热水器代表性特征相关的情感描述性词语与对应特征的词语联系起来，从而深入了解用户对电热水器的关注点及用户对于某一特征的情感倾向。

②LDA 主题模型

潜在狄利克雷分配，即 LDA 模型（Latent Dirichlet Allocation，LDA）是由 Blei 等人

在 2003 年提出的生成式主题模型[○]。生成模型，即认为每一篇文档的每一个词都是通过"一定的概率选择了某个主题，并从这个主题中以一定的概率选择了某个词语"。LDA 模型也被称为 3 层贝叶斯概率模型，包含文档（d）、主题（z）、词（w）3 层结构，能够有效对文本进行建模，和传统的空间向量模型（VSM）相比，增加了概率的信息。通过 LDA 主题模型，能够挖掘数据集中的潜在主题，进而分析数据集的集中关注点及其相关特征词。

LDA 模型采用词袋模型（Bag of Words，BOW）将每一篇文档视为一个词频向量，从而将文本信息转化为易于建模的数字信息。

定义词表大小为 L，一个 L 维向量 $(1,0,0,\cdots,0,0)$ 表示一个词。由 N 个词构成的评论记为 $d=(w_1,w_2,\cdots,w_N)$。假设某一商品的评论集 D 由 M 篇评论构成，记为 $D=(d_1,d_2,\cdots,d_M)$。M 篇评论分布着 K 个主题，记为 $Z_i=(i=1,2,\cdots,K)$。记 a 和 b 为狄利克雷函数的先验参数，q 为主题在文档中的多项分布的参数，其服从超参数为 a 的 Dirichlet 先验分布，f 为词在主题中的多项分布的参数，其服从超参数 b 的 Dirichlet 先验分布。LDA 模型图如图 12-6 所示。

LDA 模型假定每篇评论由各个主题按一定比例随机混合而成，混合比例服从多项分布，记为式（12-1）。

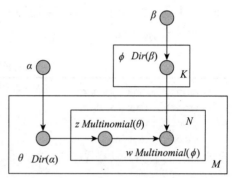

图 12-6　LDA 模型结构示意图

$$z\,|\,\theta = \text{Multinomial}(\theta) \qquad (12\text{-}1)$$

而每个主题由词汇表中的各个词语按一定比例混合而成，混合比例也服从多项分布，记为式（12-2）。

$$w\,|\,z,\phi = \text{Multinomial}(\phi) \qquad (12\text{-}2)$$

在评论 d_j 条件下生成词 w_i 的概率表示为式（12-3）。

$$P(w_i\,|\,d_j)=\sum_{s=1}^{K}P(w_i\,|\,z=s)\times P(z=s\,|\,d_j) \qquad (12\text{-}3)$$

其中，$P(w_i\,|\,z=s)$ 表示词 w_i 属于第 s 个主题的概率，$P(z=s\,|\,d_j)$ 表示第 s 个主题在评论 d_j 中的概率。

○　Blei D M, Ng A Y, Jordan M I. Latent dirichlet allocation[J]. Journal of Machine Learning Research, 2003, 3:2003.

LDA 主题模型是一种无监督的模式，只需要提供训练文档，就可以自动训练出各种概率，无须任何人工标注过程，节省了大量的人力及时间。它在文本聚类、主题分析、相似度计算等方面都有广泛的应用。相对于其他主题模型，其引入了狄利克雷先验知识。因此，模型的泛化能力较强，不易出现过拟合现象。

LDA 主题模型可以解决多种指代问题，例如，在对电热水器的评论中，根据分词的一般规则，经过分词的语句会将"费用"一词单独分割出来，而"费用"是指安装费用还是热水器费用等其他情况？如果只是简单地进行词频统计及情感分析，是无法识别的。这种指代不明的问题并不能准确地反应用户情况，运用 LDA 主题模型则可以求得词汇在主题中的概率分布，进而判断"费用"一词属于哪个主题，并求得属于这一主题的概率和同一主题下的其他特征词，从而解决多种指代问题。

建立 LDA 主题模型，首先需要建立词典及语料库，如代码清单 12-9 所示。

代码清单 12-9　建立词典及语料库

```
import pandas as pd
import numpy as np
import re
import itertools
import matplotlib.pyplot as plt

# 载入情感分析后的数据
posdata = pd.read_csv("../data/posdata.csv", encoding='utf-8')
negdata = pd.read_csv("../data/negdata.csv", encoding='utf-8')

from gensim import corpora, models
# 建立词典
pos_dict = corpora.Dictionary([[i] for i in posdata['word']])    # 正面
neg_dict = corpora.Dictionary([[i] for i in negdata['word']])    # 负面

# 建立语料库
pos_corpus = [pos_dict.doc2bow(j) for j in [[i] for i in posdata['word']]]# 正面
neg_corpus = [neg_dict.doc2bow(j) for j in [[i] for i in negdata['word']]]# 负面
```

* 代码详见：demo/code/LDA.py。

（2）寻找最优主题数

基于相似度的自适应最优 LDA 模型选择方法，确定主题数并进行主题分析。实验证明该方法可以在不需要人工调试主题数目的情况下，用相对少的迭代找到最优的主题结构。具体步骤如下：

1）取初始主题数 k 值，得到初始模型，计算各主题之间的相似度（平均余弦距离）。

2）增加或减少 k 值，重新训练模型，再次计算各主题之间的相似度。

3）重复步骤 2 直到得到最优 k 值。

利用各主题间的余弦相似度来度量主题间的相似程度。从词频入手，计算它们的相似度，用词越相似，则内容越相近。

假定 A 和 B 是两个 n 维向量，A 是 $(A_1, A_2, \cdots, A_n)$，B 是 $(B_1, B_2, \cdots, B_n)$，则 A 与 B 的夹角 θ 的余弦值通过式（12-4）计算。

$$\cos\theta = \frac{\sum_{i=1}^{n} A_i B_i}{\sum_{i=1}^{n}(A_i)^2 \sum_{i=1}^{n}(B_i)^2} = \frac{AB}{|AB|} \tag{12-4}$$

使用 LDA 主题模型，找出不同主题数下的主题词，每个模型各取出若干个主题词（比如前 100 个），合并成一个集合。生成任何两个主题间的词频向量，计算两个向量的余弦相似度，值越大就表示越相似；计算各个主题数的平均余弦相似度，寻找最优主题数，如代码清单 12-10 所示。

代码清单 12-10　主题数寻优

```python
# 构造主题数寻优函数
def cos(vector1, vector2):  # 余弦相似度函数
    dot_product = 0.0;
    normA = 0.0;
    normB = 0.0;
    for a,b in zip(vector1, vector2):
        dot_product += a*b
        normA += a**2
        normB += b**2
    if normA == 0.0 or normB==0.0:
        return(None)
    else:
        return(dot_product / ((normA*normB)**0.5))


# 主题数寻优
def lda_k(x_corpus, x_dict):

    # 初始化平均余弦相似度
    mean_similarity = []
    mean_similarity.append(1)

    # 循环生成主题并计算主题间相似度
```

```python
    for i in np.arange(2,11):
        lda = models.LdaModel(x_corpus, num_topics=i, id2word=x_dict)
                                # LDA模型训练
        for j in np.arange(i):
            term = lda.show_topics(num_words=50)

        # 提取各主题词
        top_word = []
        for k in np.arange(i):
            top_word.append([''.join(re.findall('"(.*)"',i))\
                            for i in term[k][1].split('+')])   # 列出所有词

        # 构造词频向量
        word = sum(top_word,[])       # 列出所有的词
        unique_word = set(word)       # 去除重复的词

        # 构造主题词列表，行表示主题号，列表示各主题词
        mat = []
        for j in np.arange(i):
            top_w = top_word[j]
            mat.append(tuple([top_w.count(k) for k in unique_word]))

        p = list(itertools.permutations(list(np.arange(i)),2))
        l = len(p)
        top_similarity = [0]
        for w in np.arange(l):
            vector1 = mat[p[w][0]]
            vector2 = mat[p[w][1]]
            top_similarity.append(cos(vector1, vector2))

        # 计算平均余弦相似度
        mean_similarity.append(sum(top_similarity)/l)
    return(mean_similarity)

# 计算主题平均余弦相似度
pos_k = lda_k(pos_corpus, pos_dict)
neg_k = lda_k(neg_corpus, neg_dict)

# 绘制主题平均余弦相似度图形
from matplotlib.font_manager import FontProperties
font = FontProperties(size=14)
#解决中文显示问题
plt.rcParams['font.sans-serif'] = ['SimHei']
plt.rcParams['axes.unicode_minus'] = False
fig = plt.figure(figsize=(10,8))
ax1 = fig.add_subplot(211)
ax1.plot(pos_k)
```

```
ax1.set_xlabel('正面评论LDA主题数寻优', fontproperties=font)

ax2 = fig.add_subplot(212)
ax2.plot(neg_k)
ax2.set_xlabel('负面评论LDA主题数寻优', fontproperties=font)
```

* 代码详见：demo/code/LDA.py。

运行代码清单 12-10，可得主题间平均余弦相似度图，如图 12-7 所示。

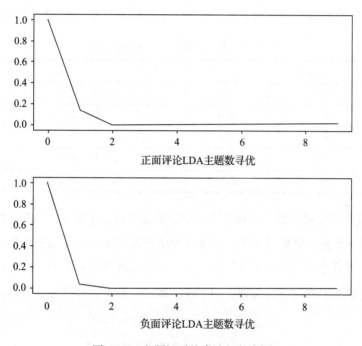

图 12-7　主题间平均余弦相似度图

由图 12-7 可知，对于正面评论数据，当主题数为 2 或 3 时，主题间的平均余弦相似度就达到了最低。因此，对正面评论数据做 LDA，可以选择主题数为 3；对于负面评论数据，当主题数为 3 时，主题间的平均余弦相似度也达到了最低。因此，对负面评论数据做 LDA，也可以选择主题数为 3。

（3）评价主题分析结果

根据主题数寻优结果，使用 Python 的 Gensim 模块对正面评论数据和负面评论数据分别构建 LDA 主题模型，设置主题数为 3，经过 LDA 主题分析后，每个主题下生成 10 个最有可能出现的词语以及相应的概率，如代码清单 12-11 所示。

代码清单 12-11　LDA 主题分析

```
# LDA主题分析
pos_lda = models.LdaModel(pos_corpus, num_topics=3, id2word=pos_dict)
neg_lda = models.LdaModel(neg_corpus, num_topics=3, id2word=neg_dict)
pos_lda.print_topics(num_words=10)
neg_lda.print_topics(num_words=10)
```

*代码详见：demo/code/LDA.py。

运行代码清单 12-11，可得 LDA 主题分析结果如表 12-4 与表 12-5 所示。

表 12-4　电热水器正面评价潜在主题

Topic 1	Topic 2	Topic 3	Topic 1	Topic 2	Topic 3
满意	值得	安装	客服	态度	物流
师傅	太	很快	售后	赞	购物
送货	速度	不错	人员	收	送
服务	家里	信赖	差	收到	品牌
好评	电话	东西	质量	服务态度	装

表 12-4 反映了电热水器正面评价文本中的潜在主题，主题 1 中的高频特征词，关注点主要是师傅、不错、售后服务等，主要反映电热水器安装师傅服务好等；主题 2 中的高频特征词，即关注点主要是物流、价格等，主要反映电热水器的发货速度快、品牌价格实惠等；主题 3 中的高频特征词，即不错、满意、质量、好评等，主要反映电热水器产品质量不错。

表 12-5　电热水器负面评价潜在主题

Topic 1	Topic 2	Topic 3	Topic 1	Topic 2	Topic 3
安装	垃圾	师傅	贵	价格	收
差	售后	太	烧水	送货	收费
安装费	人员	东西	真的	只能	打电话
装	配件	客服	坑	遥控器	加热
不好	服务	小时	产品	速度	慢

表 12-5 反映了电热水器负面评价文本中的潜在主题，主题 1 中的高频特征词主要关注点在安装、安装费、收费这几方面，说明可能存在安装师傅收费过高等问题；主题 2 中的高频特征词主要与售后、服务这几方面有关，主要反映该产品售后服务差等问题；

主题 3 中的高频特征词主要与加热功能有关，主要反映的是电热水器加热性能存在问题等。

综合以上对主题及其中的高频特征词的分析得出，该电热水器有价格实惠、性价比高、外观好看、服务好等优势。相对而言，用户对电热水器的抱怨点主要体现在安装的费用高及售后服务差等方面。

因此，用户的购买原因可以总结为以下几个方面：该电热水器品牌是大品牌值得信赖、该电热水器价格实惠、性价比高。

根据对京东平台上某电热水器的用户评价情况进行 LDA 主题模型分析，对该品牌提出以下两点建议：

①在保持热水器使用方便、价格实惠等优点的基础上，对热水器进行加热功能上的改进，从整体上提升热水器的质量。

②提升安装人员及客服人员的整体素质，提高服务质量，注重售后服务。建立安装费用收取的明文细则，并进行公布，以减少安装过程中乱收费的现象。适度降低安装费用和材料费用，以此在大品牌的竞争中凸显优势。

12.3　上机实验

1. 实验目的

本上机实验有以下几个目的：

1）熟悉文本分析的基本步骤。

2）学习运用 Python 对文本数据做数据清洗（预处理）。

3）学习运用 Python 对文本数据做分词处理。

4）加深对 LDA 主题分析算法原理的理解及使用。

5）掌握使用 LDA 主题分析算法解决实际问题的方法。

2. 实验内容

本上机实验有以下几方面内容：

1）使用 Python 对采集的京东商城中某电热水器评论数据进行预处理。

2）使用 Python 中的 jieba 中文分词库对评论数据进行分词，根据停用词库去除文本中的停用词。

3）寻找一种基于评论文本内容去判断评论情感倾向的方法，并检验该方法的有效性。

4）将正面评论文本数据和负面评论文本数据输入 LDA 模型，最后取每个主题下概率最高的 10 个主题进行分析。

3. 实验方法与步骤

本上机实验的具体方法与步骤如下：

1）本项目以京东商城销量靠前的一款电热水器作为例子，利用 Python 爬取的"reviews.csv"数据，对文本数据进行预处理，去除评论文本数据的数字、字母，然后进行去重。

2）使用 Python 中的 jieba 中文分词库对完成预处理的评论数据进行分词处理，根据停用词库去除评论文本中的停用词，并绘制词云图查看分词效果。

3）对分词后的评论数据做情感倾向分析。首先，基于情感词表进行情感匹配。然后，对情感词的倾向进行修正。最后，对情感倾向分析进行检验，查看情感倾向分析效果。

4）了解主题模型，学习 LDA 模型原理与参数估计方法，建立相应的 LDA 模型，最后输入正面情感与负面情感评论，求解 LDA 模型并分析结果。

4. 思考与实验总结

通过上机实验，我们可以对以下问题进行思考与总结：

1）判断两个文档相似性的传统方法是通过查看两个文档共同出现的单词的多少。如果一篇文档有多个主题，则一些特定的可代表不同主题的词语就会反复出现，此时，运用主题模型，能够发现文本中使用词语的规律，并且把规律相似的文本联系到一起，以寻求非结构化的文本集中的有用信息。

2）LDA 模型和传统的空间向量模型（VSM）相比，增加了概率的信息，能够有效地对文本进行建模。通过 LDA 主题模型，能够挖掘数据集中的潜在主题，进而分析数据集的集中关注点及其相关特征词。

12.4 拓展思考

AHP（Analytical Hierachy Process，应用层次分析法）是匹兹堡大学 T. L. Saaty 教授在 20 世纪 70 年代初期提出的对定性问题进行定量分析的一种渐变灵活的多准则决策方案，其特点在于把复杂问题的各种因素通过划分为相互联系的有序层次，使之条理化，根据对有一定客观现实的主观因素两两比较，把专家意见和分析者的客观判断结果直接有效地结合起来，而后利用数学方法计算每一层元素相对重要性次序的权值，最终通过所有层次间的总排序计算所有元素的相对权重并进行排序，从而分析消费者决策。

FCE（Fuzzy Comprehensive Evaluation，模糊综合评判）是 20 世纪 80 年代初，我国模糊数学领域的汪培庄教授提出了综合评判模型，并通过广大实际工作者的不断补充发展，衍生出的适用于各种领域的评判方法。模糊综合评判的过程可简述为：决策者将评价目标看成是由多重因素组成的因素集 U，再设定这些因素所能选取的评审等级，组成评语的评判集合 V，分别求出各单一因素对各个评审等级的模糊矩阵，然后根据各个因素在评价目标中的权重分配，通过模糊矩阵合成，求出评价的定量值。

但是这两种方法各有利弊：AHP 能够准确地对决策定性，但其决策过程需要经过大量数据比对来最终通过概率确定权重；而 FCE 虽然有很好的定量评价，但是无法很好地对决策定性。请利用本案例的数据，尝试使用两者结合的方法来实现对电商平台上热水器的购买决策分析。

AHP-FCE 模型需要经历以下 3 个步骤，具体流程见图 12-8。

1）划分因素层。

2）应用 AHP 构造消费者心理的隶属函数和因素权集合。

3）对所求结果进行综合评判。

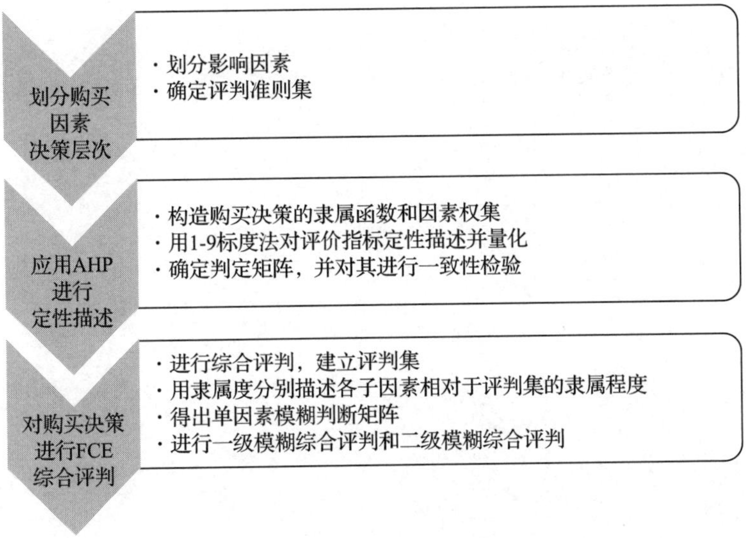

图 12-8　AHP-FCE 模型步骤

12.5　小结

本案例向读者展示了如何使用 Python 处理电商文本评论数据。通过使用 Python 爬取的案例数据，对文本数据进行预处理、分词、去除停用词等操作，在知网情感词表上进行优化，进行基于词表的情感分析，最后使用 LDA 对正面评论和负面评论进行主题分析。从分析某一热水器的用户情感倾向出发，挖掘出该热水器的优点与不足，从而提升生产厂家自身的竞争力。

提 高 篇

Chapter 13 第 13 章

基于 Python 引擎的开源数据挖掘建模平台 (TipDM)

TipDM 数据挖掘建模平台是由广东泰迪智能科技股份有限公司自主研发的基于 Python 引擎用于数据挖掘建模的开源平台。平台提供数量丰富的数据分析与挖掘建模组件，用户可在没有编程基础的情况下，通过拖曳的方式进行操作，将数据输入/输出、数据预处理、挖掘建模、模型评估等环节通过流程化的方式进行连接，以帮助用户快速建立数据挖掘工程，提升数据处理的效能。平台的界面如图 13-1 所示。

图 13-1　平台界面图

本章将以航空公司客户价值分析案例为例，介绍如何使用平台实现案例的流程。在介绍之前，需要引入平台中的几个概念：

1）组件：将建模过程涉及的输入 / 输出、数据探索及预处理、建模、模型评估等算法分别进行封装，封装好的算法模块称之为组件。

2）工程：为实现某一数据挖掘目标，将各组件通过流程化的方式进行连接，整个数据挖掘流程称为一个工程。

3）模板：分享建好的数据挖掘工程，其他用户可以直接创建并运行，这样的工程称之为模板。

13.1　平台简介

TipDM 数据挖掘建模平台主要有以下几个特点：

1）平台算法基于 Python 引擎，用于数据挖掘建模。Python 是目前最为流行的用于数据挖掘建模的语言之一，高度契合行业需求。

2）用户可在没有 Python 编程基础的情况下，使用直观的拖曳式图形界面构建数据挖掘流程，无须编程。

3）提供公开可用的数据挖掘示例工程，一键创建，快速运行。支持挖掘流程每个节点的结果在线预览。

4）提供 10 大类数 10 种算法组件，包括数据预处理、统计分析、分类、聚类、关联、推荐等常用数据挖掘算法。同时提供 Python 脚本与 SQL 脚本，快速粘贴代码即可运行。

平台主要分为模板、数据源、工程和系统组件 4 个模块。

13.1.1　模板

登录平台后，用户即可看到系统提供的示例工程（模板），如图 13-2 所示。

"模板"主要用于常用大数据挖掘案例的快速创建和展示。通过"模板"，用户可以创建一个无须导入数据及配置参数就能够快速运行的工程。同时，用户可以将自己搭建的数据挖掘工程生成为模板，显示在"首页"，供其他用户一键创建。

图 13-2　示例工程（模板）

13.1.2　数据源

　　"数据源"主要用于数据挖掘工程的数据导入与管理，根据情况用户可选择"CSV 文件"或者"SQL 数据库"。"CSV 文件"支持从本地导入 CSV 类型的数据，如图 13-3 所示；"SQL 数据库"支持从 DB2、SQL Server、MySQL、Oracle、PostgreSQL 等关系型数据库导入数据，如图 13-4 所示。

图 13-3　数据来源于 CSV 文件

　　数据上传成功后，用户可以使用数据分享功能，将搭建工程涉及的数据分享给其他用户，如图 13-5 所示。其他用户可在"共享数据源"内查看分享给自己的数据，并使用该数据进行分析挖掘，如图 13-6 所示。

图 13-4　数据来源于 SQL 数据库

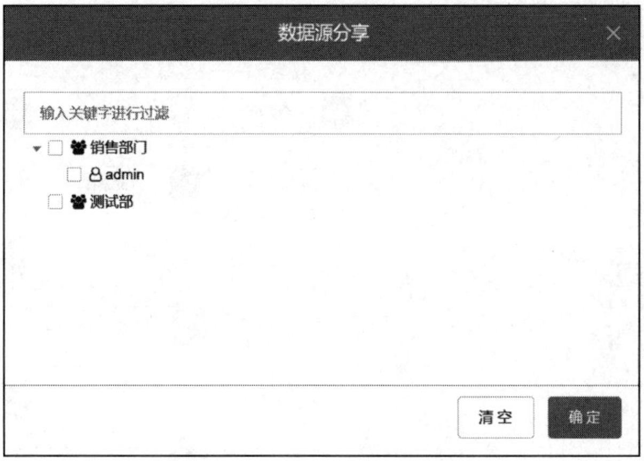

图 13-5　数据源分享功能

13.1.3　工程

　　"工程"主要用于数据分析与挖掘流程化的创建与管理，如图 13-7 所示。通过"工程"，用户可以创建空白工程，进行数据挖掘工程的配置，将数据输入 / 输出、数据预处理、挖掘建模、模型评估等环节通过流程化的方式进行连接，从而达到数据分析与挖掘的目的。

图 13-6　"共享数据源"

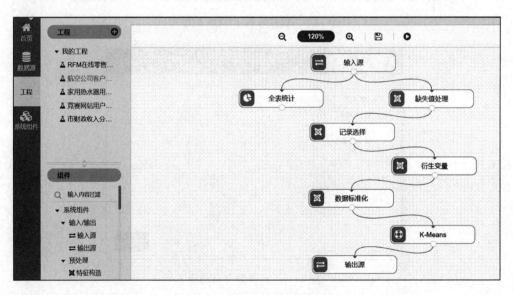

图 13-7　平台提供的示例工程

13.1.4 系统组件

"系统组件"主要用于数据分析与挖掘常用算法组件的管理。组件包括输入 / 输出、统计分析、预处理、脚本类组件、聚类、分类、回归、时序模型、模型评估和模型预测等 10 大类，如图 13-8 所示。

1）"输入 / 输出"组件提供配置数据挖掘工程的输入和输出组件，包括输入源、输出源。

图 13-8　平台提供的系统组件

2）"统计分析"组件提供对数据整体情况进行统计的常用组件，包括数据探索、纯随机性检验、相关性分析、单样本 T 检验、正态性检验、双样本 T 检验、主成分分析、频数统计、全表统计、平稳性检验、因子分析、卡方检验等。

3）"数据预处理"组件提供对数据进行清洗的组件，包括特征构造、表堆叠、记录选择、表连接、新增序列、数据集划分、类型转换、缺失值处理、记录去重、异常值处理、数据标准化、数学类函数、排序、分组聚合、修改列名等。

4）"脚本"组件提供一个代码编辑框，用户可以在代码编辑框中粘贴已经写好的程序代码，直接运行，无须额外配置成组件，包括 Python 脚本和 SQL 脚本。

5）"分类"组件提供常用的分类算法组件，包括 CART 分类树、ID3 分类树、最近邻分类、朴素贝叶斯、支持向量机、逻辑回归、多层感知神经网络等。

6）"聚类"组件提供常用的聚类算法组件，包括层次聚类、DBSCAN 密度聚类、K-Means 聚类等。

7）"回归"组件提供常用的回归算法组件，包括 CART 回归树、线性回归、支持向量回归、最近邻回归、Lasso 回归等。

8）"时间序列"组件提供常用的时间序列算法组件，包括 ARIMA、GM(1,1)、差分等。

9）"模型评估"组件提供对通过分类算法或回归算法训练得到的模型进行评估的组件。

10）"模型预测"组件提供对通过分类算法或回归算法训练得到的模型进行预测的组件。

13.1.5　TipDM 数据挖掘建模平台的本地化部署

通过开源 TipDM 数据挖掘建模平台官网（http://python.tipdm.org）（如图 13-9 所示），进入 GitHub 或码云开源网站（如图 13-10 所示），同步平台程序代码到本地，按照说明文档进行配置部署。

图 13-9　TipDM 数据挖掘建模平台官网

图 13-10　平台程序代码（码云）

平台官网提供了数量丰富的不同行业的解决方案，主要介绍使用平台搭建数据挖掘工程的不同行业的案例，包括"电子商务""智能设备""金融保险"等，用户可以根据步骤提示，动手搭建数据挖掘工程，如图 13-11 所示。

图 13-11　平台官网提供的解决方案

平台官网还提供了详细的帮助资料，包括"操作文档""常见问题""操作视频"等，用户可以根据这些资料，轻松入门平台的使用，如图 13-12 所示。

13.2　快速构建数据挖掘工程

本小节以航空公司客户价值分析案例为例，在 TipDM 数据挖掘建模平台上配置对应工程，展示几个主要流程的配置过程。了解详细步骤，可登录 http://python.tipdm.cn 进行查看。

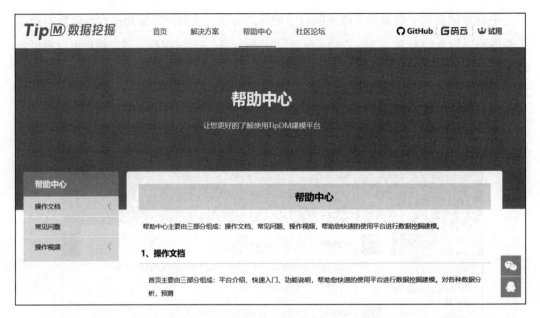

图 13-12　帮助中心

在 TipDM 数据挖掘建模平台上配置航空公司客户价值分析案例的总体流程如图 13-13 所示，主要包括以下 3 个步骤：

1）导入航空公司 2012 年 4 月 1 日至 2014 年 3 月 31 日的数据到 TipDM 数据挖掘建模平台。

2）对数据进行数据清洗、记录选择、特征构造和数据标准化等操作。

3）使用 K-Means 算法进行客户分群。

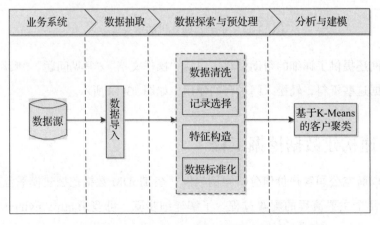

图 13-13　航空公司客户价值分析建模工程配置总流程

得到的最终流程如图 13-14 所示。

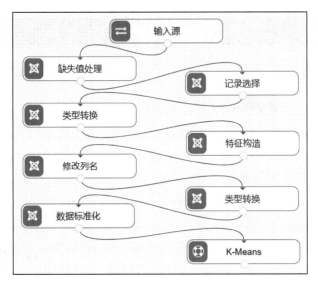

图 13-14　最终流程图

13.2.1　导入数据

首先，将案例数据导入 TipDM 数据挖掘建模平台。

1）单击"数据源"，在"新建数据源"下拉项中选择"CSV 文件"，如图 13-15 所示。

图 13-15　选择"CSV 文件"

2）单击选择文件，选择案例的数据，在"新建目标表名中"填入"air_data"，"预览设置"项选择"分页显示",如图 13-16 所示,然后单击"下一步"按钮。

图 13-16　选择上传的数据文件

3)在"预览数据"框中,观察每个字段的类型及精度,然后单击"下一步"按钮。将字段" fpp_date"和字段" load_time"的类型选择为"字符",如图 13-17 所示,字段"avg_discount"的"精度"设置为"6",如图 13-18 所示。单击"确定"按钮,即可上传。

图 13-17　设置类型

图 13-18　设置精度

13.2.2　配置输入源组件

数据上传完成后，新建一个命名为"航空公司客户价值分析"的空白工程，配置一个"输入源"组件。

1）在"工程"左下方的"组件"栏中，找到"系统组件"下的"输入/输出"类。拖曳"输入/输出"类中的"输入源"组件至工程画布中。

2）单击画布中的"输入源"组件，然后单击工程画布右侧"字段属性"栏中的"数据表"框，输入"air_data"，在弹出的下拉框中选择"air_data"，如图 13-19 所示。

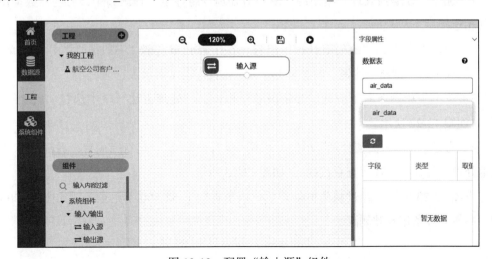

图 13-19　配置"输入源"组件

3）右键单击"输入源"组件，选择"查看数据"，如图 13-20 所示。

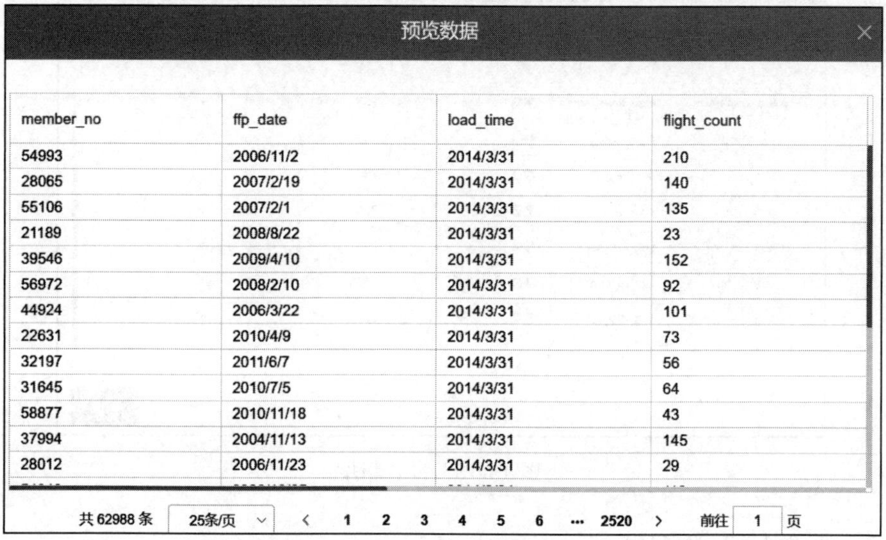

图 13-20　查看"输入源"组件数据

由图 13-20 可知，该数据共有 62 988 条记录。

13.2.3　配置缺失值处理组件

通过数据探索分析，发现数据中存在缺失值，需要进行缺失值处理。

1）拖曳"数据预处理"类中的"缺失值处理"组件至工程画布中，并与"数据源"组件相连接。

2）单击画布中的"缺失值处理"组件，在工程画布右侧"字段属性"栏中，单击"特征"项下的"刷新"按钮，勾选全部字段，如图 13-21 所示。

3）单击工程画布右下方的"参数设置"栏，在"处理方法"项中选择"删除缺失值"，如图 13-22 所示。

4）右键单击"缺失值处理"组件，选择"运行该节点"。运行完成后，右键单击"缺失值处理"组件，选择"查看数据"，如图 13-23 所示。

由图 13-23 可知，经过缺失值处理后，该数据剩下 62 300 条记录，对比图 13-20 可知，共有 688 条记录被删除。

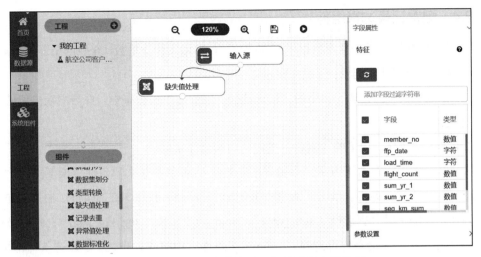

图 13-21　对"缺失值处理"组件进行字段选择

图 13-22　对"缺失值处理"组件进行参数设置

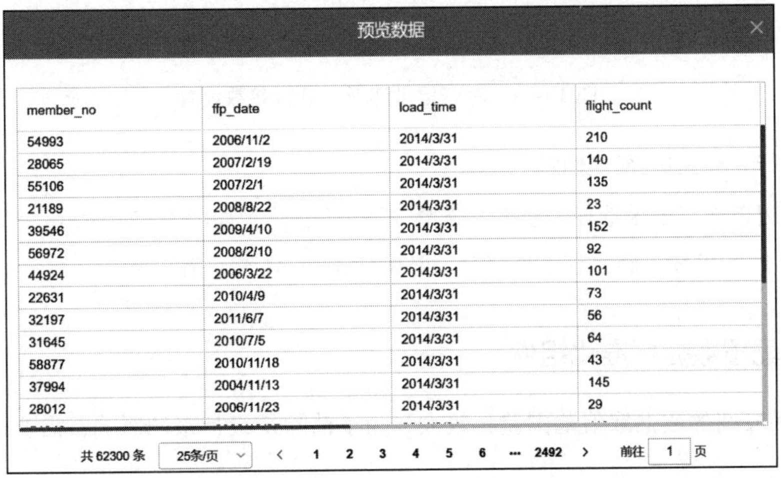

member_no	ffp_date	load_time	flight_count
54993	2006/11/2	2014/3/31	210
28065	2007/2/19	2014/3/31	140
55106	2007/2/1	2014/3/31	135
21189	2008/8/22	2014/3/31	23
39546	2009/4/10	2014/3/31	152
56972	2008/2/10	2014/3/31	92
44924	2006/3/22	2014/3/31	101
22631	2010/4/9	2014/3/31	73
32197	2011/6/7	2014/3/31	56
31645	2010/7/5	2014/3/31	64
58877	2010/11/18	2014/3/31	43
37994	2004/11/13	2014/3/31	145
28012	2006/11/23	2014/3/31	29

预览数据

共 62300 条　25条/页　〈　1　2　3　4　5　6　…　2492　〉　前往　1　页

图 13-23　查看"缺失值处理"组件数据

13.2.4 配置记录选择组件

通过数据探索分析，发现数据中存在票价<0 和总飞行公里数<0 的记录，需要进行记录选择，丢弃这部分记录。

1）拖曳"数据预处理"类中的"记录选择"组件至工程画布中，并与"缺失值处理"组件相连接。

2）单击"特征"项下的"刷新"按钮，勾选全部字段。

3）单击工程画布右下方的"参数设置"栏，然后单击 3 次"条件"项下方的"+"按钮，添加 3 个筛选条件。单击"条件"项下方的"刷新"按钮。在"条件"项第 2 列中，3 个筛选条件的字段分别选择"sum_yr_1""sum_yr_2"和"seg_km_sum"；在"条件"项第 3 列中，3 个筛选条件都选择">"；"在条件"项第 4 列中，3 个筛选条件都填入"0"。设置最终结果如图 13-24 所示。

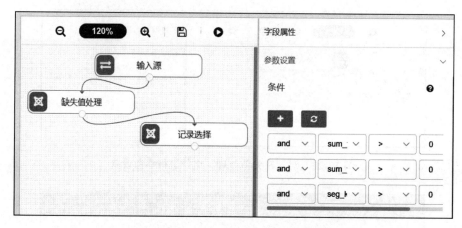

图 13-24 对"记录选择"进行参数设置

4）运行"记录选择"组件。

5）右键单击"记录选择"组件，选择"查看数据"，如图 13-25 所示。

由图 13-25 可知，经过记录选择后，该数据剩下 41 516 条记录。

13.2.5 配置数据标准化组件

由于字段间的数据取值范围差异较大，为了消除量级带来的影响，需要进行标准化处理。

预览数据			×
member_no	ffp_date	load_time	flight_count
54993	2006/11/2	2014/3/31	210
28065	2007/2/19	2014/3/31	140
55106	2007/2/1	2014/3/31	135
21189	2008/8/22	2014/3/31	23
39546	2009/4/10	2014/3/31	152
56972	2008/2/10	2014/3/31	92
44924	2006/3/22	2014/3/31	101
22631	2010/4/9	2014/3/31	73
32197	2011/6/7	2014/3/31	56
31645	2010/7/5	2014/3/31	64
58877	2010/11/18	2014/3/31	43
37994	2004/11/13	2014/3/31	145
28012	2006/11/23	2014/3/31	29

共 41516 条　　25条/页　　＜　1　2　3　4　5　6　…　1661　＞　　前往　1　页

图 13-25　查看"记录选择"组件数据

1）拖曳"数据预处理"类中的"数据标准化"组件至工程画布中，并与"类型转换"组件相连接。

2）单击"特征"项下的"刷新"按钮，勾选全部字段。

3）单击工程画布右下方的"参数设置"栏，在"标准化方式"项中选择"零均值标准化"，如图 13-26 所示。

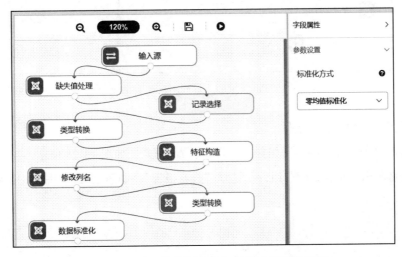

图 13-26　对"数据标准化"组件进行参数设置

4）运行"数据标准化"组件。

13.2.6 配置 K-Means 组件

数据预处理完成后，使用 K-Means 算法进行客户分群。

1）拖曳"聚类"类中的"K-Means"组件至工程画布中，并与"数据标准化"组件相连接。

2）单击"特征"项下的"刷新"按钮，勾选全部字段。

3）单击工程画布右下方的"基础参数"栏，在"聚类数"项中填入"5"，"最大迭代次数"项中填入"100"，如图 13-27 所示。

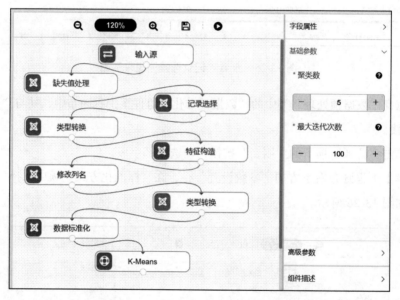

图 13-27 对"K-Means"组件进行参数设置

4）运行"K-Means"组件。

5）右键单击"K-Means"组件，选择"查看数据"，如图 13-28 所示。

6）右键单击"K-Means"组件，选择"查看报告"，如图 13-29、图 13-30 和图 13-31 所示。

预览数据

r	c	l	cluster_id
-1.02500983978519	1.32035075946263	1.35833651058723	4
-0.963703596509498	2.9779268067046	1.23131446116477	4
-0.922832767659034	2.99139612681671	1.25229057941802	4
-0.0441099473740513	2.05729136378405	0.590377514537636	4
-0.98413901093473	1.3717816646663	0.321183996954241	4
-0.228028677201141	1.3548680306898	0.816453455711569	4
-1.02500983978519	1.34149565318646	1.62053798875288	4
-1.00457442535996	1.32280853972017	-0.102999727722623	4
-0.973921303722114	0.560999304997032	-0.597103846576992	4
-0.881961938808569	-0.125970235758609	-0.204384299280005	4
-0.810437988320257	1.4744267798305	-0.36287052608235	4
-0.973921303722114	1.26843514121514	2.19621590081434	4
-0.350641163752534	0.393625039708999	1.33386437262511	4

共 41516 条　25条/页　<　1　2　3　4　5　6　…　1661　>　前往 1 页

图 13-28　查看“K-Means”组件数据

K-Means算法结果

模型参数

输出配置的参数以及参数的取值。

参数名称	参数值
聚类个数	5
最大迭代次数	100

聚类中心:

cluster_id	f	m	r	c	l
1	-0.175752	-0.176301	-0.459114	-0.201405	-0.707766
2	-0.084102	-0.091657	-0.317874	-0.132254	1.133033
3	-0.583378	-0.543462	1.526384	-0.184301	-0.344223
4	2.331136	2.253172	-0.811891	0.248332	0.476174
5	-0.016958	-0.002298	-0.107269	2.97259	0.213334

图 13-29　查看“K-Means”组件报告 1

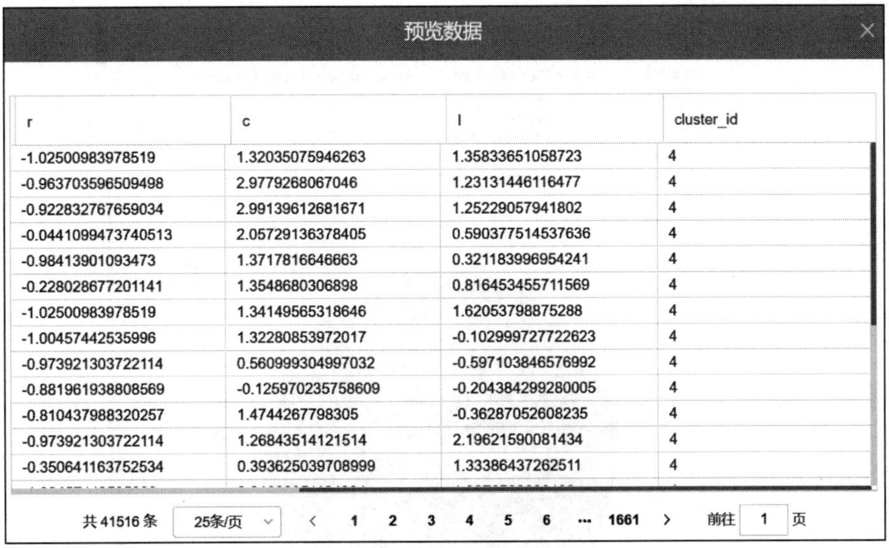

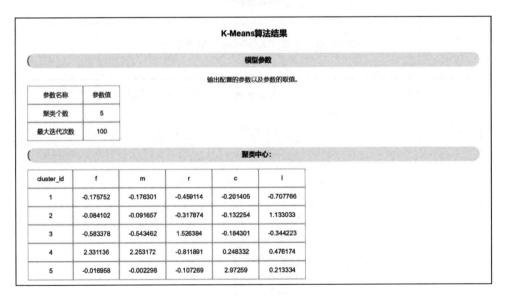

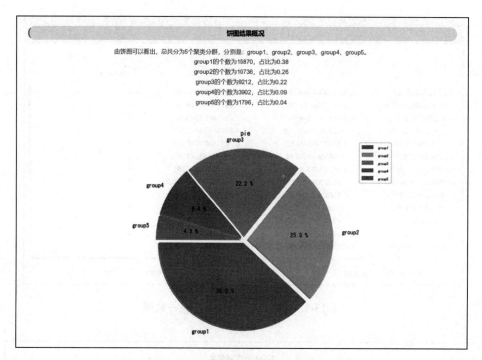

图 13-30 查看"K-Means"组件报告 2

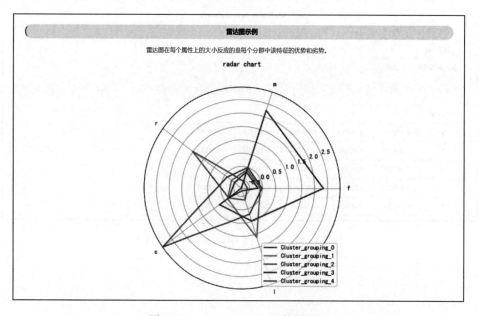

图 13-31 "K-Means"组件报告 3

13.3　小结

本章简单地介绍了如何在 TipDM 数据挖掘建模平台上配置航空公司客户价值分析案例的工程，从数据输入到数据预处理，再到数据建模，向读者展示了平台流程化的思维，使读者加深了对数据挖掘流程的理解。同时，平台去编程、拖曳式的操作，方便了没有 Python 编程基础的读者轻松构建数据挖掘流程，从而达到数据分析与挖掘的目的。

推荐阅读

数据挖掘与R语言

作者: Luis Torgo ISBN: 978-7-111-40700-3 定价: 49.00元

R语言经典实例

作者: Paul Teetor ISBN: 978-7-111-42021-7 定价: 79.00元

R语言编程艺术

作者: Norman Matloff ISBN: 978-7-111-42314-0 定价: 69.00元

R语言与数据挖掘最佳实践和经典案例

作者: Yanchang Zhao ISBN: 978-7-111-47541-5 定价: 49.00元

R语言与网站分析

作者: 李明 ISBN: 978-7-111-45971-2 定价: 79.00元

R的极客理想——工具篇

作者: 张丹 ISBN: 978-7-111-47507-1 定价: 59.00元